U0382516

项目资助

本书是国家社科基金项目“‘场域–惯习’视角下农民生态价值观培育路径研究”（BKA170232）的最终成果

农民生态价值观的养成逻辑与培育路径

秦绪娜　著

中国社会科学出版社

图书在版编目（CIP）数据

农民生态价值观的养成逻辑与培育路径 / 秦绪娜著 . —北京：中国社会科学出版社，2023. 8

ISBN 978 - 7 - 5227 - 2102 - 6

Ⅰ. ①农…　Ⅱ. ①秦…　Ⅲ. ①生态文明—环境意识—农民教育—研究—中国　Ⅳ. ①X321. 2

中国国家版本馆 CIP 数据核字(2023)第 109628 号

出 版 人　赵剑英
责任编辑　赵　丽　朱亚琪
责任校对　王　明
责任印制　王　超

出　　版　中国社会科学出版社
社　　址　北京鼓楼西大街甲 158 号
邮　　编　100720
网　　址　http://www. csspw. cn
发 行 部　010 - 84083685
门 市 部　010 - 84029450
经　　销　新华书店及其他书店

印　　刷　北京明恒达印务有限公司
装　　订　廊坊市广阳区广增装订厂
版　　次　2023 年 8 月第 1 版
印　　次　2023 年 8 月第 1 次印刷

开　　本　710 × 1000　1/16
印　　张　18. 25
插　　页　2
字　　数　263 千字
定　　价　96. 00 元

目　录

导　　论

一　问题提出

在中国，继党的十七大首次提出生态文明后，党的十八大把生态文明建设上升到了战略层面，凸显了生态文明建设的重要性和紧迫性以及党和国家对生态文明建设的高度重视。作为继原始文明、农业文明、工业文明之后的一种新的文明形态，生态文明以尊重和维护生态环境为主旨，以可持续发展为根据，以未来人类的继续发展为着眼点，突出生态的重要性，强调人类在改造自然的同时必须尊重和爱护自然。[①] 理念引导行动，作为关系人民福祉、关乎民族未来的长远大计，生态文明建设是一项系统而又复杂的工程，需要科学技术的支撑、制度规则的保障，更需要生态价值观的指引和导向。为此，党的十七大报告强调，要使“生态文明观念在全社会牢固树立”[②]，2015 年通过的《关于加快推进生态文明建设的意见》提出，要“弘扬生态文明主流价值观，把生态文明纳入社会主义核心价值体系”，“十三五”规划建议中明确提出，要进行“生态价值观教育”。

然而，从现实来看，相对于生态文明的制度建设和科技发展，公民生态价值观的教育和养成呈现出较大的滞后性，农民群体更是如

① 刘铮：《生态文明意识培养》，上海交通大学出版社 2012 年版，前言第 1 页。

② 中共中央文献研究室：《十七大以来重要文献选编》（上），中央文献出版社 2009 年版，第 16 页。

此。在中国社会发展的过程中，乡村发展一直占据着极其重要的地位，党的二十大报告指出，“全面建设社会主义现代化国家，最艰巨最繁重的任务仍然在农村。”因此要“坚持农业农村优先发展”“加快建设农业强国，扎实推动乡村产业、人才、文化、生态、组织振兴”。中国自古以来就是农业大国，早期更是以农耕文化而闻名世界。作为早期人类生活的集体形式，乡村在其本质上具有贴近自然、依赖自然的特点。人类在生产过程中，按照自然规律逐渐总结出农业种植的生产经验和规律，农民的生产生活与自然生态环境息息相关，农村是人类与自然直接关联的场域。现阶段，由于长期以来的城乡二元对立、农村经济社会的相对落后以及城镇化工业化的不断推进，生态问题在农村更加凸显，很大一部分农民的生态意识相对较弱，生态价值观尚未养成。农民生态价值观的养成与否不仅关系到农村生态文明建设，更关系到整个国家的生态文明建设和可持续发展，因此加强农民生态价值观培育非但必要而且非常紧迫。农民生态价值观的养成需要农民主体与外在环境的共同作用，强调关系性思维模式的“场域—惯习”理论对于该问题具有极强的解释力。基于强烈的问题意识和现实关怀，本书从“场域—惯习”视角对农民生态价值观养成逻辑与培育路径进行探讨。

二 文献梳理

生态价值观源于国外的环境伦理观。早在1858年，美国作家梭罗在《瓦尔登湖》一书中就阐释了人与自然和谐的观念，1923年施韦兹提出了尊重生命、保护生命的伦理观，之后环境伦理观得到广泛的关注和探讨。20世纪80年代末，生态价值观开始进入国内学者的视野，余谋昌、刘湘溶等学者相继提出“生态价值”“自然价值观”等概念，开启了国内生态价值观的相关研究。

（一）国外生态价值观研究

在国外，因为生态问题产生的比较早，所以学者对此关注得也比较早。20 世纪中期以来，国外学者就生态问题、环境伦理等方面进行了深入探讨。被誉为“生态伦理之父”的奥尔多·利奥波德提出了土地伦理的概念，强调人与大地的关系。蕾切尔·卡逊的《寂静的春天》唤醒了大家的环保意识。“罗马俱乐部”的诞生（1968 年）和《增长的极限》一书的问世（1972 年）都进一步激发了大家的生态意识。罗尔斯顿在其著作《环境伦理学》中表示，“环境伦理学是一种恰当地遵循大自然的伦理”，因为“大自然最有智慧”，[①] 他认为最高的价值是自然价值，而社会与自然之间则是和谐融洽的，人应该遵循自然规律。作为生态学马克思主义的代表，科威尔认为遵循事物自身的内在价值才能解决生态危机，他主张依照生态本身存在的本性而不是强加给生态某种非原本的意志，“价值表现为一种寻求、拥有、把握和实现某种渴望的意愿，当它属于一个事物的本性——我们也可以称之为事物的‘本质’——的时候，它就成为内在的了，不是被创造出来的，而是本身就存在的。”[②] 在《有机马克思主义》一书中，菲利普·克莱顿提道，“一个生态的世界秩序，即一个万物相互联系的由共同体组成的共同体。在这样一个世界，当他或她向一个特定的家庭共同体负责时，每一个世界公民也都会对共同体的其他人负责”[③]，他强调超越现代性思维下的机械思维，寻找有机的思维方式，批判现代性思维。也正是如此，有机马克思主义的生态价值观排斥现代性技术对于自然的干涉。国外关于生态价值观研究的具体情况如下。

1. 生态价值观研究的主流派别和观点

总的来看，西方学术界关于生态价值观形成了两大主流观点：人类中心主义价值观和非人类中心主义价值观，他们各自的主要观点如下。

---

① ［美］霍尔姆斯·罗尔斯顿：《环境伦理学》，杨通进译，中国社会科学出版社 2000 年版，第 43 页。

② ［美］乔尔·科威尔、郎廷建：《资本主义与生态危机：生态社会主义的视野》，《国外理论动态》2014 年第 10 期。

③ ［美］菲利普·克莱顿等：《有机马克思主义》，孟献丽等译，人民出版社 2015 年版，第 149 页。

（1）人类中心主义价值观

人类中心主义价值观的核心观点是，人是自然界的主体，自然是客体，自然只具有工具价值，没有内在价值。17 世纪培根较早提出人类中心论的观点，开创了近代人类中心主义流派，之后兴起了现代人类中心主义，其主要代表有诺顿、墨迪等。在西方社会，人类中心主义在人性解放、崇尚科学的旗帜下由哲学家、科学家打开思想阵地，培根提出了石破天惊的“命令自然”的宣言，哲学家笛卡尔欢呼“使自己成为自然的主人和统治者”，哲学家莱布尼茨制定了“万物是由（人的）理性支配”的规则。[①] 弗洛姆曾对人类中心主义做过总结，认为：“人道主义伦理学是以人类为中心的；当然，这并不是说人是宇宙的中心，而是说人的价值判断，就像人的其他所有判断，甚至知觉一样，植根于人之存在的独特性，而且它只有同人的存在相关才有意义。人就是‘万物的尺度’。人道主义的立场是，没有任何事物比人的存在更高，没有任何事情比人的存在更具尊严。”[②] 但是，随着环境污染和生态危机的出现，人类中心主义遭受到了质疑和批判，霍尔巴赫说：“认为世界上只有上天的恩惠和相信宇宙是为人而创造的，这是荒谬的想法。”[③] 进行质疑和批判的一部分人主张截然不同的价值观。

（2）非人类中心主义价值观

非人类中心主义价值观依次经历了三个阶段：第一阶段是以辛格、雷根为代表的“动物解放/动物权利主义”。辛格依照边沁的功利主义进行分析，认为“动物具有道德地位，应得到道德关心。”雷根从康德的义务论出发，以权利为基础为动物辩护，他认为“某些动物具有固有价值，拥有受到道德对待的权利”。第二阶段是以施韦兹、

---

① 林红梅：《生态伦理学概论》，中央编译出版社 2008 年版，第 14—15 页。

② ［美］埃·弗洛姆：《为自己的人》，孙依依译，生活·读书·新知三联书店 1988 年版，第 33 页。

③ ［法］霍尔巴赫：《健全的思想——或和超自然观念对立的自然观念》，王荫庭译，商务印书馆 1966 年版，第 96 页。

泰勒为代表的“生物中心主义”。泰勒把“尊重自然”当作其理论的最高原则，他提出了由四个命题构成的信念体系：“相信人与其他生物同是地球生命共同体的成员；相信人类物种和所有其他物种是一个相互依存的系统中不可分离的要素；每个生物的存活及其盛衰变化不仅取决于环境物理条件，而且取决于它与其他生物的关系；相信一切有机体都是以自身的方式追求自身的善的独立为生命目的中心；相信人并非天生优越于任何其他生物。”[①] 第三阶段是以莱奥波尔德、奈斯、罗尔斯顿为代表的“生态中心主义”。罗尔斯顿分析了生态系统内的工具价值、内在价值和生态系统层次的系统价值。关于价值，他认为，“我们的理论是：价值有一部分是客观地存在于自然中的。与此相反的理论是：价值是作为人类主观经历的一种产物而产生的，尽管其产生的过程也包含了一种与自然的关系。”[②] 非人类中心主义的核心思想是主张“自然价值论”和“自然权利论”。

此外，西方学术界有关生态价值观的研究还涉及生态伦理学研究、生态马克思主义研究和西方绿色思潮与环境主义研究等方面。

2. 关于生态价值观教育的研究

西方没有将生态价值观教育作为一个独立的领域进行研究，相关研究主要是环境教育，特别有影响的成果是英国学者乔伊·帕尔默的《21 世纪的环境教育》。“环境教育”这个概念最早在 1948 年提出，之后得到了广泛关注和探讨。1968 年，美国环境教育先驱者斯泰普首次给出了环境教育的定义，该定义着力于环境教育的功能。1972 年英国学者亚瑟·卢卡斯提出了著名的环境教育模式，把环境教育分为三条主线：关于环境的教育、在环境中的教育和为了环境的教育。关于环境教育内容，罗斯等人偏向管理科学，着重社会层面，奥曼等人则着重自然保护、人口与环境问题的密切关系。关于环境教育措

---

① Paul W. Taylor, *Respect for Nature*: *A Theory of Environmental Ethics*, New Jersey: Princeton University Press, 1986, pp. 99 – 100.

② ［美］霍尔姆斯·罗尔斯顿：《环境伦理学》，杨通进译，中国社会科学出版社 2000 年版，第 38 页。

施，西方学术界普遍强调将环境教育纳入国民教育体系，制定环境教育法和完善教育方式的多元化等。

（二）国内生态价值观研究

与国外相比，国内学者对生态价值观问题关注相对较晚，其中一个重要的原因是西方的生态环境问题出现得比较早。20世纪末，中国的生态环境问题逐渐显现，引起了部分学者的注意，他们开始探讨生态价值观问题。中国知网统计显示，国内学界最早的关于生态价值观的文章是1984年4月发表于《环境管理》的《运用生态价值观加强农业生态环境的管理——从蓬安县清溪公社十三大队七队的经验中所得的启示》，之后的第二篇论文发表时间就到了1993年4月。2002年之前，学界发表的关于生态价值观的论文比较少，从中国知网的统计数据来看，一共只有9篇，其中1993年2篇、1998年2篇、1999年2篇、2000年1篇、2001年2篇。2002年开始，学界对这一问题的研究明显增多。纵观国内学界已有成果，关于生态价值观的研究主要聚焦于以下几个方面：关于生态价值观的基本理论研究，包括生态价值观的提出、内涵、内容、构建和培育（如余谋昌、刘湘溶、钱俊生、卢风等）；对西方生态价值观研究的跟踪、介绍和分析（如于文杰、刘子晴、唐超等）；中国传统生态思想研究，主要是从中国古代生态思想出发，解读其当代意蕴和现实意义（如任俊华、曾正德、霍功等）；马克思主义生态理论研究，主要是从马克思主义经典著作中解读其生态思想并剖析其当代价值（如刘思华、方时姣、田克勤、张云飞等），具体研究情况如下。

1. 生态价值观的产生源头

关于生态价值观的产生源头，学界形成了不同的看法，最主要的观点有：刘亚玲和雷稼颖提出，“天人合一”的生态价值观在耕读文化之中继承，我国农民主张按照季节变化和时令节气安排生产生活的观念对于对世界新形势下生态环境的保护和治理有很好的借鉴意义。[①]

① 刘亚玲、雷稼颖：《耕读文化的前世今生与现代性转化》，《图书馆》2021年第4期。

刘丹指出，农民的生态价值观具有传统、朴素的特点，这种传统而朴素的生态价值观来自传统社会，这是农村生态理性的基础。[①] 李娟认为，生态价值观是随着生态哲学而出现的，生态价值观认为自然的价值是一个价值体系，包括“内在价值、外在价值”，这是人们对自然价值的传统认识的重大创新。[②] 以上学者分别从不同角度分析了生态价值观的源头。

2. 当前中国生态价值观的现实情况

就中国生态价值观的现状，学者们根据不同的测量维度进行了研究。吴钢和许和连根据环境意识和环境满意度两个维度绘制了生态环境价值观分布图，进而得出了中国各省之间的环境价值观存在较大的差异的结论，主张在维护和改善现有生态环境的过程之中，提升公众的生态价值观意识，进一步激发环保责任感。[③] 乌东峰和霍生平通过对两型农业的农民生态素质群体分布特点研究发现，务农者生态价值观得分最低，农工商者生态价值观得分最高；而在农民之中，市郊农民生态价值观得分最高，乡镇郊区农民生态价值观得分最低。[④] 龚继红等人通过对农民绿色生产行为实现机制的研究，得出在绿色生产意识层面农民的生态价值观水平最低[⑤]的结论。

3. 生态价值观对于当代社会发展的作用和价值

国内学者普遍认为，生态价值观对于当代社会发展起着重要的作用。其中，李贵成提出将生态价值观融入创业活动中，返乡农民回乡创业是新时代中国绿色发展理念实施的重要一步，关系到农民

---

① 刘丹：《农村社会生态理性的社会学研究》，《辽宁大学学报》（哲学社会科学版）2010 年第 6 期。

② 李娟：《农民工流动的三维解读——以生态哲学为视角》，《中国农业大学学报》（社会科学版）2011 年第 2 期。

③ 吴钢、许和连：《湖南省公众生态环境价值观的测量及比较分析》，《湖南大学学报》（社会科学版）2014 年第 4 期。

④ 乌东峰、霍生平：《两型农业的农民生态素质群体分布特点研究》，《求索》2011 年第 4 期。

⑤ 龚继红等：《农民绿色生产行为的实现机制——基于农民绿色生产意识与行为差异的视角》，《华中农业大学学报》（社会科学版）2019 年第 1 期。

在创业过程中对于生态环境保护的关注，更好地处理经济与生态两种效益的平衡问题，形成人与自然和谐共生的现代化绿色创业格局，在这个过程中，更是要加强对农民生态价值观问题的宣传和培训，拓宽融资渠道，健全公共服务平台。[①] 杨达源等人通过对入世后三峡库区的可持续发展研究，认为：生态价值观对于地区的可持续发展具有重要的价值，区域人才的生态价值观提高是创造高生态价值的关键，生态价值是区域可持续发展的关键指标。[②] 张福德强调，生态价值观对于环境友好个人规范起着激活的作用，他认为生态价值观确立、环境污染行为不利后果的认知、环境不利后果避免的归因三个方面相互影响，最终激活环境友好个人规范。[③] 石志恒等人提出，生态价值观念能够通过大众传媒向农民传播环境知识，这能在无形中塑造农民的思想，潜移默化地影响着农民的环境行为。[④] 纪咏梅、张红霞认为农民生态价值观的培育是推进农村生态文化建设的关键一步，要正确引导农民价值观念的转变，从传统单纯追求农业的经济价值向追求生态价值转变，帮助农民树立全新的生态价值观念。[⑤] 王萍、杨敏认为，促进生态价值观培育是解决农村生态扶贫困境的方式之一，要积极推广生态文明知识，提升农民环保意识，引导农民形成正确的生态价值观，将绿色发展的理念渗透到各个环节。[⑥] 胡平波认为，农民生态价值观的培养对于合作社生态化建设具有重要作用，合作社对农民进行生态环保知识培训和普及基本的生态观念与文化，将农民从以往的不关注生态只关注经济的消极思想中解放

---

① 李贵成：《返乡农民工绿色创业存在的问题与对策研究》，《中州学刊》2020 年第 6 期。

② 杨达源等：《入世后三峡库区的可持续发展研究》，《长江流域资源与环境》2002 年第 4 期。

③ 张福德：《环境治理的社会规范路径》，《中国人口 · 资源与环境》2016 年第 11 期。

④ 石志恒等：《基于媒介教育功能视角下农民亲环境行为研究——环境知识、价值观的中介效应分析》，《干旱区资源与环境》2018 年第 10 期。

⑤ 纪咏梅、张红霞：《生态文明建设进程中的农民生态意识培育探究》，《中国海洋大学学报》（社会科学版）2016 年第 5 期。

⑥ 王萍、杨敏：《新时代农村生态扶贫的现实困境及其应对策略》，《农村经济》2020 年第 4 期。

出来。[1] 邢骏提出，引导农民生态价值观科学转变的途径，在于在城乡一体化过程中培育“新农民”，通过生态农业、生态产业和生态文化塑造“新生态”，通过政府、学校、社会和个人的共同努力创造“新生活”。[2] 综上所述，国内学者就农民生态价值观的作用问题探讨得比较多比较具体。

4. 关于生态价值观教育（培育）的研究

该方面的研究最早出现于 2002 年，之后一直处于零星研究的状态。迄今为止，从中国知网中检索到的论文只有 60 多篇，其中大多数以大学生为教育对象进行研究，主要集中在两个层面：一是为何要进行大学生生态价值观教育，该方面理论界已形成共识，相关研究都围绕大学生生态价值观教育的理论渊源、理论依据和现实缘由三个方面展开；二是如何进行大学生生态价值观教育，这涉及借鉴国外有益成果、加强多层面的联合教育和引导大学生进行自我教育等方面。

5. 关于生态价值观的重塑

就生态价值观重塑问题，国内多位学者进行了探讨。李志萌强调对于人与自然和谐的生态价值观的重塑，在生态功能保护区的建设和发展的过程中，人的生态价值观的缺失是生态危机的根源之一，人类可持续发展的实现要求人们必须意识到生态保护至关重要，人与自然和谐共生需要人们塑造积极的生态价值观。[3] 潘明明同样也强调了塑造农民生态价值观的重要性，他认为向农民灌输生态价值观能够推动农民形成环保价值观念和行为态度，进而丰富农民的环保知识技能。[4] 刘文玉、刘先春强调，重塑农村价值观，实现向生态价值观的转换，

① 胡平波：《支持合作社生态化建设的区域生态农业创新体系构建研究》，《农业经济问题》2018 年第 12 期。

② 邢骏：《城乡一体化中农民生态价值观转变研究》，硕士学位论文，杭州师范大学，2016 年，第 45—50 页。

③ 李志萌：《构建环境经济社会和谐共生支持体系——基于生态功能保护区建设的思考》，《江西社会科学》2008 年第 6 期。

④ 潘明明：《环境新闻报道促进农村居民垃圾分类了嘛？——基于豫、鄂、皖三省调研数据的实证研究》，《干旱区资源与环境》2021 年第 1 期。

重视人的生命和生活的整体，并提出了两方面的措施：一是农业生产模式和社会组织的转变，重点培育农业龙头企业，建立新型农业合作社的模式；二是改变生产、消费和人的需要之间的关系，建立一种新的消费价值观和需要价值观。[①] 翟坤周也从生态价值观的重塑入手，认为只有农民群体主动建构或重塑自身的生态价值观、形成以生态价值观为准则的县域生态文化和生态文明体系，才能推进县域乡村绿色生态系统。[②] 冉珑等人认为，以往农民的生态价值观在“中国梦”的提出之后，迫切需要通过环境教育、生态经济、生态法治建设来重塑和构建，进而实现中国经济的可持续发展，实现人与自然的和谐共生。[③] 陈英初认为，中国应该确立整体主义生态价值观，这与人与自然关系的对立的观点不同，应该将研究重点放在人类生产、生活过程中的“文化”现象和由此产生的后果等问题上，在利用自然资源的同时保护自然资源。[④] 余贵忠和杨继文强调通过司法保障机制构建来增强人们的传统生态价值观，乡村司法现代化与本土化、实用主义与规则主义交错作用，进一步实施乡村振兴战略。[⑤] 洪玉梅认为，农民未能树立起真正的生态价值观，这一方面需要针对性的教育，她提出了通过健全农村培训机构、营造和谐平等的氛围同时以农村经济发展为依托来树立真正的生态价值观。[⑥] 石晓磊提出，中国农民生态价值观教育机制需要进行创新，在农民生态价值观教育的过程中通过增强引领机制和良好沟通机制，积极引导我国农业、农村、农民健康稳步

---

① 刘文玉、刘先春：《基于循环经济理念的农村价值观思考》，《青海社会科学》2010年第6期。

② 翟坤周：《新发展格局下乡村“产业—生态”协同振兴进路——基于县域治理分析框架》，《理论与改革》2021年第3期。

③ 冉珑等：《中国梦视阈下农民生态价值观的构建》，《安徽农业科学》2015年第1期。

④ 陈英初：《理论创新：人类学民族学学科发展的新进路》，《广西民族研究》2013年第1期。

⑤ 余贵忠、杨继文：《民族地区乡村振兴的司法保障机制构建》，《贵州社会科学》2019年第6期。

⑥ 洪玉梅：《农村生态环境视域下生态道德教育的实现路径》，《教育理论与实践》2013年第18期。

发展。[1] 杜三峡等人认为，外出务工经历有助于农户拓宽视野和增加环境认知，进而形成较强的生态价值观，从而避免农民的短期掠夺性生产行为，有利于农村生态和谐。[2] 以上学者就生态价值观的重塑进行了多层面的分析，取得了重要成果。

综上所述，国内外学术界就生态价值观问题进行了一定的研究，为本书提供了理论借鉴和方法论启示。但是，总体来看，该问题研究特别是在国内还处于起步阶段，研究成果还不够丰富，既有研究存在宏观与微观、主观与客观相脱离、相割裂的问题，导致对生态价值观养成的主体与社会的互动性没有呈现出来，对生态价值观的养成机理和培育路径研究得不够深入透彻。为此，本书从生态价值观养成的主体与社会的互动性考虑，借鉴布迪厄的社会实践理论，从“场域—惯习”视角对农民生态价值观的养成逻辑和培育路径进行实证研究。

三　研究视角

农民生态价值观培育是一项重要的社会实践活动，更是一项跨越多学科多领域的复杂课题，需要合适的理论做支撑进行研究。作为“社会研究的工作工具”，布迪厄的社会实践理论自提出以来得到了社会各界的广泛关注，并被应用于多个研究领域。该理论具有很强的开放性和包容性，可以作为一个理论视角分析多种问题，可以被研究者“用作适合于他们自身具体分析的目的的工作工具（instrument of work）”[3]。该理论的一个重要特点是破除主客观二元对立，强调关系思维，其核心问题是解释实践，即通过“场域—惯习”的关系来分析人们进行某种实践或采取某种行动的原因。农民生态价值观养成是在

① 石晓磊：《试论我国农民生态价值观教育机制的创新》，《南方论刊》2017 年第 5 期。

② 杜三峡等：《外出务工促进了农户采纳绿色防控技术吗?》，《中国人口·资源与环境》（社会科学版）2021 年第 10 期。

③ ［法］皮埃尔·布迪厄、［美］华康德：《实践与反思——反思社会学导引》，李猛、李康译，中央编译出版社 1998 年版，前言第 11 页。

农村客观条件与农民主观意识双向互动的过程中实现的，该问题可以在布迪厄的“场域—惯习”理论分析框架内得到合理解释。当然，布迪厄的社会实践理论是产生于法国社会境域的，不能完全照搬到中国，但是可以作为研究借鉴的分析工具。

作为当代法国著名的社会学家、人类学家和哲学家，布迪厄被誉为自雷蒙·阿隆以来法国最有影响力的社会学家，其思想的核心是致力于在超越主观主义和客观主义对立的基础上研究社会，布迪厄的基本立场是反对主观主义与客观主义的“二元对立”，强调社会的双重性，即社会与个体的双重建构，布迪厄将实践看作结构与行动之间辩证关系的产物，强调一种关系论的思维方式。[①] 布迪厄称自己的理论是“建构主义的结构论”和“结构主义的建构论”，其社会学理论被美国学者华康德称为社会实践理论。布迪厄的社会实践理论是由场域、惯习、资本等多个概念构成的一个立体网络，上述概念在这个网络里相互交织相互影响。

（一）场域：社会实践的网络空间

在布迪厄的社会实践理论中，场域是一个极具特色和价值的概念，布迪厄本人特别强调：“社会科学的真正对象并非个体，场域才是基本性的，必须作为研究操作的焦点。”[②] “场域”是布迪厄于20世纪60年代提出的，当时具有一定的含糊性，后来逐步得到完善。

关于场域的含义，布迪厄主张：“从分析的角度来看，一个场域可以被定义为在各种位置之间存在的客观关系的一个网络（network），或一个构型（configuration）”[③]，“场域都是关系的系统”[④]。

---

① 吴洪富：《大学场域变迁中的教学与科研惯习》，教育科学出版社2014年版，第34页。

② ［法］皮埃尔·布迪厄、［美］华康德：《实践与反思——反思社会学导引》，李猛、李康译，中央编译出版社1998年版，第146页。

③ ［法］皮埃尔·布迪厄、［美］华康德：《实践与反思——反思社会学导引》，李猛、李康译，中央编译出版社1998年版，第133—134页。

④ ［法］皮埃尔·布迪厄、［美］华康德：《实践与反思——反思社会学导引》，李猛、李康译，中央编译出版社1998年版，第145页。

由此可见，场域是一个关系性存在而非通常意义上的实体性存在，这体现了布迪厄的关系性思维。布迪厄的这一思维体现在他的很多思想中，比如布迪厄曾指出：“‘现实的就是关系的’，在社会世界中存在的都是各种各样的关系——不是行动者之间的互动或个人之间交互主体性的纽带，而是各种马克思所谓的‘独立于个人意识和个人意志’而存在的客观关系。”① 布迪厄还主张，“在高度分化的社会里，社会世界是由大量具有相对自主性的社会小世界构成的，这些社会小世界就是具有自身逻辑和必然性的客观关系的空间，而这些小世界自身特有的逻辑和必然性也不可化约成支配其他场域运作的那些逻辑和必然性。”② 就人类社会而言，它是由多个不同的场域构成的，有大场域有小场域，大场域可以由多个子场域构成，各个子场域有自己特定的规则和逻辑，每个场域的逻辑具体表现为特定的利益形式和游戏规则，“决定着一个场域的，除了其他的因素以外，是每一个场域中的游戏规则和专门利益。这些游戏规则和专门利益是不可化约成别的场域的游戏规则和专门利益的，而且，这些游戏规则和专门利益亦是不可能被那些未进入该场域的人们所感知到的。”③ “场域是诸种客观力量被调整定型的一个体系（其方式很像磁场），是某种被赋予了特定引力的关系型构，这种引力被强加在所有进入该场域的客体和行动者身上。”④ 由此可见，在使用场域这个概念的时候，一定要准确地定位，它是场域内主客体之间的关系性的存在，而非实体性存在。

（二）惯习（habitus）：场域主体的性情倾向系统

在国内，惯习被译成中文时有不同的表述，比如“惯习”“习

---

① ［法］皮埃尔·布迪厄、［美］华康德：《实践与反思——反思社会学导引》，李猛、李康译，中央编译出版社 1998 年版，第 133 页。

② ［法］皮埃尔·布迪厄、［美］华康德：《实践与反思——反思社会学导引》，李猛、李康译，中央编译出版社 1998 年版，第 134 页。

③ 高宣扬：《布迪厄的社会理论》，同济大学出版社 2004 年版，第 139 页。

④ ［法］皮埃尔·布迪厄、［美］华康德：《实践与反思——反思社会学导引》，李猛、李康译，中央编译出版社 1998 年版，第 17 页。

惯”“习气”“习性”等，其中最常用的是“惯习”，本书就采用最常用的翻译即“惯习”。在布迪厄的社会实践理论中，惯习是和场域并存的概念，“社会现实是双重存在的，既在事务中，也在心智中；既在场域中，也在惯习中；既在行动者之外，又在行动者之内”①，如同场域一般，惯习概念也是布迪厄经过了不断的探索逐步完善的。在布迪厄看来，“惯习是含混与模糊的同义词”②，它“在意识和语言的水平之下运作，……超出了内省检查或意识控制的范围。”③ 惯习能够“客观地适应于它们的目的，而又无须设定这些目的的有意识的目标，也无须设定对达到此类目的所必要采取的步骤的专门控制；同样地，它们也能客观地加以调整和正常化，却又无须成为顺从于规则的产物。总之，作为这样的一些事物，它们总是被集体地交响乐式地演奏出来，但又无须成为一个交响乐队总指挥的组织行为的产物。”④ 关于惯习的内涵，布迪厄主张，它是“由‘积淀’在个人身体内的一系列历史关系所构成，其形式为知觉、评判和行动的各种身心图式，它是一种结构形塑机制，涉及社会行动者所具有的对应于其占据的特定位置的性情倾向。”⑤ “它是一种同时具有‘建构的结构’和‘结构的建构’双重性质和功能的‘持续的和可转换的秉性系统’”⑥，是存在于主体内心的一种性情倾向系统。

在布迪厄看来，惯习具有多重特性。首先，作为“持久的可转换的秉性系统”，惯习具有稳定性，同时又具有可变性。布迪厄认为，每个人生活的客观环境和条件会以结构性的因素以最初经验的沉积物的形式内化于个体，它是“一种虚拟的‘积淀状况’，它寄居在身体

① ［法］皮埃尔·布迪厄、［美］华康德：《实践与反思——反思社会学导引》，李猛、李康译，中央编译出版社 1998 年版，第 172 页。

② ［法］皮埃尔·布尔迪厄：《科学的社会用途——写给科学场的临床社会学》，刘成富、张艳译，南京大学出版社 2005 年版，第 19 页。

③ ［法］皮埃尔·布尔迪厄：《科学的社会用途——写给科学场的临床社会学》，刘成富、张艳译，南京大学出版社 2005 年版，第 19 页。

④ 高宣扬：《布迪厄的社会理论》，同济大学出版社 2004 年版，第 124 页。

⑤ 杨善华：《当代西方社会学理论》，北京大学出版社 2004 年版，第 279 页。

⑥ 高宣扬：《布迪厄的社会理论》，同济大学出版社 2004 年版，自序第 3 页。

内部，听候人们将它重新激发出来”[①]，这种积淀性使得惯习具有稳定性的特点，但是它又“是一个开放的性情倾向系统，不断地随经验而变，从而在这些经验的影响下不断地强化，或是调整自己的结构。它是稳定持久的，但不是永久不变的！”[②] 其次，“惯习是通过体现于身体而实现的集体的个人化，或者是经由社会化而获致的生物性个人的‘集体化’”[③]，这一论述体现了惯习的个体性与群体性特征。群体性表现在同一场域内不同个体的集体倾向，个体性表现为同一场域内不同位置的个体经由个体的内化呈现出来的差异性。“惯习，作为一种处于形塑过程中的结构，同时，作为一种已经被形塑了的结构，将实践的感知图式融合进了实践活动和思维活动之中。这些图式，来源于社会结构通过社会化，即通过个体生成的过程，在身体上的体现，而社会结构本身，又来源于一代代人的历史努力，即系统生成。”[④] 最后，惯习具有主观性，同时兼具客观性。惯习是行为主体的主观意识思想与其活动场域共同作用的产物，既有其内在主观的主导又受外在客观场域的影响，“既是行动者的内在主观精神状态，又是外化的客观活动；既是行动者主观心态的向外结构化的客观过程，又是历史的及现实的客观环境向内被结构化的主观过程。”[⑤] 因此可以说，“惯习是实践过程中将外在性社会结构内在化和内在性心理结构外在化的双向互动过程，是实践的生成机制。”[⑥] 惯习的上述特性使其区别于习惯，布迪厄曾对此做了明确说明：“我说的是惯习，而不是习惯

---

① ［法］皮埃尔·布迪厄、［美］华康德：《实践与反思——反思社会学导引》，李猛、李康译，中央编译出版社 1998 年版，第 23 页。

② ［法］皮埃尔·布迪厄、［美］华康德：《实践与反思——反思社会学导引》，李猛、李康译，中央编译出版社 1998 年版，第 178 页。

③ ［法］皮埃尔·布迪厄、［美］华康德：《实践与反思——反思社会学导引》，李猛、李康译，中央编译出版社 1998 年版，第 19 页。

④ ［法］皮埃尔·布迪厄、［美］华康德：《实践与反思——反思社会学导引》，李猛、李康译，中央编译出版社 1998 年版，第 184 页。

⑤ 宫留记：《布迪厄的社会实践理论》，博士学位论文，南京师范大学，2007 年，第 78 页。

⑥ 姚磊：《场域视野下民族传统文化传承的实践逻辑》，人民出版社 2016 年版，第 13 页。

(habit)，就是说，是深刻地存在性情倾向系统中、作为一种技艺(art)存在的生成性（即使不说是创造性的）能力，是完完全全从实践操持(practical mastery)的意义上来讲的，尤其是把它看作是某种创造性艺术(ars inveniendi)"[①] "习惯被自发地看作是重复的、机械的和自动的；它与其是生产的，不如是复制的。"[②] 习惯是外部社会使主体逐渐获得的适应性，而惯习却具有一种能动性，不断创造自己的新本质的特性，所以它具有生成性、建构性，甚至带来某种意义上的创造性能力。[③] 在布迪厄看来，惯习具有习惯所不具有的建构性、创造性、生成性和再生性。

（三）资本：行动主体策略选择的依据和基础

在布迪厄的社会实践理论中，还有一个重要的概念，就是资本。资本决定了能否按照社会实践的真实灵动状态分析社会实践，决定了能否按照行动中真正的行动逻辑分析行动。关于资本，布迪厄做过这样的界定："资本是积累的（以物化的形式或"具体化的""肉身化"的形式）劳动。当这种劳动在私人性，即排他的基础上被行动者或行动者小团体占有时，这种劳动就使得他们能够以具体化的或活的劳动的形式占有社会资源。"[④] 布迪厄认为不同的场域不同的实践主体可能拥有不同的资本，为此对资本进行了分类：经济资本、文化资本、社会资本和象征资本。经济资本是由生产的不同因素（诸如土地、工厂、劳动、货币等）、经济财产、各种收入及各种经济利益所组成的。[⑤] 文化资本"是指世代相传的文化背景、知识、性情倾向与技

---

① [法] 皮埃尔·布迪厄、[美] 华康德：《实践与反思——反思社会学导引》，李猛、李康译，中央编译出版社1998年版，第165页。

② P. Bourdieu, *Questions de sociologie*, Paris: Editions de Minuit, 1980, p. 134.

③ 刘中一：《场域、惯习与农民生育行为——布迪厄实践理论视角下农民生育行为》，《社会》2005年第6期。

④ [法] 皮埃尔·布尔迪厄：《文化资本与社会炼金术——布尔迪厄访谈录》，包亚明译，上海人民出版社1997年版，第189页。

⑤ 高宣扬：《布迪厄的社会理论》，同济大学出版社2004年版，第149页。

能，此外，个体的语言能力、行为习惯，以及对书籍、音乐和美术作品等品味亦属之。”[①] 布迪厄又将文化资本分为三种不同的形式：被归并化的形式、客观化的形式和制度化的形式。被归并化的形式是指在人体内长期地和稳定地内在化，成为一种禀性和才能；客观化的形式是指物化或对象化为文化财产，例如有一定价值的油画、各种古董或历史文物；制度化的形式是指由合法化和正当化的制度所确认的各种学衔、学位及名校毕业文凭等。[②] 社会资本“是指某个个人或是群体，凭借拥有一个比较稳定、又在一定程度上制度化的相互交往、彼此熟识的关系网，从而积累起来的资源的总和，不管这种资源是实际存在的还是虚有其表的。”[③] 在布迪厄看来，社会资本“作为社会投资的战略的产物，它是通过交换活动而实现的……这些交换，借助于某种炼金术之类的手段，能够转变那些交换物以示确认。”[④] 关于象征资本，布迪厄认为，它“是一种转化了的、因而是伪装了的物质的‘经济’资本形式，它只有在掩盖以下事实的情况下才能生产出效果，这个事实就是：它产生于资本的‘物质’形式，这种物质资本归根结底同时也是它的有效性的来源。”[⑤] 由此可见，象征资本具有很强的隐蔽性和伪装性。就上述四种不同的资本形式，布迪厄认为，它们是可以相互转化、相互兑换的，“资本的不同形式的可转换性，构成了行动者策略的基础，这些策略的目的在于通过转换来保证资本的再生产以及在社会空间中不同地位的行动者的社会关系、社会地位的再生产”[⑥]，因此，资本是行动主体策略选择的依据和基础。

---

① 谭光鼎、王丽云：《教育社会学：人物与思想》，华东师范大学出版社 2009 年版，第 394 页。

② 高宣扬：《布迪厄的社会理论》，同济大学出版社 2004 年版，第 149—150 页。

③ ［法］皮埃尔·布迪厄、［美］华康德：《实践与反思——反思社会学导引》，李猛、李康译，中央编译出版社 1998 年版，第 162 页。

④ P. Bourdieu, *Questions de sociologie*, Paris: Editions de Minuit, 1980, p. 150.

⑤ P. Bourdieu, *Outline of a theory of practice*, Cambridge: Cambridge University Press, 1977, p. 183.

⑥ 宫留记：《资本：社会实践工具——布尔迪厄的资本理论》，河南大学出版社 2010 年版，第 123 页。

（四）［（惯习）（资本）］ + 场域 = 实践

场域、惯习、资本是布迪厄社会实践理论中的三个核心概念，三者相互影响，共同促成了行动者的实践。对此，高宣扬指出，“布迪厄的任何一种重要概念，并不是各自孤立的；而是在同他的其他重要概念的相互关系中，呈现其实际意义、反思性及其整体性”①。关于场域、惯习、资本三者之间的关系，布迪厄曾用一个公式进行了表述：

［（惯习）（资本）］ + 场域 = 实践②

该公式被看作是布迪厄社会理论中关于实践的较为完整的表述。从这个公式可以看出，实践是惯习、资本和场域三者之间互动的结果，三者相互之间的关系构成了实践的基本内容。就惯习和场域的关系而言，二者是相互形塑、相互交织的关系性存在，“只有在彼此的关系之中，它们方能充分发挥作用”③，是某种“本体论的对应关系（ontological correspondence）”，“一方面，这是种制约关系：场域形塑着惯习，惯习成了某个场域……固有的必然属性体现在身体上的产物。另一方面，这又是种知识的关系，或者说是认知建构的关系。”④二者作用的结果通常有两种可能：一种可能是二者适配，场域形塑着惯习，惯习使场域充满意义，是“如鱼得水”的状态；另一种可能是二者不适配（或错配），场域和惯习存在“不合拍”或“脱节”的现象，主要表现为两种情况，一是因为惯习的滞后造成“纵向的不合拍”，二是因为不同场域的特殊逻辑结构造成“横向不合拍”，这是一种“脱水之鱼”的状态。关于资本和场域，二者依存共生。一方

---

① 高宣扬：《布迪厄的社会理论》，同济大学出版社 2004 年版，引言第 2 页。

② ［美］戴维·斯沃茨：《文化与权力：布尔迪厄的社会学》，陶东风译，上海译文出版社 2006 年版，第 161 页。

③ ［法］皮埃尔·布迪厄、［美］华康德：《实践与反思——反思社会学导引》，李猛、李康译，中央编译出版社 1998 年版，第 20 页。

④ ［法］皮埃尔·布迪厄、［美］华康德：《实践与反思——反思社会学导引》，李猛、李康译，中央编译出版社 1998 年版，第 171—172 页。

面，场域制约着资本，场域为资本的运作提供了必要的空间和场所，资本价值取决于其所处的场域，资本策略的制定和运作也取决于行动者在场域中的位置，总之，“只有在与一个场域的关系中，一种资本才得以存在并且发挥作用”[①]。另一方面，资本影响场域，如果没有资本，场域则是空洞的无意义的结构，场域的存在需要其中的各种资本的运作来维持，“任何一个场域始终都是个人的或集体的行动者运用其手握的各种资本进行相互比较、交换和竞争的一个斗争场所，是这些行动者相互间维持或改变其本身所具有的资本，并进行资本再分配的场所”[②]。关于惯习和资本，二者相互影响。一方面，惯习反映资本状况，是资本取得的条件，事关行动者资本的拥有和转换，另一方面，资本也制约着惯习，惯习的形成与特定的资本及其力量大小密切相关[③]。在布迪厄的社会实践理论中，“场域是具有特定逻辑结构的系统，行动者在利益的驱使下，运用其占有的各类资本，在惯习的指导下实施相应的行动策略，也就是说，资本、惯习、行动者和策略四种要素构成了场域的逻辑结构。”[④] 因此，在分析场域时，要重视场域内各要素及其相互关系。

布迪厄的“场域—惯习”理论不同于以往的社会实践理论，其主要特点在于三个方面：关系性思维、反思性和批判性。该理论以反对实体论的关系论思维方式及彻底的反思性和批判性，超越了以往社会理论中客观主义与主观主义、结构与能动二元对立的思维模式，是消解二元对立思想的成功尝试，对于社会现象的阐释和社会问题的解决具有很强的实用性。[⑤] 所以，该理论提出后逐步被应用到多个研究领域。

---

① ［法］皮埃尔·布迪厄、［美］华康德：《实践与反思——反思社会学导引》，李猛、李康译，中央编译出版社 1998 年版，第 139 页。

② 高宣扬：《布迪厄的社会理论》，同济大学出版社 2004 年版，第 148 页。

③ David L. Swartz, “The sociology of habit: The perspective of Pierre Bourdieu”, *Sage Publications*, INC, Vol. 20, No. 22, 2002.

④ 刘小珉、刘诗谣：《乡村精英带动扶贫的实践逻辑——一个基于场域理论解释湘西Z村脱贫经验的尝试》，《中央民族大学学报》（哲学社会科学版）2021 年第 2 期。

⑤ 姚磊：《场域视野下民族传统文化传承的实践逻辑》，人民出版社 2016 年版，第 21—22 页。

在生态文明建设和乡村振兴战略实施的当下，有效推进农民生态价值观培育是一个亟待研究和解决的现实问题。本书将这一问题纳入“场域—惯习”视角加以审视和研究，提出了农村场域和农民惯习两个概念。依据布迪厄的场域概念阐释，农村场域不是一个实体概念，它指代的不是一个单纯的地理区域，而是一个研究过程中的功能型概念，是一个充满意义和价值的世界。具体而言，农村场域可以理解为农村空间中不同行动者（基层政府、村两委、村级自治组织、农民、企业等）依据特定的资本形式进行互动形成的客观关系网络。所谓农民惯习，是指农民在长期的农村生产生活中，通过将外在的客观环境和条件内化于心从而形成的性情倾向系统。对于农民生态价值观这一主观性概念，如果用布迪厄的社会实践理论来阐释，可以作这样的假设：农民生态价值观作为个体的一种性情倾向即“惯习”，是在特定的农村场域中通过“外在的内在化”形成的，反过来又通过实践进行“内在的外在化”反作用于农村场域，农民生态价值观就是农民在农村场域中生成的一种性情倾向系统即惯习，农民生态价值观培育就是农民在农村场域的一种惯习的形塑和养成活动。

四　研究思路与研究方法

（一）研究对象

本书的研究对象是农民，农民源于农村。相对于城市，农村有一个很大的不同之处，就是广泛存在的亲缘关系、地缘关系和业缘关系，让生活于其中的人们产生“生于斯、长于斯”的归属感、认同感和亲切感，从而焕发出特定的内聚力。本书中的农村是一个社会层面的概念，包含内在于其中的各个方面和层面，就其主体农民而言，农村既包含农民生产生活的各种条件和环境，又包含农民生产生活中的各种关系。关于农民，《现代汉语词典》的解释是“在农村从事农业生产的劳动者”，是从职业的视角把从事农业生产作为农民的基本内涵。[1] 随着社会的发展特别是工业化和城镇化的不断推进，农村农民都发生了巨大的变化，农村从传统走向了现代，很多农村不再是单纯的纯农业生产，与之并存的还有旅游业、工业、服务业等多元产业，与此同时农民这个概念也从简单走向了复杂，不再是单纯的从事面朝黄土背朝天的农耕劳作，从事的产业越来越多元化。基于“场域—惯习”视角中场域的限定，本书所要研究的农民主要是指长期生活在农村的农民。

（二）调研区域

本书调研区域的选择既注重把握农民这一群体的普遍性与特殊性，又充分结合这一群体的区域分布特点，以及调研的便利性与可行性，力争使调研对象的选择具有一定的代表性和可信度。基于这一考虑，调研区域分成了两大类：一类是依据全国的地理区位和经济社会发展情况选取了吉林省、山东省、福建省、安徽省、湖南省、贵州省、云南省、四川省、广西壮族自治区和内蒙古自治区共十个省份自治区，对这类区域主要进行问卷调查，通过问卷分析来了解农民生态价值观情况；另一类是山东省，就山东省农民生态价值观进行聚焦式研究，根据山东省的东南西北中地理区域进行了细化和选择，最终选取了东部的R市、南部的L市、西部的Z市和J市、北部的B市、中部的Z市共六个地级市，每个市又选取两个镇的5—6个村庄，对这些村的农民进行问卷和访谈，特别是通过深度访谈来了解农民生态价值观现状及其养成情况。第二类调研区域之所以选择山东省，主要基于以下两方面原因：一是山东省是农业和人口大省。山东省位于中国东部沿海、黄河下游，水系发达，自然河流的平均密度每平方公里在0.7公里以上，平均年降水量一般在550—950毫米。光照充足，光照时数年均2290—2890小时，热量条件可满足农作物一年两作的需要。山东省全

① 高建民：《中国“农民”的概念探析》，《社会科学论坛》（学术研究卷）2008年第9期。

省陆域面积15.58万平方公里，自古以来农业发达，秦汉时期就号称“膏壤千里”，如今更是农业大省，2020年农林牧渔业总产值10190.6亿元，占全国的7.4%，成为全国首个突破万亿元的省份，在全国31个省级单元中位列第一，[1] 2021年农林牧渔业产值11468.0亿元，粮食总产量1100.1亿斤，增加10.8亿斤，连续8年过千亿斤。[2] 农业总产值占全国的7.2%，位列全国省级单元第二。农区面积大，全省土地面积为1579.65万公顷，其中农业地面积为1145.96万公顷，占全省面积的72.5%，耕地面积为757.25万公顷，占农业地面积的66%。山东省农业人口众多，根据山东省第七次全国人口普查结果，2020年11月1日零时全省常住人口为10165万人，其中农村人口为5047万，占全省人口的一半。综上所述，山东省是农业大省、人口大省，选取山东省具有代表性和典型性。二是基于调研的便利性和可行性。本团队成员大部分都在山东工作或者老家在山东，有便利的调研条件和丰富的人脉资源，这便于更顺利地入村入户调研。基于此，本书以山东省作为个案选取区域，深入考察当前农民生态价值观养成情况，力图提供一种关于农民生态价值观养成实践的具有普遍意义的现状描述，从中剖析出农民生态价值观的养成逻辑，依据农村生态价值观现状和养成逻辑提出农民生态价值观的培育路径。

（三）研究思路

本书认为，进行农民生态价值观培育有一个重要的前提，就是要把握农民生态价值观养成的内在逻辑，农民生态价值观的养成不是单纯的外部因素强加的结果，也不是农民内心自然而然形成的，而是内部外部双向互动的产物。所以，该问题的研究需要用双向互动的关系型思维来进行，布迪厄的“场域—惯习”理论正是主张关系思维的社会实践理论，契合本书主题。为此，本书以布迪厄的“场域—惯习”

---

① 《2020年山东省国民经济和社会发展统计公报》，《大众日报》2021年3月1日第5版。

② 《2021年山东省国民经济和社会发展统计公报》，《大众日报》2022年3月1日第4版。

理论为研究视角，综合运用文献研究、实证研究和案例研究的方法，在调研的基础上对农民生态价值观的养成划分为四种类型，每种类型选取一个典型案例进行深入研究，然后归结出农民生态价值观的养成逻辑，最后有针对性地提出农民生态价值观的培育路径。

（四）研究方法

“工欲善其事，必先利其器”，选择合适的研究方法是任何一项研究得以顺利进行的必要前提。在本书中，基于生态价值观的抽象性和农民生态价值观培育的现实性以及研究的广度和深度的考虑，采用了理论与实证、定性与定量相结合的研究方法，具体研究方法如下。

1. 文献研究法

文献研究是一种基础性研究。本书在对相关文献查阅、梳理和借鉴的基础上，逐步明晰了研究思路，形成了研究方案。本书在研究的过程中通过多个数据库和图书馆检索搜集有关文献，通过政府网站搜集一些国家和地方相关的政策制度文本等资料。本书涉及的文献主要包含两大类：第一，关于布迪厄的社会实践理论的相关文献。作为本书的理论视角，布迪厄的社会实践理论是必须了解和掌握的，为此查阅梳理了布迪厄本人的相关著作和其他国内外学者对布迪厄社会实践理论的研究文献，以此形成了本书的理论基础。第二，关于农民生态价值观及其培育的文献。该类文献是本书的核心文献，对其系统的综述是本书的重要前提性工作，为此本书经过多次的查阅梳理和反复的斟酌思考，最终确定了研究思路和研究内容。

2. 个案研究法

个案研究法是案例研究方法的一种，这种研究方法“是以集中关注个案，深入了解更广泛案例因果关系的研究策略。它是无法取得跨案例数据时唯一的实证实地研究选择”。[1] 基于农民生态价值观的差

---

① ［美］艾米·R. 波蒂特等：《共同合作：集体行为、公共资源与实践中的多元方法》，路蒙佳译，中国人民大学出版社 2012 年版，第 31 页。

异性及其养成的复杂性，对于农民生态价值观养成问题的探究，仅进行大样本式的定量分析是不可行的，有必要通过选择具有代表性的个案进行剖析。在个案选择方面，主要是在预调查的基础上，选择具有代表性和典型性的案例，依据不同类型分别进行深度调研，通过对定量数据的统计分析以及对定性资料的梳理分析，全面把握农民生态价值观的培育养成情况及其养成逻辑，为农民生态价值观培育路径的构建提供可供参考的客观依据。

3. 问卷调查法

作为实证研究中的一种重要方法，问卷调查是就研究问题进行问卷设计、问卷发放、问卷回收和问卷分析等一系列操作的方法。具体来讲，就是调查者将事先根据议题设计好的问卷发放给被调查者去做然后收回，通过收回的问卷了解被调查者对相关问题的认知情况。问卷调查是本书中获取定量分析数据资料的最基本的方法，该方法的运用直接关乎整个研究的质量。本书在文献查阅和初步访谈的基础上，就农民的生态价值观和农民生态价值观培育两个大的方面进行了问卷设计，最终编制了《农民生态价值观及其培育的调查问卷》，并进行了发放、回收和分析，分析结果作为农民生态价值观及其培育的分析依据和研究基础。

4. 访谈法

本书是关于农民生态价值观问题的探讨，是关于农民的主观意识方面的研究，所以单纯依靠问卷调查无法获取完整真实的一手资料。为了加强研究的实效性，本书结合问卷调查编制了针对不同群体（地方政府工作人员、村委会、企业人员、村民等）的访谈提纲，进行了大量的深度访谈。为了便于梳理资料并保证资料的真实性，本书的所有访谈均在征得访谈对象同意的基础上进行了录音，并进行了系统整理和深度分析，为研究提供了翔实的一手资料，弥补了问卷法中问题泛化和不够深入的不足，增强了研究的深度，做到了定量分析和定性分析相互补充，从而更加深入地了解和掌握农民生态价值观养成的具体情况。

第一章　农民生态价值观概述

第一节　生态价值观概念界定

任何一项研究，首要的工作就是要明确研究的主题，明晰研究的核心概念，这是研究开展的基础性工作，只有核心概念清楚了，才能明确研究对象和研究内容，才能限定研究范围。本书的研究主题是农民生态价值观的养成与培育，其中核心概念是农民生态价值观，作为本书的研究对象，“农民”在导论中已有交代，因此本节主要对生态价值观概念进行适当但有必要的界定和阐释。

一　价值与价值观

自古以来，价值含义的阐释是多样化的，而且随着社会的发展不断演进，古今中外的阐释都不尽相同，但归纳起来主要有三种观点：价值主体说、价值客体说和价值关系说，其中最被认可和使用最多的是价值关系说。马克思曾指出，“‘价值’这个普遍的概念是从人们对待满足他们需要的外界物的关系中产生的”，是“人们所利用的并表现了对人的需要的关系的物的属性”。很显然，马克思的观点是从主客体之间的关系来界定价值概念，价值反映了主客体之间的一种关系状态，是客体对主体的一种有用性以及主体对客体的一种欲求性的统一体。

价值观是人们对当下事务以及将来事务是否具有价值、有多大价值、应该具有何种价值的信仰、信念、认知、情感以及意志的总称，[①] 是对价值与价值关系的概括与总结。价值观通过人对客观事物的评价、态度和行为取向反映出来，体现了作为主体的人与作为客体的物之间的关系，是主客观的统一。一个人的价值观一旦形成，就会对他的行动以及态度、情感等产生潜移默化的影响和指引作用。[②] 价值观从根本上决定着人的价值判断和行为取向，对人的行为具有导向性、规范性和激励性，决定和支配人的社会生活、物质生活和精神生活的各个领域，对人类行为和活动起先导、支配和调节的作用。[③] 作为内藏于心的价值观具有相对的稳定性和持久性，一旦形成对人的影响是久远的。

二 生态价值

“生态”一词最早源于古希腊，其内涵随着人与自然的关系不断演变。[④] 关于生态的认知，不同的学科不同的领域有着不同的理解，每个学科每个领域都从自己的专业角度赋予了其不同的含义。在自然科学中，生态是生物群落及其地理环境相互作用的自然系统，由环境生物的生产者（绿色植物）、消费者（草食动物和肉食动物）和分解者（腐生微生物）三个部分构成，在社会科学中，生态往往被认为是人与自然共同构成的整体系统，[⑤] 所有物种都是彼此关联的。本书认为，生态是指生物的生存状态以及它们相互之间及其与周边环境之间的关系样态。生态价值是人类在利用与改造自然的实践中，由各种自然要素及其环境所构成的生态系统所提供的有用性和效用。[⑥] 罗尔斯顿认为自然具有多样性的价值，具体表现为：支持生命的价值、经

---

① 晏辉：《现代性语境下的价值与价值观》，北京师范大学出版社2009年版，第34页。

② 罗国杰：《马克思主义价值观研究》，人民出版社2013年版，第31页。

③ 张玉斌：《如何理解和确立生态价值观——访中共中央党校钱俊生教授》，《环境保护与循环经济》2014年第1期。

④ 张廷刚：《“生态场域”的范畴内涵与学术意义》，《烟台大学学报》（哲学社会科学版）2017年第6期。

⑤ 刘夏蓓、张曙光：《中国公民价值观调查研究报告》，中国社会科学出版社2014年版，第2页。

⑥ 戴秀丽：《生态价值观的演变与实践研究》，中央编译出版社2019年版，第28页。

济价值、科学价值、娱乐价值、基因多样性价值、自然史和文化史价值、文化象征价值、性格培养价值、治疗价值、辩证价值、自然界稳定和开放的价值、尊重生命的价值、哲学和宗教的价值。[①] 由此可见，生态价值是多重的，人类对自然生态的认知需要更加全面。

三　生态价值观

（一）生态价值观的内涵

目前，生态价值观已被社会广泛关注，日益受到人们的重视，但对其内涵还没有达成共识。学术界对生态价值观的界定有很多种，形成了不同的研究视角和维度，这些定义中有很多相似之处但也有很大的差异性。作为价值观在生态领域的体现，生态价值观是人对自然或生态以及人与自然关系的价值判断，是人类关于生态（主要是自然层面）价值的基本认识和观念，内在地蕴含了人类对于自己与自然关系的认知，本质上是确立人与自然和谐共生的价值取向，它对人的生态认知、生态态度和生态行为起着指导和支配作用。不同的社会形态有不同的生态意识，不同的生态意识导致不同的行为，产生不同的环境样态。原始文明时期，基于生产力的低下和人类认识能力的不足，人类对自然是畏惧和崇拜的，人类的生存依附于自然。农业文明时期，人类的生产力水平逐步提高，认识自然的能力不断增强，人类开始利用自然、改造自然，在利用自然改造自然的过程中顺应自然规律，正如孔子所言，“天何言哉，四时行焉，万物生焉，天何言哉！”进入工业文明后，人类的生产力水平大幅度提升，人类逐渐产生了征服自然、主宰自然甚至奴役自然的意识和观念，导致了人类对自然的过度改造和破坏，产生了生态危机。建设生态文明的新时代，必须明确自然的内在价值和权利，重新认识人与自然的关系，重新定位人类对自然的态度和行为，积极构建生态价值观，做到尊重自然、顺应自然和

① ［美］霍尔姆斯·罗尔斯顿：《环境伦理学》，杨通进译，中国社会科学出版社2000年版，第3—35页。

保护自然。生态价值观蕴含着人对生存发展过程中人、自然、人与自然之间价值倾向的态度，建立人与自然和谐共生的关系应该成为生态价值观的基本出发点和最终归宿。作为具有自主意识的人，必然要承担起调节作为实践活动中的人与作为实践活动对象的自然之间的关系的责任。

（二）生态价值观的内容

作为关涉人、自然以及人与自然关系的价值观和人类生态实践的价值导向和行为标尺，生态价值观蕴含了三个方面的内容。

1. 自然有其内在价值

生态价值包括了人与自然两个主题，内含着人的价值、自然的价值以及人与自然两者交织在一起的价值。“在这里价值主体不是唯一的，不仅人是主体，其他生命形式也是主体，都有主体与客体的关系。因而在价值论上，我们不仅要承认人的价值，而且要承认生命和自然界的价值”。[①] 环境伦理学创始人霍尔姆斯·罗尔斯顿指出，“自然系统的创造性是价值之母；大自然的所有创造物，就它们是自然创造物的实现而言，都是有价值的。”[②] 自然界不仅具有人类认为的工具价值，更具有内在价值，“自然的内在价值是指某些自然情景中所固有的价值，不需要以人类作为参照”[③]。大自然是一个由多元生物组成的有机整体，是一个系统性的存在，“一个事物，只有在它有助于保持生物共同体的和谐、稳定和完美的时候，才是正确的；否则，它就是错误的”[④]，大自然中的生命物种都是平等的，生于其中的一切生物都有其独特的功能和价值，都具有天然的生存和发展权利，特

---

① 余谋昌：《生态伦理学：从理论走向实践》，首都师范大学出版社 1999 年版，第 78—79 页。

② ［美］霍尔姆斯·罗尔斯顿：《环境伦理学》，中国社会科学出版社 2000 年版，第 269—270 页。

③ ［美］霍尔姆斯·罗尔斯顿：《哲学走向荒野》，刘耳、叶平译，吉林人民出版社 2000 年版，第 189 页。

④ ［美］奥尔多·利奥波德：《沙乡年鉴》，侯文蕙译，吉林人民出版社 1997 年版，第 233—234 页。

别是先于人类存在的自然更具有独立于人类而存在的价值。自然生态的价值主要体现在三个方面：一是各物种对其自身物种存在和发展的价值，二是此物种对他物种存在和发展的价值，三是各物种对整个生态系统平衡和发展的价值。承认并尊重自然生态的价值及其存在和发展的权利，承认物种间的关联性和平等性，是生态价值观的观念基点和逻辑起点。

2. 人与自然是和谐共生的关系

马克思曾说："自然界，就它自身不是人的身体而言，是人的无机的身体。人靠自然界生活。这就是说，自然界是人为了不致死亡而必须与之处于持续不断的交互作用过程的、人的身体。所谓人的肉体生活和精神生活同自然界相联系，不外是说自然界同自身相联系，因为人是自然界的一部分。"① 恩格斯指出："我们连同我们的肉、血和头脑都是属于自然界和存在于自然界之中的。"② 按照马克思主义的观点，在人与自然的关系中，一方面，自然界对人类及人类社会的存在具有本原的制约性；另一方面，人类生存和社会存在与发展对自然界存在着本原的依赖性。③ 长期以来，人类"用人的存在去理解世界的存在，规定世界的存在，用人工秩序取代自然秩序，这就使得世界失去了存在论的根基。"④ 人与自然相互依存，"人因自然而生，人与自然是一种共生关系"⑤，即没有自然就没有人类，二者共存，"人与自然是生命共同体"⑥，因此人与自然应该和谐共生。人与自然和谐共生是指人与自然之间形成的一种和谐共处的良好生存样态，意味着人与自然是休戚与共、协同进化、共同发展的整体，二者相互依存、相互影响、互惠互利。生态价值观是建立在对自然生态价值认识基础上的价值判断，是人们"关于自然

① 《马克思恩格斯文集》（第 1 卷），人民出版社 2009 年版，第 161 页。
② 《马克思恩格斯选集》（第 3 卷），人民出版社 2012 年版，第 998 页。
③ 刘铮：《生态文明意识培养》，上海交通大学出版社 2012 年版，前言第 3 页。
④ ［德］康德：《实践理性批判》，邓晓芒译，商务印书馆 1999 年版，第 95 页。
⑤ 《习近平谈治国理政》（第 2 卷），外文出版社 2017 年版，第 394 页。
⑥ 《党的十九大文件汇编》，党建读物出版社 2017 年版，第 34 页。

生态价值的根本看法，是人们处理人与自然关系的基本价值遵循”。人与自然建立良性互动关系，实现人与自然和谐共生是生态价值观的出发点和最终归宿。

3. 人类要尊重自然、顺应自然、保护自然

人类的生存与发展依赖于自然，同时人类的生产生活也影响着自然的生态和功能。“如若我们将世界包含于我们的意识之中并施之以爱，包含着我们自身的世界就会有所回报。”[①] 自然为人类提供资源的同时，也需要人们的精心呵护，否则人类赖以生存的生态基础就会崩溃。[②] 生态价值观认为，自然界的一切生命种群对于其他生命及其赖以生存的环境都有其不可忽视的存在价值，所以人类必须更加善待自然界的其他生命，更加善待为自然界生命的生存与发展提供条件的生态环境。[③] 人类要理性地认识自然，正确定位对自然的态度和行为。大自然为人类提供了生命之需，是人类赖以生存和发展的基础和保障。为此，“人类发展活动必须尊重自然、顺应自然、保护自然，否则就会遭到大自然的报复。这个规律谁也无法抗拒。”[④] 尊重自然，这是人类对自然的首要态度，意味着人对自然要怀有敬畏之心，要尊重自然存在的权利和价值。顺应自然，主要是要人类顺应自然规律，按自然规律办事。保护自然，这是人类享有自然馈赠给人类的权利的同时要对自然应尽的义务，保护自然的存在和发展。生态价值观是基于人与自然关系的重新认识，它强调自然界和人类一样本身具有其独特的价值，而且是人类自身价值实现的前提性保障，因此人类要充分认识并自觉尊重自然之内在规律和本质属性，[⑤] 在尊重自然生态价值

① ［美］大卫·雷·格里芬：《后现代科学——科学魅力的再现》，马季芳译，中央编译出版社 1995 年版，第 95 页。

② ［美］杰弗里·希尔：《生态价值链在自然与市场中建构》，胡颖廉译，中信出版集团 2016 年版，英文版前言。

③ 廖福霖：《建设生态文明，永葆地球青春常驻》，《生态经济》2001 年第 8 期。

④ 《习近平谈治国理政》（第 2 卷），外文出版社 2017 年版，第 394 页。

⑤ 秦绪娜、郭长玉：《绿色发展的生态意蕴及其价值诉求》，《光明日报》2016 年 8 月 28 日第 6 版。

的基础上顺应自然保护自然，这是生态价值观的内在要求。

（三）生态价值观的构成要素

生态价值观是一个相对抽象的概念，为便于理解和把握，本书将其具体化为以下四个方面。

1. 生态自然观

自然观是人类关于自然的构成、价值、规律等方面的认知和观念，是生态价值观的基本点，是其他构成维度的基础。生态自然观认为，人是生态系统中的一分子，自然为人类提供资源，是人类生存和发展的基础，自然界有其自身的规律、价值和权利。

2. 生态责任观

人与自然是生命共同体，二者相互依存共生，特别是就自然对于人的价值而言，自然是先于人类存在的，自然为人类的生存和发展提供必需的基础和保障，没有自然就没有人类，所以人类应该摒弃主客二元观，认识到自然内在的价值和权利，确立保护自然生态的责任担当，形成“尊重自然、顺应自然、保护自然”的意识和行为。

3. 绿色生产观

绿色生产强调以节能、降耗、减污为目标，综合运用管理、科技等手段，在生产全过程实现污染控制，尽量降低污染物排放，既满足绿色生活对于绿色产品的需求，又充分考量污染物排放与生态承载力之间的平衡关系，是实现绿色发展的关键。[①] 绿色生产观是生产的绿色化，强调绿色经济、循环经济和生态经济发展等。

4. 绿色生活观

绿色生活有广义和狭义之分。从广义上来看，绿色生活是指在各类生活活动中，实现资源占用率最大化，环境负面影响最小化，促进人与自然生态系统和谐的健康优质生活方式之总和。从狭义上来看，绿色生活是指在人们的日常生活活动即衣食住行等活动中，实现上述

① 吴明红等：《中国生态文明建设发展报告 2016》，北京大学出版社 2019 年版，第 95 页。

生态效益的生活方式。[1] 绿色生活观追求简朴、回归自然，主张资源节约型和环境友好型的生活方式和消费模式，抑制过度消费，倡导理性消费、简约消费。

第二节　农民生态价值观现状

由于生态价值观是一种极具个人主观性的认知和看法，本书关于农民生态价值观现状的调查，在很大程度上是通过测量农民关于生态价值以及生态价值关系的认知、感受、判断和行为取向等主观状态来实现的。为此，本研究进行了问卷调查，力图通过对调查问卷的统计分析反映农民生态价值观的现状。

一　样本选择与问卷设计

（一）样本选择

考虑到调研样本和数据的代表性问题，基于不同的地域、自然条件和经济发展程度，在综合考虑人力、财力和时间以及方案的可行性和有效性等因素的基础上，根据学术界对中国大陆地区社会、经济区域的划分原则（大陆地区可划分为八大区域，分别是东北、北部沿海、东部沿海、南部沿海、黄河中游、长江中游、西南和大西北地区）[2]，本书选取了吉林省、山东省、福建省、安徽省、湖南省、贵州省、云南省、广西壮族自治区、四川省和内蒙古自治区共 10 个省份（自治区），采取随机抽样的方法进行了问卷调查，共发放问卷 3500 份，回收有效问卷 3116 份。

（二）问卷设计

作为实证研究中的一种重要方法，问卷调查是就研究问题进行问卷设计、问卷发放、问卷回收和问卷分析等一系列操作的方法。本书

① 吴明红等：《中国生态文明建设发展报告 2016》，北京大学出版社 2019 年版，第 170 页。

② 李善同、侯永志：《中国大陆：划分 8 大社会经济区域》，《经济前沿》2003 年第 5 期。

在文献查阅和初步访谈的基础上，就农民的生态价值观和农民生态价值观培育两个方面进行了问卷设计。问卷编制后，请多位专家对问卷审阅，在专家意见和建议的基础上，对问卷进行了修改调整，然后选取部分村庄农民进行了小规模的试调查，根据试调查的结果进一步调整了问卷的结构和内容。经过多次试调和修改，最终编制完成了农民生态价值观及其培育的调查问卷。

1. 问卷设计的原则

调查问卷编制得如何直接关乎能否取得需要的调查结果，为此本研究就调查问卷进行了大量细致的工作，在问卷编制之前首先确定了问卷设计的以下原则。

一是综合性原则。农民生态价值观是个复杂的系统，要想真正了解和把握农民的生态价值观情况，在问卷设计的时候就必须进行综合考虑，包括农民的个人信息和生态价值观情况，特别是后者进行多维度指标构建，使得指标尽可能较为全面地反映农民的生态价值观情况。

二是合理性原则。为了使调查结果能够真实反映农民生态价值观的现状，并且能够具有普遍性，问卷设计的时候特意明确了被调查者的来源省份，不在这个范围的不能填写，如果填写了在问卷统计的时候也是无效问卷。

三是可操作性原则。本书的研究对象是农民群体，该群体相比较于其他群体而言有其特殊性，比如文化水平、理解能力等，为此设计问卷的时候要尽可能地将问题表述得通俗易懂，用农民群体易于理解的话语来表述，使得问卷调查更具可操作性。

2. 调查问卷的结构

本书主要针对农民生态价值观及其培育现状进行调研，围绕这一主题设计了 62 道调研题目，分为基本情况、农民生态价值观和农民生态价值观培育三个部分。

第一部分是基本情况，主要是了解被调查者的个人信息，包含性别、年龄、民族、文化程度、政治面貌、婚姻状况、就业情况、经济收入、居住情况、所属省份、宗教信仰等方面。

第二部分包含两个方面：被调查者的生态价值观和生态价值观培育情况。其中，第一方面是生态价值观，从农民对生态价值及其关系的认知、评价和行为取向三个维度进行，通过生态自然观、绿色生产观、绿色生活观、生态责任观等方面进行考察；第二方面从国家制度政策、村庄宣传和农民自身学习等方面来考察农民生态价值观的培育情况。

3. 生态价值观的考察维度

在社会学的经验研究中，所使用的概念是一种变量概念，或者说是一种操作化的定义，通常需要把抽象概念进一步量化，继而使得对概念的测量更易操作，更易进行定量分析。[①] 基于以上考量，本书将生态价值观概念进行了操作化处理，概念操作化处理简单来说就是将概念具体化，即将概念分解为可测量的指标的过程。本次问卷按照社会调查方法的基本要求，结合农村农民的实际情况，从生态自然观、生态义务观、绿色生产观和绿色生活观四个维度进行考察，力图使抽象的概念具体化为农民可以接受、可以理解的表述，同时为了研究的便利和有效，又将这四个维度分别细化为具体的题目，具体情况如下。

（1）生态自然观。该部分具体考察农民对自然环境价值及人和自然、经济和环境、个体之间以及个人和集体之间的关系的认知情况。

（2）绿色生产观。主要考察农民对于生产中环境保护等方面的认知、评判和行为取向情况。

（3）绿色生活观。主要考察农民在日常生活中的环境保护和破坏等方面的认知、评判和行为取向情况。

（4）生态义务观。该部分主要考察农民对于生态环境保护的责任义务等方面的认知、评判和行为取向情况。

---

① 毕天云：《社会福利场域的惯习——福利文化民族性的实证研究》，中国社会科学出版社2004年版，第37—38页。

二　农民生态价值观现状分析

本书基于农民生产生活呈现出的外在表现，考察了农民生态价值观及其培育的现状。

（一）调查对象基本情况

考虑到农民个体的差异性及其对生态价值观的影响，在农民个体概况模块指标化为性别、年龄、文化程度、经济收入等方面，具体情况如下。

1. 性别构成

表 1－1　**性别构成**

男		女	
人数（人）	占比（%）	人数（人）	占比（%）
1456	46.73	1660	53.27

统计结果显示，本次调查样本的男女性别比例为 46.73：53.27，女性略多于男性，其原因主要在于入户调研时男性比女性外出工作的多，大部分是女性在家照顾老人孩子。具体见表 1－1。

2. 年龄构成

表 1－2　**年龄构成**

	18 岁以下	18—35 岁	36—55 岁	55 岁以上
人数（人）	204	911	1464	537
占比（%）	6.55	29.24	46.98	17.23

统计结果显示，本次调查中 18—55 岁的调查对象占总样本的 76.22%，是调查的主体。具体见表 1－2。

3. 文化程度

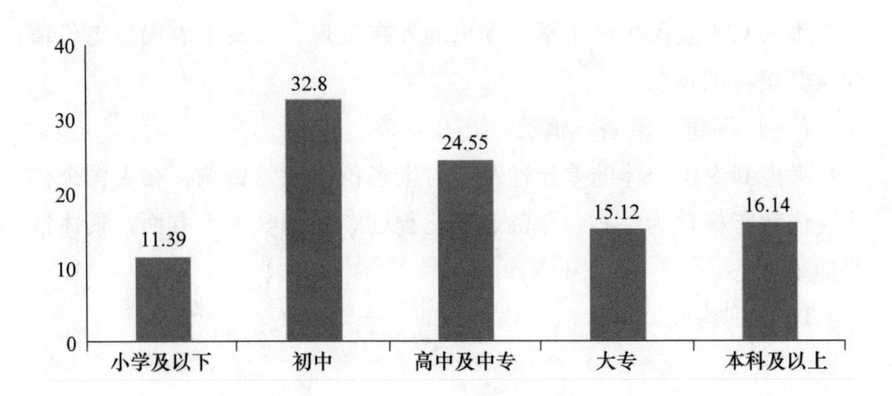

图 1－1 文化程度（%）

统计结果显示，文化程度占比最高的是初中和高中及中专，这符合当前中国农民的实际，另外大专和本科及以上的占比超过了 30%，这说明农民的文化水平较以往提高了很多，该部分农民具有较高的文化水平，其适应社会变革的能力较强，思想意识更为先进，是生态价值观养成的先行群体。具体见图 1－1。

4. 经济收入情况

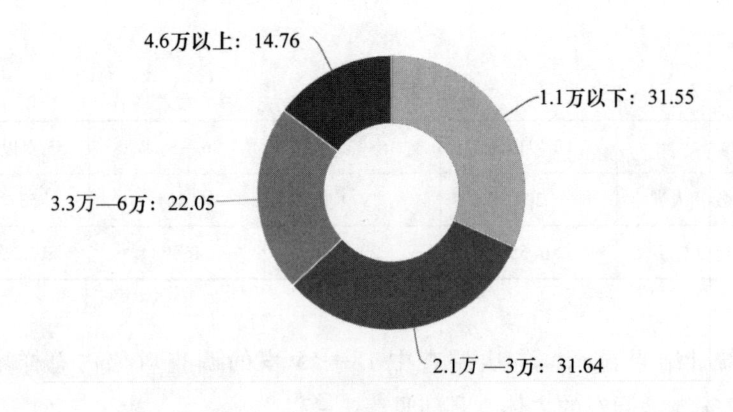

图 1－2 农民年收入情况（%）

物质决定意识，经济基础决定上层建筑，对于农民的生态价值观而言，收入等经济情况是一个重要的影响因素，因此在问卷和访谈中都涉及该方面，并进行了深入调查和分析。从图 1－2 来看，调查中农民年收入在 1 万—3 万的最多，这与《中国统计年鉴 2022》中显示的东部地区农村居民人均可支配收入（23556.1）[①] 相符。

研究发现，男性年收入明显比女性要高，女性年收入以 3 万以下为主，占比为 73.55%，而男性年收入 3 万以下只占 51.37%，6 万以上女性占比为 8.92%，而男性占比为 21.43%，这反映了既有家庭结构下男女家庭分工导致的收入差距的现实。

（二）农民生态价值观情况分析

生态价值观是一个复杂的抽象概念，本书主要通过以下四个维度来了解农民生态价值观情况。

1. 生态自然观

该部分主要通过多个具体题目进行衡量和分析。对于人与自然是否有关系的认知，统计结果显示，有 93.93% 的农民认为二者是有关系的，认为没关系的农民只占 3.43%，另外有 2.63% 的农民不知道二者是否有关系。由此可见，绝大多数农民意识到了人与自然有密切关系，这是正确认识人与自然关系的前提和基础。在上述问题认知的基础上，关于人与自然的关系，91.82% 的农民认为二者是和谐的，只有 4.08% 的农民认为是对立的，另外有 4.11% 的农民不清楚二者的关系，这个比例跟前一问题的回答基本一致，这反映出绝大多数农民对于人与自然的关系有一个正确的认知。关于自然生态的价值和权利问题，94.64% 的农民持肯定态度，只有 1.73% 的农民不赞同，这样的比例充分体现了农民强烈的生态意识，这对于正确处理人与自然生态的关系提供了基础。在对自然生态价值和权利认知的基础上，97.50% 的农民认为“人类应该尊重自然保护自然”，不赞同的农民只有 0.84%，这个结果和上一个问题的结果基

① 国家统计局编：《中国统计年鉴 2022》，中国统计出版社 2022 年版。

本相符，这说明农民对自然生态价值及人与自然关系有正确的认知，也间接证明了本调查的有效性。

图1-3　关于“山清水秀才能人杰地灵”的看法（%）

图1-4　关于“破坏环境会出现不好的后果”的看法（%）

上述两个问题可以说是就一个问题从正反两个层面进行考察的，旨在进一步了解农民关于人与自然关系的认知。从统计数据可以看出，持赞同态度的占比分别是96.82%和97.43%，持反对态度的占比分别为1.25%和1.13%，这两组数据是比较吻合的，再次证明了绝大多数农民对于人与自然的关系是有正确的认知的。具体见图1-3、图1-4。

通过上述问卷统计结果来看，绝大多数农民对于自然生态知识有一定的了解和认识，认识到生态的价值，具有基本的生态常识和生态价值关系认知，并且认为人类应该尊重自然、保护自然。当然，农民的生态自然观情况也呈现出一定的差异性，主要受农民年龄、性别、受教育程度等因素影响。

比如关于“人与自然关系”的认知，文化程度是一个重要的影响因素，随着文化程度的增长，对于人与自然和谐的认知度增强，小学及以下文化程度的有80.56%，初中文化程度的有90.9%，本科及以上文化程度的有97.42%。这说明受教育程度越高，对于人与自然关系的正确认知越强，所以必须加强农民教育，提升农民的文化水平。

2. 绿色生产观

该方面主要从农民的日常生产考察，涉及化肥农药的使用量及其污染情况认知，发展经济和保护环境的关系以及生产垃圾的处理等方面。关于发展经济与保护环境的关系认知方面，多数（60.62%）农民认为二者同时进行，这反映出农民对于发展经济和保护环境的同等重视。就“不能为了赚钱肆意破坏环境”问题，96.72%的农民持赞同态度，不赞同的农民只有1.63%，这说明绝大多数农民认识到了保护环境的重要性。关于化肥农药的使用情况，有68.78%的农民现在使用的很少了，特别是高毒农药；69.37%的农民不会用，这说明大部分农民都意识到化肥农药对于农地和农作物的污染；但其中还有15.5%的农民在化肥农药方面用量一直很大，对于高毒农药还有6.75%的农民会用，虽然这两个占比相比较于前者不是很大，但也应该引起重视。关于“购买农药最先考虑的因素”这个问题，大部分农民首要考虑的是防治效果，就农药对环境影响方面的占比只有28.08%，这两个数据真实地反映了农民的现实情况，农民种地都是为了有个好的收益，好的收益受多种因素的影响，其中病虫害是重要因素之一，所以农民购买农药时通常最先考虑的是防治效果。对于生产垃圾像用完的化肥袋子和农药瓶子的处理，大部分农民做到了节约环保，比如对用完的化肥袋子的处理，有62.05%的农民选择拿回家装东西做到了废物循环利用，有16.49%的农民选择了卖废品，还有16.05%的农民选择扔垃圾桶里，这些做法避免了环境污染，当然也有5.41%的农民选择随手扔掉。至于用完的农药瓶子的处理，因为农药的毒性导致农药瓶子一般难以循环利用，所以有57.03%的农民选择扔垃圾桶，24.16%的农民选择卖废品，只有4.36%的农民会拿回家装东西，当然也有14.45%的农民随手扔了，后两者是不可取的，还需要对农民加强这方面知识的宣传。就“过量使用化肥农药对土壤是否会产生不良影响”问题，绝大多数农民持肯定态度，都认识到了农药化肥对土壤的污染，这种意识有助于其避免过量使用化肥农药的行为。以上问题反映了农民在日常生产特别是发展农业过程中的生态环保意识情况，虽然过半数的农民生态环保意识比较强，但还有一部分农民的生态环保意识有待加强。

3. 绿色生活观

该部分主要是通过农民的衣食住行等方面进行考察。就“最喜欢的出行方式”，选择最多的是步行或骑自行车，其次是骑电瓶车，这几项占比为60.11%，此外还有26.44%的人喜欢开车，其他乘公共汽车和打车的比例占比为13.45%。在外就餐选用筷子方面，占比最大的是一次性筷子，达到了44.45%，可重复用筷子选用的只有28.27%，认为都可以的占比为27.28%，结合前面的问题来看，农民有一定的环保意识，但行动有些滞后。针对生活垃圾的处理，97.63%的农民认为垃圾不能随便扔，88.38%的农民认为生活污水直接就近排放会对水质造成污染，这两组数据说明大家对于生活垃圾的污染和处理的认识是很到位的。

图1-5 关于“要节约用水用电”的看法（%）

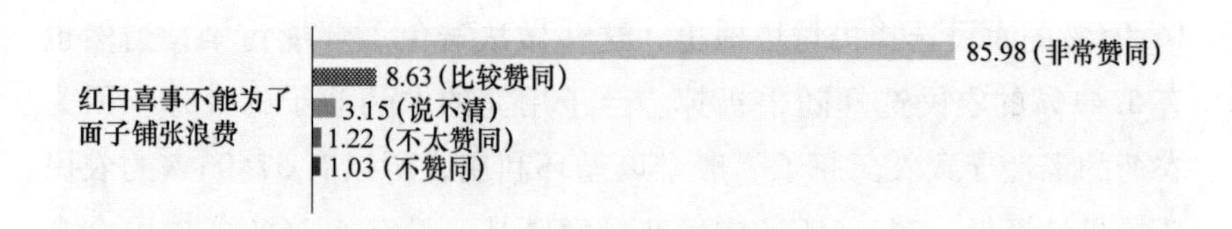

图1-6 关于“红白喜事不能为了面子铺张浪费”的看法（%）

图1-5和图1-6所示两个问题旨在考察农民日常生活中的节俭节约环保情况，从图中数据可以看出，97.78%的农民赞同要节约水

电，94.61%的农民认为红白喜事不能为了面子铺张浪费。这种日常生活的节俭与环保情况反映了农民的绿色生活观。

4. 生态义务观

该部分主要是从农民的日常生活中的意识和行为考察农民的生态义务观情况。

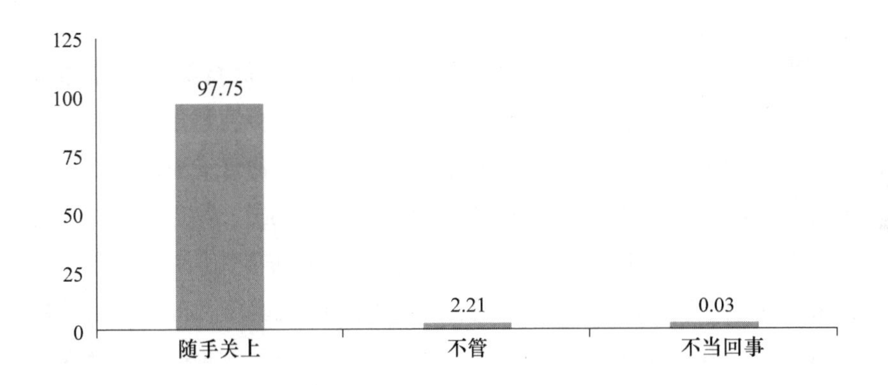

图1－7　公共场所洗手间一直开着的水龙头（%）

图1－7数据显示，当看到公共场所开着的水龙头时，有97.75%的农民会随手关上，这和前面所涉及的节约水电问题的统计数据相吻合，前面涉及的节约水电问题更多的是家里的，而该问题是公共场所的，所以该问题要比前面的问题更能体现出农民的生态责任和义务观。对于村里环保活动的参与情况，有76.96%的农民愿意参加，有20.35%的农民有所顾虑，所以选择了"看情况"，明确不愿意参加的农民只有2.7%，由此可见，大部分农民还是有参加的意愿和积极性的。就村里环境整治缴费问题，有65.21%的农民认为环境是大家的，所以费用会交，有26.99%的农民觉得多的话就不交少的话可以，还有7.8%的农民觉得环境整治是公家的事，不关自己的事，所以不会交。对于乱砍滥伐破坏环境的行为，65.53%的农民会上前制止，28.27%的农民认为这种行为可耻但不会采取行动，这部分人有环保的意识但行为没有，这也是现实中存在的意识超前行为滞后的现

象。“对于经济效益好但污染严重影响家人健康的项目制止与否”的问题，88.64%的农民选择去制止，与上面的问题相比，同样的破坏环境的事件，采取行动的比例是不一样的，相差了23.11%，这说明与自己及家人密切相关的事情，大家的行为会更积极。就响应国家政策号召保护环境方面，有72.24%的农民选择响应而且还会鼓励周围的人参与，有15.53%的农民在不损害自身利益的前提下会响应，这说明大部分农民是会响应国家环保政策的，但有少数农民会顾及个人利益，由此可见，利益是影响农民环保行为的一个重要因素。在支持政府加强对于环境污染情况的管控与处罚方面，绝大多数（92.23%）农民是支持的，不支持的仅占2.05%，由此可见，大家都普遍认为政府应该加强对于环境污染的管控和处罚。对于后代人的生活环境，有67.49%的农民感觉非常担心并且会有行动保护环境，有21.21%的农民也担心但没有办法，有9.24%的农民不担心，调研中发现该部分农民有不同的看法，其中一部分农民认为未来的生活环境会越来越好所以不担心，这是调研中的意外发现。保护环境，人人有责，这是大家广为熟知的一句话，调研中98.11%的农民赞同该看法，不赞同的不到1%，由此可见，绝大多数农民认识到了自己保护环境的责任和义务。具体见图1-8。

保护环境人人有责
93.65（非常赞同）
4.46（比较赞同）
0.99（说不清）
0.55（不太赞同）
0.35（不赞同）

图1-8　关于“保护环境人人有责”的看法（%）

以上是对农民群体就生态价值观的生态自然观、绿色生产观、绿色生活观和生态义务观四个维度进行的问卷结果分析。通过分析可以看出，当前农民生态价值观现状如下：在生态认知方面，绝大多数农民是有明确认知的；在生态环保方面，农民生态意识比较强，认识到人与自然应该和谐共处、人类应该尊重自然保护自然；在绿色生产方面，农民关于农药化肥的用量相较于五年前明显减少，在发展经济和保护环境的关系上，绝大多数农民认识到了环境保护的重要性，不再一味地只注重经济发展；在绿色生活方面，多数农民有节俭节约的意识和行为，不用的物品会废物利用，不铺张浪费；在生态义务方面，农民普遍认识到保护环境人人有责，大部分农民在遇到浪费资源破坏环境的事情时会出手去阻止或制止。以上是问卷中呈现出的大部分农民的意识和行为取向。不可否认的是，还有相当一部分农民的生态意识不强，或者有生态环保意识但行为明显滞后。农民生态价值观的差异性是受多种因素影响的，比如性别、年龄、文化程度等，这些也正是农民生态价值观培育需要特别关注的方面。

（三）农民生态价值观培育情况分析

关于农民生态价值观培育，本书主要是从国家政策、村规民约、环保宣传、环保活动、农民了解环保信息学习环保知识等方面进行考察。《环境保护法》是国家环境保护和进行环境保护宣传普及的重要法律，从调查统计来看，有 87.32% 的农民知道这一法律，但还有 12.68% 的农民不知道。从年龄层面来看，18 岁到 55 岁之间的农民中有 90% 知道，18 岁以下的这个比例稍微低一点，55 岁以上的农民不知道的比例达到了 24.58%，知道的只有 75.42%，这说明年龄越大的农民对国家的相关法律法规了解得越少，这也符合事实，年龄较大的农民文化程度普遍不高，早些年的生活比较困苦，主要的时间、精力都放在解决温饱问题上，对自身以外的事物普遍了解不多。小学及以下文化程度的农民知道《环境保护法》的比例只有 65.35%，初中文化程度的农民知道《环境保护法》的比例是 87.08%，高中及以上文化程度的农民知道的比例都在 90% 以上，由此可以看出，关于《环境保护法》知道的情况与文化程度基本上是成正比的。关于国家政策的了解情况与农民的政治面貌有很大关系，中共党员和共青团员知道得最多，高达 94.29% 和 91.72%，其他政治面貌的农民了解的比例低一些。就农民所在的村庄进行的环保活动、环保宣传情况，受访的农民所在的村庄经常举行环保活动的只有 50.93%，偶尔举行的有 30.36%，还有其他的不举行或农民不知道的。从这些数据可以看出，村庄环保活动做得还不够。但是，村里的环保宣传比较多，这个比例达到81.19%，相较于环保活动，环保宣传比例很高，村里环保宣传的方式有很多，其中宣传栏的方式最多，其次是标语、广播、微信群 QQ 群等，而且绝大多数村里都有村规民约，有 91.9% 的村规民约里都有环保的规定，村庄的这些环保宣传对农民产生了很大的影响，认为非常大比较大的比例达到了 74.51%，这说明农村的环保宣传是非常必要且可行有效的。就环境知识宣传方面，85.62% 的农民是愿意接受的，农民日常生活中接触环境信息的途径有多种，最多的是宣传栏和标语，其次是电视广播、网络媒体、报纸杂志及亲朋好友等。

以上统计结果为了解农民生态价值观及其培育情况提供了可靠的数据和依据。通过以上调查问卷的统计分析可以看出，目前大部分农民对生态知识、生态价值及其关系有着基本的了解和认识，对人与自然生态的和谐关系比较明确，有一定的生态意识和生态责任感，在日常生产生活中过半数的农民在行为选择上能够做出正确的生态价值选择，绝大多数农民愿意接受生态价值观的培育，对生态价值观培育也有着自己的观点和看法。但同时也应看到，农民是存在个体差异的，主要是受性别、年龄、文化程度、经济收入等多种因素的影响。部分农民生态价值观念比较模糊，受传统思想的影响，从人自身角度看待自然的有用性，还没有真正认识到生态环境的价值，部分农民还存在知行不一的现象，即思想上认为应该环境保护，但具体行动上还会出现不利于环境保护的行为，比如在外用餐时很多人还是选择用一次性筷子，这说明关于生态环保很多农民还没有完全内化于心外化于行，存在明显的知行不一现象。就农民生态价值观培育方面，国家非常重视，但是具体到农村参差不齐，有些村庄很重视，从多个方面进行，有些村庄不太重视，培育相对较少，存在培育主体不明确、培育内容不成体系、培育载体不够多元和培育方式重理论轻实践等问题。通过农民生态价值观及其培育现状来看，两方面都还存在一些问题，这些问题的解决都需要加强农民生态价值观培育。

第三节　农民生态价值观的养成类型

一　农民生态价值观养成类型的划分依据

如导论所述，本书中第一类区域的调研主要是为了从普遍性上了解农民生态价值观现状，因为只是问卷调查的形式，所以调研不够深入，为了弥补此缺陷，本书中第二类区域进行问卷调查的同时进行了深度访谈。通过深度访谈发现，农民生态价值观的养成有很大的差异性，本书基于这种差异性进行了四种类型的划分，每种类型选取了一个村庄进行个案研究，形成了多案例的分析，在案例的选取上采用了“理想类型”的处理办法。

关于不同类型的划分的想法，是在调研的过程中慢慢呈现出来的。研究之初是想做一个个案或者是多个个案研究。随着调研的深入，发现农民生态价值观养成的差异性非常大，如果只是通过一个个案或几个个案进行同类研究可能不够全面，而且通过对山东省几十个农村的调研发现，农民生态价值观养成的主导因素有政府、村庄、企业等，后来就逐步有了类型划分的考虑。从农民惯习与农村场域两个层面考虑，农民生态价值观的养成类型可以分为村庄自主型、政府主导型、企业带动型和多因促动型四种类型，最终本书按照这四种类型进行了深入的个案式研究，每种类型选取一个相对成熟的案例进行研究。

二　农民生态价值观养成的四种类型

农民生态价值观的养成类型经过了多次调研确定。先是对农民生态价值观培育问题进行了初步调研，基于时间、精力及财力的考量，依据地理位置、经济发展水平和生态环境情况等因素，选取了山东省的H市、L市、Z市、J市、Z市和B市六个地级市，通过调研初步了解了农民生态价值观及其培育情况。为了更深入地了解情况，在对前期获取的资料梳理和调研认知的基础上进行了第二次调研，调研范围锁定了上述地市的十几个村庄，进行了更为深入的调查和访谈，获得了更为有效的一手资料。在对第二次调研资料的梳理过程中，根据代表性、典型性原则，结合搜集到的材料和各种访谈资料，最终选取了L市的BQY村、Z市的H村、R市的D村和Z市的B村进行案例分析，这四个村对应的农民生态价值观养成类型分别是村庄自主型、政府主导型、企业带动型和多因驱动型。

对研究案例的选择效仿了学术研究中通行的一种典型案例研究法，这主要是为了展示这些农民生态价值观已经养成的经验和特征，以期为其他还没有养成生态价值观的农村的农民进行生态价值观培育时提供借鉴和参考。黄宗智认为，这是高明的理论家所惯用的方法：抽象出其中部分经验才能够掌握、展示、阐释其所包含的逻辑。[①] 那么，如何通过对单个村庄农民的了解得以了解整个国家的农民？在费孝通看来，这是“解剖一只麻雀来研究麻雀的微型调查在科学方法上有什么价值的问题，通过对不同类型的村庄的调查，……逐步从局部走向整体，就能逐步接近我想了解的‘中国社会’的全貌”[②]。为此，本书借用这一“高明理论家所惯用的方法”，以那些现实中生态价值观已经养成的具有其相对成熟经验的案例作为研究对象，剖析出这些案例中农民生态价值观养成的内在逻辑，以探究农民生态价值观培育的有效路径。

---

① 黄宗智：《“家庭农场”是中国农业的发展出路吗?》，《开放时代》2014年第2期。
② 费孝通：《学术自述与反思》，生活·读书·新知三联书店1996年版，第34—35页。

第二章 村庄自主型农民生态价值观的养成

本章主要是对村庄自主下农民生态价值观养成的类型进行研究。该类型中，农民生态价值观养成的关键因素是村庄的自主作为，其动力源于村庄内部，属于内生型。调研中L市的BQY村、R市的X一村、Z市的G村等都属于此类型，其中最典型的是L市的BQY村，所以本章就以BQY村为例进行分析。作为全国文明村，BQY村过去是一个地处穷乡僻壤的封闭小山村，在后来的发展过程中，村党支部书记和两委成员带领村民不断创新，依托自身的生态优势资源，大力发展生态旅游业，推动经济社会发展的同时，推动农民生态价值观的养成。

第一节 案例概况

BQY村地处山东省L市M县。L市位于山东省东南部，是全国著名的革命老区和文化名城，下辖的M县是沂蒙精神的重要发源地，是战争年代沂蒙山革命根据地的核心区。BQY村位于M县T镇蒙山北麓，据村史馆资料记载，该村于清朝嘉庆年间建村，村内有两棵古槐，距今已有千年，算是这个村最古老的见证。最初BQY村叫方家庄，据《M县地名志》记载，清朝嘉庆年间，费县方城一方姓人家用担子挑着两个孩子逃荒至此，看到此地风水好，便安家落户，繁衍生息，逐步发展成为村落，因方姓居多，称为方家庄。1973年“文化大革命”期间，因方家庄与本县村庄有重名，决定改名，因村里山

表 2－1　　BQY 村荣誉称号

国家级	省级	市级	县级
全国文明村 国家森林乡村 中国乡村旅游金牌农家乐 乡村振兴示范村 全国妇联基层组织建设示范村 全国文明融合试点单位	山东省文明村 山东省绿化示范村 山东省最美乡村 山东省森林村居 首批山东省景区化村庄 山东省十佳旅游特色村 山东省乡村旅游重点村 山东省精品旅游特色村 山东省产业融合示范村 山东省休闲农业示范点 山东省廉政文化示范点 山东省先进基层党组织 山东省妇女健身示范站点 妇女专业合作社示范社 山东食品流通示范单位 山东省自驾游示范点	L 市文明村镇 美在农家示范村 美丽乡村示范村 生态治村样板村 绿化示范村 沂蒙美丽乡村 环境卫生示范村 生态旅游示范点 L 市生态休闲农业示范园区 城乡环境综合整治工作先进村居 L 市卫生村 L 市文明单位 L 市水利风情村 基层党建工作示范点 先进基层党组织 五个好村党组织 农村党风廉政建设示范村 平安家庭创建活动示范点 L 市文明村镇先进基层党组织 全市工会职工书屋示范点 廉政文化六创建工作先进单位 党员干部现代远程教育星级站点 L 市社会科学普及示范村 L 市美在农家基层妇联组织建设细胞工程示范村 招商引资先进单位 农家乐示范基地 沂蒙大姐居家创业就业示范基地 乡村记忆 L 市传统村落 L 蒙山星级党组织	M 县文明村 生态文明建设先进村 文明村镇 先进村 美在农家示范村 文明单位 践行“两山”理论推动绿色发展先进村 乡村旅游发展先进村 乡村旅游特色村 首批新农村建设带头村 游客最喜爱的蒙山农家乐 M 县县级科普示范村 招商引资先进单位 “五个好”村党组织 全市“平安家庭”创建活动示范点 基层党建工作示范点 五好基层党组织 三八红旗集体 巾帼居家创业就业示范基地 乡村振兴好支部 文化旅游工作先进集体 村级代表服务工作先进单位

资料来源：笔者根据对 BQY 村的调研资料整理制作。

峪泉眼多，常年流水不断，以九为多，于是改为九泉峪。2007 年，来该村视察的老干部提出说，九泉村与九泉之下有忌讳，不太吉利，于是改名为 BQY 村。BQY 村以前因地处荒山僻壤也曾叫狼虎峪，该村偏远荒凉、人口稀少、交通不便、闭塞贫困，村庄及其周边大多为丘陵和山头，耕地面积少，老百姓思想保守，常年难以解决温饱，是当地有名的贫困小山村。近些年来，BQY 村依靠其特有的良好生态资源与人力资本优势（能人书记和团结的村两委）发展成为全国文明村。

BQY 村现有 119 户，328 人，村“两委”干部 3 人，党员 27 人。全村总面积为 2648 亩，山林果园占 80%，其中林果种植面积为 1300 亩，以苹果、板栗、蜜桃为主，主打产业是乡村旅游。近年来，BQY 村通过党建引领、绿色转型，整合提升、市场运作，积极发展农旅文化生态产业，成为远近闻名的生态富丽村，从表 2－1 中其获得的荣誉称号可以看出该村的发展情况。

第二节　BQY 村村庄自主下的场域变迁

英国历史哲学家兼历史学家柯林伍德曾经指出：“科学是要把事物弄清楚；在这种意义上历史是一门科学。……即历史是关于过去事件的科学，即企图回答人类在过去的所作所为的问题。”[①] 基于“场域—惯习”视角，探寻村庄场域的历史变迁有助于更好地认识和理解农民生态价值观的养成过程。

一　政治场域：由保守传统走向开放民主

作为农村场域的子场域，政治场域是指农民所处的政治环境和政治关系，具体包括村庄治理及其关系。村庄治理情况不仅关乎整个村庄的发展，更关乎每一个村民的生产生活，村民对于村两委的态度也

① 转引自朱本源《历史学理论与方法》，人民出版社 2007 年版，第 5 页。

会影响村庄治理，二者相互影响相互制约。好的治理可以为农民营造良好的环境，得到农民的认可和支持，农民的认可与支持又促进村庄的更好治理，周而复始形成良性循环。就生态治理方面，上级政府的政策和村干部的工作就容易得到村民的理解和支持，而且在此过程中农民的生态意识不断增强。因此，良好的政治场域可以为农民生态价值观的养成提供组织保障。

BQY 村现有党员 27 名，村“两委”成员 3 名，党支部书记兼任村委会主任，该任党支部书记方某自 1993 年 7 月上任，在职近 30 年。囿于村庄的偏僻闭塞，以前村里班子成员思想比较传统，观念比较陈旧，对于新生事物的接受和认同都比较难，对于村庄事务的公开度不够，农民参与有限，工作难有创新难有起色，使得农民对村“两委”意见较大，村庄矛盾也比较多。村党支部书记方某早年在外创业，思想比较开放，意识比较超前，他意识到班子成员需要解放思想、开阔眼界、提升工作意识和能力，于是自筹资费、带上干粮，带领村“两委”和党员外出学习。经过多次的外出参观学习，班子成员封闭了多年的思想渐渐打开，将外面学到的“真经”融入本村实际，明确村庄发展目标，完善各项规划，紧抓工作落实。一系列有效的举措逐步显现成效，村民们看到了班子的能力和 BQY 村的希望，对“两委”班子的态度由不满转为认可，为村“两委”班子开展工作奠定了良好的群众基础，强化了村“两委”的凝聚力和号召力，形成了全村一心一意求发展的合力。

管理方面，BQY 村全方位实施民主管理，公开、公平、公正地实行联合办公、现场办公，一站式解决问题。近年来，村里建立健全了廉政文化“六创建”暨农村党风廉政建设制度。财务管理方面，实施财务公开，由村务监督委员会监督，提高群众的知情权和监督权，村务方面加强与村民交流，注意征求村民意见和建议。该民主管理方式获得了农民的认可和支持，农民参与村务的积极性得到普遍提升，农民的村庄公共精神和共同体意识得以塑造和强化，改善了村干部与农民的关系及村庄的治理样态。BQY 村党支部在工作过程中注重两个方面：一是思想转变是关键，创新发展是硬道理。面对全域旅游全面开花、竞争激烈的严峻形势，村党支部号召带领全村党员干部抓紧学习、转变思想，带头思考村庄发展如何转型升级，带头寻找乡村旅游发展新的突破口和落脚点，以“两学一做”学习教育为契机，切实转变党员干部思想，除落实常规理论学习外，还积极坚持问题导向，找准村集体增收的突破口，为村集体发展谋出路。二是采取“走出去”和“请进来”相结合。组织党员干部和村里带富致富能手到先进地区学习取经，通过“走出去”“请进来”，真正让村庄党员干部认识到自身与先进地区、先进村之间的差距，激发党员干部抓紧改变、抓紧创业、抓紧赶上的热情，通过对照先进找差距，找准瓶颈问题，通过自我挖掘创新，争取上级支持，综合施策，推动村庄旅游提质升级、村集体增收、村民致富。

就党建方面，党支部研制了“5＋X特色套餐”，即在完成交纳党费、奏唱国歌、重温入党誓词、诵读党章和学党规党情、系列讲话五项规定动作后，结合BQY村乡村旅游发展实际创新做足“X”文章，让“主题党日”变得有滋有味。每月1日为集体固定学习日，组织党员、村“两委”干部、村民代表开展升国旗、“四公开”、民主议事、集体学习、党费收缴等活动，实现了从支部唱独角戏、支部与村委唱“二人转”到村“两委”、党员、群众大合唱的重要转变。BQY村在发展的过程中，充分发挥党支部的政治核心和引领作用，以打造“全域旅游先锋示范社区”为目标，村“两委”干部拧成一股绳，抓紧机遇、抓紧学习、抓紧创业，大力实施“二次创业”工程，就地深力挖潜，创新发展思路，多管齐下提升，多措并举促进村庄发展。BQY村支部书记方某介绍：“创新模式充分发挥党组织在全村旅游发展中的引领作用，牢固树立‘党员就是窗口、服务彰显形象’的工作理念。探索有效方式，以党建工作为辐射半径，进一步完善党员干部志愿服务体系，引导广大党员干部发挥先锋模范作用，受到群众一致好评。”此外，为加强党建工作，BQY村还制定了“456”党建工作法，具体内容为：第一，四户联育，扎实做好后备干部储备。推行

“一般农户→农家乐户→党员户→示范户”培育模式，采取一对一或多对一等形式，在农业管理、农家乐管理、旅游共享等方面互相支持，形成学习教育互动、经营管理互助、和谐社会共建的良好机制和氛围。第二，五事连做，让村干部坐班坐实。为落实好村干部坐班机制，及时为群众和游客服务，BQY 村制定五事连做办法，明确值班人员和工作任务，确保件件有着落，事事有回音。具体来讲，一是值班必签到，请假需提前；二是打扫两个中心的卫生，确保美净亮；三是沿村庄主线路巡逻一遍，重点检查卫生、安全、人群等内容；四是检查三户农家乐并打分、记录、反馈，每月一公布，进行绩效考核；五是在服务中心坐好班，将当天的工作和存在的问题向支部书记、理事会会长汇报，并提出解决方案。第三，六项套餐，丰富党员主题党日活动。BQY 村坚持将每月一号作为主题党日，将主题党日与“三会一课”深度融合，研制“5 + X 特色套餐”，探索推行升国旗、落实“四公开”（党务、村委、财务、农家乐督导结果公开）加“一整改”（发现问题立即整改）、民主议事、理论学习、交纳党费党日机制，主题党日成为村党员干部理论学习、参政议政、提升素质、凝心聚力、抱团发展的一剂良方。

BQY 村的发展史，是党支部带领村民同心同德，由小到大、由穷变富、由弱变强的创业史。通过多年的努力，BQY 村实现了民主化管理，增强了党建引领，全村形成了良好的政治发展氛围，促进了村庄的和谐。

二　经济场域：三次重要转型

经济场域是指行动者所处的经济环境和经济关系，主要包括生产力水平、生产关系、经济发展情况和经济效用等方面。生产力水平直接决定生产效率和生产关系，高的生产力水平会带来高的生产效率，继而提高生产主体的经济条件和生活水平。农村经济场域是农民生态价值观养成的经济前提和基础。从前的 BQY 村是一个偏僻贫穷的山旮旯子村，祖祖辈辈以种地为生，土地贫瘠导致粮食作物收成很少，村民收入微薄。经过多年的发展，已成为远近闻名的特色乡村旅游村和全国文明村。就经济发展而言，该村的发展经历了三次重要转型。

（一）第一次转型：从粮食种植到林果发展，解决温饱问题

从前的 BQY 村荒山僻壤，交通闭塞，2000 亩土地几乎全是贫瘠的荒山，生产和生活十分困难，是出了名的光棍村、贫困村。新中国成立前，几乎家家都曾四处讨过饭，村党支部书记方某说："由于穷得揭不开锅，根本没有姑娘愿意嫁到村里来，一条土路是与外界联系的唯一通道，一根针一粒盐也要经过这条路运进来，遇到雨天，道路泥泞不堪，一脚深一脚浅，拔出脚来鞋不见。"当时村里的人基本上靠山吃山，除了种些农产品外，没有什么收入，1992 年 BQY 村农民人均年纯收入只有 430 元，对于村庄当时的情况 BQY 村党支部书记方某用自己的经历进行了说明：

> 咱这个村原来的时候比较穷，光棍子比较多，麦子都不出穗，说个媳妇都很难。我大爷我三大爷都是光棍子，我那时候找个对象都比较困难，我找了个邻村的，琼山的，这女的同意，他娘不同意，说上方家庄干什么，穷死了，你吃什么喝什么，你别嫁到这种村。我七六年高中毕了业，我先在外面说了个媳妇，在这里很难说上。（20180317BQYF*）

1993 年，BQY 村经济发展进行了第一次转型。当时新上任了村支部书记方某，方某的爷爷和父亲是村里的第一任和第二任书记，方某从小受家人的影响，有责任担当意识，他上任后发誓要带动村民脱贫致富，他带领村民整山治水，修塘筑坝，打通了连接沂蒙公路的运输线，修建了村内村外道路二十多公里，从根本上改善了生产条件，也使得 BQY 村一下子融入了山外的大世界。针对村子土地贫瘠、种

---

* 访谈资料编码说明：八位数字为访谈日期，年 4 位 + 月 2 位 + 日 2 位；前三位字母为受访者所属村庄单位，最后一位字母为受访者姓氏的首字母。

植粮食作物收成少、村民收入低的窘迫状况，村“两委”认识到，要想改变窘况必须调整农业结构。于是村“两委”根据村里“七山一水二分田”的情况，引导群众调整传统种植结构，大力发展以苹果、蜜桃、板栗、山楂等为主的林果业，替代传统的玉米、小麦等粮食作物种植。通过主辅换位，林果生产由幕后走到了台前，变副业为主业，荒山秃岭披上了绿装，结出了硕果，成为蒙山优质绿色果品基地。到2003年，村民人均年纯收入从不足千元增加到5000元，实现了全村经济发展的第一次转型，即由粮到果的转型，全村人就此解决了温饱问题。到2006年，全村发展苹果、蜜桃、山楂、板栗1600亩，人均五亩，村民的收入大幅提高，村集体收入也有了一定的来源，BQY村被列为全县首批新农村建设带头村。

该时期，BQY村除了种植粮食林果，还进行矿石开采。BQY村本就是一个典型的小山村，在20世纪90年代中期，村民以种植粮食为主，收入极少。传统的靠山吃山思想使得贫困的村民瞄准了山资源。经勘探发现，漫山遍野的石头蛋竟然是花岗石，于是村里开始组织花岗石开采，漫山遍野的花岗石变成了白花花的钞票，石头蛋变成了金蛋蛋，村集体和村民一时靠“卖石头”发了一点财。但是，村民收入有所增加的同时，山体却被破坏了，村域内矿坑多达6个，成了一个个巨大的伤疤，被毁山体达到112亩，水和空气被污染了，环境破坏严重，全村被破坏得千疮百孔。后来县政府要求保护蒙山生态，位于蒙山脚下的BQY村不仅要关掉采石场，停止矿石开采，而且还要对废弃矿坑修复治理。对此，村党支部书记方某很有感触：

> 咱从1993年开始开，一直开到2004年，那时候我的想法是山上的石头都能卖钱，这也是带领老百姓发家致富的好门路，就做起来了。到了后来，县委县政府就不让再开了，响应县委县政府的号召把它关掉，关掉之后，我破坏的自然我得恢复它。（20180317BQYF）

采石场关掉后，村民的收入锐减，方某说，“都说把这个资源都破坏了。不允许咱再开采了，靠山吃山，就觉得老百姓没有赚钱的门路了。”于是，方某带领村委成员思考带领老百姓致富的新路子。

（二）第二次转型：从林果业到生态旅游业，实现产业转型

“以休闲农业为特征的农村旅游是第一产业农业和第三产业服务业的结合，体现着农村和城市的联系，满足了农民和城镇居民的双重需求。”[①] 农业农村部提出，“休闲农业成为横跨农村第一、二、三产业的新兴产业，成为促进农民就业增收和满足居民休闲需求的民生产业，成为缓解资源约束和保护生态环境的绿色产业，成为发展新兴消费业态和扩大内需的支柱产业。”2006 年，BQY 村“两委”抓住新农村建设的政策机遇，结合本村的生态资源，把目光投向了以农家乐为平台的乡村旅游，带领村民修路、通水、建沼气，发展家庭养殖与绿色果品生产相结合，按照新农村建设的要求，以生态建村、产业强村为契机，在乡村旅游上做文章。该村以开展“三清一增”行动为契机，村“两委”成立工作组，对全村荒山、河滩、荒地、汪塘、水库、房前屋后等集体资产进行清查评估、登记备案，通过集体置换、个人承包、大户承租、社会资本参与等形式，将分散零碎的生态资源进行集中收储和规模整治，打包形成可开发项目，整合提升后推向市场，有效盘活了集体闲散资源。通过实施土地开发、河道治理、高标准农田建设等工程，发展果园面积 1600 亩，并全部建成旅游采摘园，策划推出了采摘节、认养节等特色活动。2007 年第一家农家乐——古槐山庄开业，2009 年第一家与网络分销网站合作的农家乐——大方之家农家乐成立，逐步形成了以“农家食宿、果园采摘、生态游览”等项目的旅游模式。截至 2009 年，BQY 村依靠“农家乐”项目共接待游客 300 余万人次，收入近 500 万元，旅游收入成了村民收入的重要来源。

BQY 村在发展农家乐的过程中逐渐意识到，依靠单一的农家饭，

① 谭鑫：《云南休闲农业发展研究》，民族出版社 2012 年版，第 8 页。

没有其他配套留不住人，但是村里又没有钱，为此村两委商定进行招商引资。他们首先找到了当地企业家赵某（1997 年至 2003 年，赵某曾在 BQY 村的花岗石矿点开采花岗岩，赵某年经营石材收入 1000 多万元，效益可观。后来因保护蒙山生态，采矿点被关闭），商量投资项目。怀着强烈的社会责任感，赵某愿意修复废弃的采矿坑，实施生态治理和项目投资。十几年来，赵某投入近亿元，对矿坑废墟采取石碴垫土、栽树复绿，深坑蓄水形成水系，先后修筑了十几个大大小小的塘坝、5 个蓄水池，栽植各种苗木 15 万株，依据山势建造酒店，在一个百余亩废弃花岗石矿坑上建起了可容纳 600 人的高档旅游服务项目——蒙山养心园休闲旅游度假村，建成了集餐饮、住宿、商务、会议、娱乐、度假为一体的三星级酒店、五星级农家乐，乱石废墟成了生态大观园。养心园致力于打造绿色生态食宿环境，成了带动 BQY 村农家乐群体的龙头企业，年接待游客四万多人次，安置 80 多名村庄剩余劳动力，仅提供就业就为村民年增收超过 200 万元。与此同时，村“两委”还通过招商建设了“时间之外”小雅酒店，并陆续发展起了 30 多家农家乐，每家每年纯收入少则十多万，多则四十万，还解决村民就业一百余人，BQY 村农家乐成为“中国乡村旅游金牌农家乐”，BQY 村成为山东省旅游特色村、好客山东最美乡村。

（三）第三次转型：生态旅游从低端到高端，实现提档升级

随着社会的发展，村支部书记方某逐渐意识到：

> 低端农家乐渐渐不能满足城里人来村里休闲度假的需求……简单的农家乐，已经无法满足当下旅游市场的需求，也不适应全域旅游的发展，所以我们转型做富有地域特色的高端民宿。(20180317BQYF)

2017 年村“两委”决定进行二次创业，从发展农家乐提档升级到发展高端民宿。为向高端民宿转型，BQY 村进行了多方位的努力。首先，在高端民宿设计方面，村“两委”通过借鉴先进地区的经验，经过村党员大会和村民代表会研究通过，逐步进行转型，邀请生态旅游开发专业团队开展 BQY 村村容村貌提升设计、村品牌设计、Logo 设计、旅游产品包装设计、微信公众号推广等。其次，在高端民宿打造方面，通过借智借力、完善机制、全员二次创业等举措，对老式传统村落进行保护性开发，坚持保留原来的石磨、石碾等传统文化元素，以诗经命名高端民宿，配备空调、电视等现代设备，让传统与现代、美好与宁静、自然与雅致有机衔接，让游客近距离感受乡土人情。再次，在高端民宿资本方面，继续招商引资，精心打造“蒙山养心园”，开发建设集休闲、观光、体验、健身于一体的多功能综合性农业生态观光园，充分满足游客的多样化需求，促进养心园大酒店与 L 市文化旅游发展集团有限公司达成合作意向，投资 10 亿元建设 BQY 村“两山”理论培训基地项目，成为 L 市首家“两山”理论实践创新培训基地，打造乡村振兴示范区、生态文明精品村等多个现场观摩教学点。最后，在品牌打造和宣传方面，BQY 村充分发挥山泉、溪流、美食、密林、幽谷等丰富多样的资源优势，累计投入 9500 万元，着力打造“百泉休闲养心慢谷”，带动村民全面融入乡村旅游，打造特色乡村旅游品牌，以打造“百泉竞流”旅游品牌为目标，健全配套设施，提升服务质量，打造文化品牌。为进一步方便游客休憩、购买高品质旅游产品，村“两委”在村道路旁的集体空地建设了特色旅游产品展销台、集村史展示和游客休憩为一体的钢结构实木开放式玻璃廊和村集体商品展示售卖点，主要展示售卖当地农副产品如板栗、樱桃、蜜桃、苹果、花椒等以及特色旅游商品如麦饭石产品、桃木工艺品等，起到了宣传和销售当地旅游产品的作用。

BQY 村立足优良的生态环境，大力发展乡村旅游、休闲康养等业态，以村内景区、高档民宿、农事体验、采摘园等为载体，形成了“文化体验、农家食宿、果园采摘、汪塘垂钓、生态游览”的文旅融合新模式。目前，农家乐经营户发展到 38 家，年收入最少的 20 多万，最多的近 60 万，高端民宿 12 家，全村农家乐、精品民宿、度假酒店等可同时容纳 500 人住宿、3000 人就餐，带动周边村庄发展农家乐、农家客栈、采摘园、艺术馆等150余家，形成了特色旅游乡村聚集区。2020年和2021年，在新冠疫情形势下，BQY村依然接待游客20多万人次。不管是经营民宿，还是做农家菜、卖土特产，村民都在乡村旅游的链条上找到了自己的金饭碗，80%以上的村民实现在家就业，村民人均年收入突破4万元。

经过三次大的经济转型，BQY村的集体收入和村民收入都大幅提高，这一方面为村两委治理村庄提供了经济基础，另一方面极大地提高了农民的生活水平，过去因经济拮据产生的各种家庭矛盾、邻里矛盾明显减少，村民之间的关系越发融洽，而且村民对于村干部带领致富也是看在眼里记在心里，对于村两委的信任度明显增强，对于村"两委"工作的支持力度大大增加。BQY村从"嫁人不嫁方家岭"的小山村发展成了远近闻名的富裕村。

三　文化场域：村庄文化由单一到丰富

通俗地讲，农村文化场域就是农民所处的文化环境和关系网络。据BQY村党支部书记方某讲，BQY村以前的村庄文化很单一，这些年通过建设文化基础设施、丰富村庄文化载体、打造乡村文化品牌，现在已经形成了独具特色的村庄文化，丰富了农民的精神生活，提升了农民的文化素养。

（一）建设文化基础设施

加大文化资金投入，加强文化基础设施建设，是BQY村加快提升文化活力的重点。

1. 兴建村史馆（也称乡村记忆馆）

在村史馆的序言中明确了其建立的目的："旨在铭记前史，激励后人，不忘初心、牢记使命，在乡村振兴的金光大道上阔步前行。"村史馆通过文字、图片和展品的形式展示了BQY村的发展历史，总体构架分为七个单元："俺村的来历很早""俺村的从前很穷""俺村的能人很牛""俺村的食宿很火""俺村的家风很棒""俺村的民俗很多""俺村的支部很赞"，每个单元首先以简练的文字表述概况，然后辅之以图片和物品来说明，完整地呈现了村庄的发展历程和特色。村史文化廊里陈展了各种村庄旧时年代所使用的物品、器具等1000余件，讲述着BQY村的历史、文化传承，各类老物件带给人们浓浓的乡土气息和满满的乡村回忆，既能够让外地游客前来参观，也可以让村民了解自己村的历史。村史馆里挂满几面墙的荣誉牌匾及各级领导到村里视察的图片彰显着BQY村的成就。

2. 建设各类文化场所

BQY村投资兴建了综合性文化服务中心、文化创意中心、文化大院、综合服务中心、文化广场、居民休闲健身广场、乡村大舞台、文体活动室、农家书屋、居民活动室、电子阅览室、电教室、党员之家、青年之家、妇女之家、科技之家、新时代文明实践站等，便于村民闲暇之余接受文化与文明的熏陶。其中，综合性文化服务中心还被文化和旅游部确定为“文化和旅游公共服务机构功能融合试点单位”，该服务中心围绕“践行文旅融合，推进乡村振兴”这一主线，以“绿水青山就是金山银山”生态发展理念为引领，通过“建好设施、讲好故事、办好活动、用好农事、理好机制、塑好品牌”六个“好”的做法，助推BQY村走出了一条“文化+旅游”融合助推乡村振兴高质量发展的新路径。文化创意中心积极招贤纳士，不断提升丰富村史馆和村史文化廊内涵，打造村庄品牌和文化宣传点，现有“蒙山BQY村”品牌1个、泉文化点10处、文化墙10个、社会主义核心价值观展牌102个、乡村文物物件521件。农家书屋被提升为县图书馆分馆后，与游客服务中心融为一体、共建共享，新购图书2万册，更新桌椅书架，明确专人管理，已经成为村民的“阅读港湾”。

3. 打造文化艺术展厅平台

作为全国文明村、生态旅游村，BQY村将文旅融合，不断丰富文化旅游内涵，构建村民与游客共享的文化旅游新空间。BQY村先后精心打造了各种文化艺术展厅，如休闲文化平台、水文化景观台、文化创意中心、百泉旅游美食文化创意街等。将红色文化、绿色生态和传统家风、村史传承一体发掘整理，建设了村情民俗展馆，传递乡愁记忆。创办了画院，吸引了一批艺术机构、艺术大师建点常驻，积极与村外机构合作，打造了蒙山 BQY 村艺术馆、L 市蒙山画院 BQY 村写生基地、L 市爱心协会创作基地、沂蒙丹青姐妹国画写生创作基地、L 市职工书画家协会创作基地、L 市油画协会创作基地、写生中国创作基地、中俄油画协会创作基地和济南华航教育培训基地等，提高了 BQY 村的文艺气息。开设的孙大贵美术馆、雁栖园、云蒙八号、峪丰园画室、三亩园博物馆、桃之文化馆、燕筑设计、东山闻社等为村民和游客提供了学习修心之地，打造了“时间之外”“山窝窝”等文化主题小院，越来越多的文艺爱好者和游客慕名而来，助推了村庄文化的发展。通过深入挖掘如民俗、民宿、非遗等资源，展现自成特色的乡村文化品牌，实现农业产业链延伸、价值链提升、增收链拓宽，带动农民增收和农村发展、农业升级，打造了“百泉竞流”文化旅游品牌。

（二）注重民风民俗，树文明村风

作为国家、省、市、县各级文明村，BQY 村的文明名不虚传。文明村创建的一个重要方面是通过家风家训树文明村风。为此，党支部成员率先垂范，树立良好家风，带动了全村的良好社会风气。全村确立了共同的家风家训：

> 以德为本，与人为善，修身养性，谦恭礼让，严以待已，举止稳重，诚信为上，真善做人，尊老敬贤，爱幼乐施，敬老爱幼，长幼同心，父慈子孝，子孝父严，母慈媳敬，忠孝并举，兄友弟恭，兄弟并进，手足相助，孝悌当崇，妇温夫爱，和睦友善，与邻为友，既往不咎，耕读传家，勤劳为本，勤俭节约，科技致富，团结友爱，帮困扶贫，做人要实，一团和气，正当娱乐，不搞赌博，不讲迷信，五毒当诛，务生嫉妒，务生鄙吝，小人当疏，对贤当举，君子爱财，取之有道，买卖要公，童叟无欺，尊师重道，读书为先，明事达理，自强自尊。

该家风家训在每个家庭中推广成了“家家之训”，讲文明、懂礼貌、爱学习的风气逐渐形成，呈现出了路不拾遗、夜不闭户的良好村风。

民俗是一种民间文化遗产，也是一种特有的旅游资源。BQY 村建村历史较早，村民世代生活在蒙山脚下，形成了独具特色的民俗文化，例如农历二月初二的围圈、打囤、炒蝎豆。农历六月初六的敬山以及充满沂蒙风情的娶媳妇风俗等，一直流传至今，成了延续乡愁的乡村记忆。此外，BQY 村还通过各种宣传栏和横幅标语等在村中宣传党和国家政策，号召村民做文明公民。

（三）组织各类文体活动

为了更好地满足农民日益增长的精神文化生活需求，不断提升农民的文化素养，BQY 村组织了各类文体活动。第一，组织各类教育评优活动。每月第一天集合村民和游客升国旗唱国歌，进行爱国主义教育，开展“优秀共产党员”“模范村民”“五好文明家庭”“十佳文明户”“身边的榜样”“美在农家”示范户、“好媳妇”“好婆婆”“好妯娌”“向上向善好青年”“致富女状元”“星级农家乐”“平安家庭”“文明家庭”等各类评先创优活动，并有专门的宣传栏张贴光荣榜，光荣榜的两边有两句话：“做文明公民，建美丽家园”，BQY 村通过这样的活动培育了文明新风，形成了邻里和睦、人人文明、拼干劲比奉献的和谐氛围。第二，开展群众性文体娱乐活动，打造 BQY 村田园文化品牌，开展“百泉书画展”“深入田园、根植乡土”座谈会、文体竞赛或文艺演出等各类特色文化活动，举办采摘节、艺术节、啤酒节等活动，每周五晚上搞篝火晚会，有唱歌跳舞等各种活动，丰富了村民和游客的精神生活。第三，开展艺术活动。所有艺术馆均免费对外开放，每月 1 日由一名艺术家为村民和游客开设美学讲堂，提升他们的审美和文化素养，充分动员文人雅士建言献策、出资出力，他们先后为村庄贡献各类字画 100 余幅、提出合理化议 30 余条，促进了村庄文化的发展。这些活动让村民不出门即可享受“文化大餐”，不仅丰富了村民的文化生活，而且增进了友谊，加深了感情，提高了村民的幸福指数。

农村文化反映在农民的观念意识、思维习惯、生活方式、行为规范等诸多方面。农村文化建设是满足农民精神需求、提高农民精神文化生活质量的重要途径。BQY 村通过农村文化建设，帮助农民形成了积极、先进的思想观念，营造了邻里相互关爱帮助的和谐关系和氛围，助推了村庄的现代化治理。

四　生态场域：生态由破坏到修复

BQY 村原本是一个自然生态良好的小山村，但是 20 世纪 90 年代中期到 21 世纪初期进行的十多年矿石开采极大地破坏了村庄的生态环境。随着国家和地方倡导保护环境，BQY 村响应国家号召，关闭了采石场，引进社会资本进行填坑修复生态，转变村庄发展思路，依据原有的自然生态优势发展生态旅游。十几年来，BQY 村在发展经济的同时注重村庄基础设施建设和环境综合整治，逐步打造了美丽富饶的生态村落。

（一）完善基础设施建设

为了给村民提供良好的生产生活环境，更好地发展乡村旅游，BQY 村投入了巨大的财力进行基础设施建设和完善。

1. 生态恢复与建设

作为传统的小山村，多年来 BQY 村的生态资源被忽视，加之多年的矿山开采，导致具有良好先天优势的自然环境被破坏。2005 年，BQY 村响应国家号召，关掉了采石场，采取“政府引导、社会参与、资本融合、绿色发展”的方式，将生态修复与经营开发相挂钩，引进社会资本 6400 万元，绿化荒山 1 万多亩，对矿坑废墟采取石碴垫土栽树复绿，深坑蓄水形成水系，投资建设水利设施，修建拦水坝 8 个、塘坝 6 个、蓄水池多个，铺设地下输水管道 1 万余米，栽植苗木 15 万株，在废弃的矿坑上建起了生态旅游项目——养生园旅游度假酒店。经过生态修复和建设，当年的千疮百孔已不复存在，取而代之的是生机勃勃的绿色生态园，提升了村庄的旅游档次和农民的生活环境。

2. 旧村改造和发展

BQY 村从 2009 年开始进行了旧村改造，先后投入 3000 多万元，聘请专业规划团队和旅游专家进行总体规划设计，因地制宜，按照“一户一品、一品一韵”的标准对大部分老化的农户住宅进行了保护性改造，规划建设了居住区、农家乐、采摘园、动植物园等九大片区。为优化人居环境，实施了以路通、水通、信息通，改房、改气、改厕、改垃圾池和沥青铺路硬化、净化、绿化、亮化、美化为内容的“三通四改五化工程”，从路、水、电、沼气、路灯等入手进行了硬件设施建设，提高了村庄居住环境舒适度。盘活各类集体资源进行有效治理，投资 40 万元硬化旅游观光路，投资 1600 万元建设水厂，投资 100 余万元铺设沥青路，新修环山路 12 公里，铺设地下输水管道 1 万余米，整治河流 3 条，维护大小泉眼 78 处，建设拦水塘坝 7 个，改造绿化面积 28989 平方米，户户房前屋后全部净化、绿化，安装太阳能路灯 79 盏，实现了村内“硬化、绿化、美化、亮化”，家家通上了自来水、安上了有线电视，修建了沼气池，安装了太阳能，村内配备了垃圾桶，设置了垃圾存放点，聘用专人清运垃圾，形成了长效保洁机制。

3. 生态景点化村庄打造

随着生态旅游的发展，BQY 村愈发认识到生态的价值和生态保护的重要性，在经营村庄方面秉持绿色发展的理念，打造景区化村庄，进行景村共建，实现景村一体化。2010 年以来，BQY 村利用生态资源优势，先后开发出了千年夫妻槐、千年古井、企鹅石等 60 多处生态文化旅游景点，改建鱼塘 5 座、喷泉 20 处，发展了苹果、蜜桃、山楂、板栗等农业观光采摘园 10 处，垂钓中心 2 处、省级农业公园 1 处，修建旅游观光道 6 公里，新增松竹等绿化面积 2.26 万平，建成 8 个各具特色的“山沟水景”休闲亲水景点，创建了文明生态一条街，形成了一条亮丽的山水生态长廊，使农村经济的发展和环境的优化真正融为了一体。BQY 村并不大，而且村内地势高低不平，旧村改造时因地制宜，保留了原始的村落形态，错落有致、和谐舒适，独具特色，让村民生活在景区内，让游客感受到诗情画意的田园风光。不同于其他村庄整齐划一的规划和建设，BQY 村在发展的过程中特别注重原生态的保护，农家乐、民宿、采摘园等都是对原有的房子和果园进行改造建成的，村里原有的一些建筑、古树古井依然存在，使得本来就错落有致的村落显得更加有小山村的韵味，成了该村特有的亮点。BQY 村发展的这些年，生态环境非但没有遭到破坏，反而更好了，山清水秀是 BQY 村的现实写照。

（二）环境综合整治

伴随村庄旅游的发展和游客的不断增加，BQY 村生活污水的排放量越来越大，严重影响了村庄环境，继而影响了客流量，村党支部书记方某认识到："本来就是靠好生态、好环境起家，没有了这两样宝贝，我们就会没有立足之地。"为了解决污水问题优化生态环境，BQY 村在建设完善基础设施的同时，还投入近 7000 万元进行垃圾处理和污水处理，集中开展村庄环境综合整治，先后建设日处理量 120 吨的污水处理站，提升改造污水处理管网 400 余米、污水池 36 个、取暖炉 50 台，建设了污水处理厂和人工湿地污水处理工程，全力解决村庄生活污水面源污染，实现了生活垃圾和污水零排放、无害化处理。据村党支部书记方某介绍：

> 老百姓的污水、养心园的污水，全部通过地下管网流到这个污水处理站，避免了污水横流。这座污水处理厂采用生物技术，通过一系列处理，达标的水再循环到自然界当中。这个污水处理厂日处理污水能力达到 2000 多立方米，配套了管网，出水执行国家一级 A 标准，人工湿地中种植了芦苇、莲藕等，经过多重净化，达到了污水零排放，而且通过集中处理，生活垃圾也做到了日产日清。（20201211BQYF）

BQY 村不仅有其他村罕见的污水处理厂，还有其他村少见的三星级公厕和沼气池。在污水处理厂旁边，就是"专门给游客建起来的三星级公厕，公厕旁边的地下就是沼气池，对周边住户和公厕中产生的粪便进行无害化处理，还能产生沼气供居民使用。”（村党支部书记方某）在这里实现了能源循环利用。此外，BQY 村还整治河流 3 条，建设大小泉眼 78 处、大小塘坝 7 个，修建了长约 600 米的拦河坝组团，全村蓄水量达 20 万立方米。村党支部实行“打扫干净屋子再请客”，全员打造“富丽庭院”。坚持“一户一品、一街一景”，通过专家设计、奖补激励、示范带动、检查评比、挂钩分红等措施，打造示范街 1 个、示范庭院 10 个、休闲文化平台 4 处、停车场 1 处、水文化景观平台 2 处，有效带动了美丽乡村建设。此外，还实行城乡环卫一体化长效保洁机制，每周不定期地开展自查，实行即时通报制度，环境卫生有了较大改观。为了增强村民的生态意识、促进村民的生态行为，BQY 村还借助于宣传栏、标语、喇叭、微信群等形式进行生态知识普及和环境保护宣传，形成了整个村庄人人保护环境的氛围。

基于生态基础设施和综合环境整治等措施，BQY 村的生态环境不断改善和优化，形成了“生态、生命、生活”良性循环，打造了绿色生态、健康生活、美好生活三位一体的特色发展空间。良好的生态环境为 BQY 村带来了良好的口碑和发展，得到了政府和社会的广泛认可和高度评价，先后获得国家森林乡村、山东省绿化示范村、山东省最美村居、首批山东省景区化村庄、L 市生态治村样板村、环境卫生示范村等荣誉称号，各级有关生态的现场会都在 BQY 村进行，比如 2000 年全国生态文明现场会、2011 年全省生态文明现场会、2021 年全国两山理论实践现场观摩会等都在 BQY 村召开。更为重要的是，村庄的良好生态为村民的健康提供了保障，调查数据显示，该村的人均寿命比较长，上百岁的老人有多位，很多人都活到九十多岁以上，最长寿的一位村民活到了 112 岁，所以这个村被称为长寿村，而且这个村的村民历史上没有得癌症的，被称为百年无癌症村。

近两年，BQY 村的生态价值越发得到社会的认可和精确化的评估。2021 年 9 月 17 日，中国环境科学研究院发布了山东省首份村级

GEP（GEP 即生态系统生产总值，主要包括生态系统提供的物质产品、调节服务和文化服务）核算报告，报告对 BQY 村的生态系统进行了全面核算。经中国环境科学研究院初步核算，BQY 村生态产品总价值 7270.56 万元，单位面积生态产品价值为 29.67 万元/公顷，其中产品供给服务价值为 929.86 万元，调节服务价值为 759.30 万元，文化服务价值为 5581.40 万元，约占该村 GEP 的 76.77%。基于 GEP 初步核算成果，当地金融机构探索了“助栗贷”“楸树贷”等与生态产品价值挂钩的“生态贷”模式。2022 年 3 月 8 日，M 县生态产品价值核算整村授信（GEP 贷）首发仪式在 BQY 村举行，BQY 村的“绿色账本”变现，蒙阴农商银行重点面向“生态能源、农林果木产品、乡村文旅”等 GEP 核算指标对应的客户进行整村授信，具有利率低、担保灵活、审批快等特点。蒙阴农商银行现场给予该村 3 个贷款主体 4300 万元授信额度，其中 BQY 村生态价值转换整村授信额度 2000 万元，BQY 村党支部领办的合作社 M 县 T 镇泉流乡村旅游合作专业社授信额度 300 万元，山东沂蒙山文化教育发展有限公司授信额度 2000 万元。基于山东省首份村级 GEP 核算报告创新开发的 GEP 贷，激活了生态产品蕴含的经济价值，让生态产品价值成功变现，真正实现了“绿水青山就是金山银山”的发展，拓宽了“两山”转化路径，使得 BQY 村的生态资源转换为资金，更好地助力生态保护、生态产业发展和乡村振兴。

通过村庄基础设施建设和环境综合整治，BQY 村的村庄环境样貌发生了翻天覆地的变化，人居环境得到了极大提升，农民的舒适感明显增强，用村民方某的话来说，“现在感觉走在大街上特别舒服，看着路两旁的花花草草心情就好，感觉到了这种生命的存在。心情好看什么都好，矛盾就少了。”而且，在这种良好的生态环境中生活久了，农民的心情变好的同时生态意识也发生了变化，保护生态环境从以前村“两委”的硬性要求逐步转变为农民的自觉行为。

第三节　BQY 村场域变迁中农民惯习的调适与重塑

BQY 村从过去一个偏僻贫穷的传统小山村发展为现在的美丽富饶的现代新农村，这个过程经历了二十多年。在这二十多年中，生活于其中的村民的感触是最深的，村庄的点点滴滴改变都影响着他们，他们的惯习也伴随着农村场域的变迁发生了很大的改变，完成了从对自然生态资源没有认知不去保护到重视并保护自然生态的惯习重塑。

一　BQY 村场域变迁对农民惯习的影响

如前所述，作为一个小山村，BQY 村过去闭塞、贫穷、落后，似乎没有什么发展优势，老百姓祖祖辈辈生活在那里，不曾想过靠什么优势发展。但是，正是这样的一个小山村，它拥有宝贵的绿水青山，这是它最大的优势，具有敏锐眼光的村庄党支部书记方某率先意识到这一点，认识到带领村民发家致富的重要方式就是发展乡村生态旅游业，并带领村“两委”成员和村民发展起农产品采摘、农家乐、民宿。在发展农家乐和民宿的过程中村民愈发认识到自然生态的价值和环境保护的重要性，思想意识实现了从对自然生态不重视到自觉保护的转变。

由于大山的阻隔和交通的不便，历代村民与外界的联系和交流都很少，思想愈发保守，并且这种窘况代代相传。直到村党支部书记方某上任，带领村“两委”成员修路，才打通了与外界的通道，村民得以走出闭塞的村庄，看到外面的世界，思维得以打开，视野得以开阔，这为村民思想的改变提供了前提和条件。与此同时，村“两委”重视农民思想观念的改变，通过多种方式向村民宣传生态环保理念和思想。

通过图 2－1 和图 2－2 可以看出，BQY 村生态环保宣传的首要方式是广播，其次是宣传栏、标语和微信群 QQ 群等，而农民平日里了解生态环保知识的主要途径依次是电视广播、宣传栏和标语、网络媒体等，这两个统计结果是一致的，说明这个问卷调查是有效的。

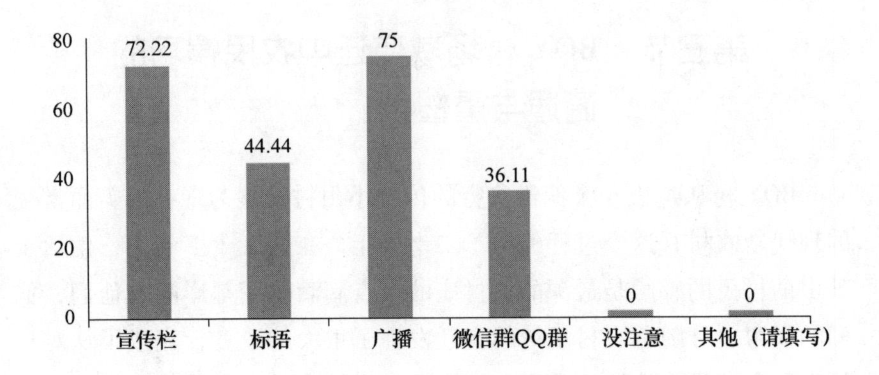

图2-1　村里关于生态环保的宣传方式（%）

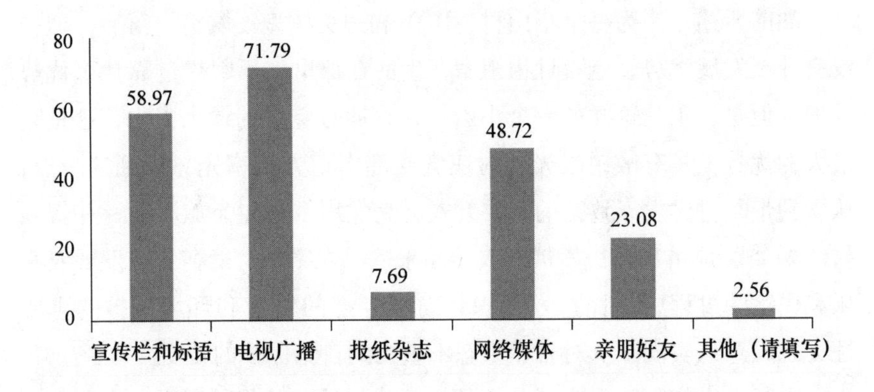

图2-2　农民了解生态环保知识的主要途径（%）

这里说的广播对BQY村农民来说就是村里的喇叭，这是村庄生态环保宣传的主要方式，也是农民了解生态环保知识的首要方式。

俺村里大喇叭经常喊，基本上大事情都会通过大喇叭喊，俺村小，大喇叭一喊全村人都听到了，而且重要的事儿还喊好几遍，大家都就知道了。（20180318BQYF）

作为一个只有三百多人的小山村，喇叭喊确实不失为一个有效的宣传办法，要比其他方式效率高还节约，村民都说很受用很接受这种宣传，也习惯了这种方式。为此，关于生态环保的宣传，村里非常善于运用老百姓喜闻乐见的喇叭来吆喝，通过经常性的喇叭宣传，潜移默化中对农民产生了影响，村民逐渐形成了生态环保的意识，随着意识的增强又转化成了行动。

在 BQY 村村委大院和沿街墙上，有很多关于生态环保的宣传栏，村民走在大街上或到村委就会看到，次数多了就会受影响。另外，BQY 村村里有特别的环保宣传标语，与宣传栏不同，标语简单明了、通俗易懂，村民一看就能明白，不需要像宣传栏那样要停下来仔细看才能了解其内容。关于标语，《汉语大词典》解释为："用简短文字写出的有宣传鼓动作用的口号。"《现代汉语词典》解释为："用简短文字写出的有宣传鼓动作用的口号或张贴标语。"① 关于标语的作用，朱自清先生曾在《论标语口号》一文中指出："'现代标语口号'不但要唤醒集体的人群或民众起来行动，并且要帮助他们组织起来。标语口号往往就是这种集体行动的纲领。"正是这种作用，无论是在农村还是在城市，标语都成了国家治理的重要工具，就 BQY 村而言，村里到处可见张贴或悬挂着的生态环保宣传标语，比如：

创卫工作人人有责，美好环境家家受益
人在画中游，幸福 BQY 村
山好水好生态好
大自然的画　原生态的家
踏遍青山人未老，风景这边独好
福寿蒙山养心地，百泉叮咚润家园
齐栽智慧树　共画同心圆
拥抱绿色生活　环保我们在行动
自然养生　文化兴园

---

① 韩承鹏：《标语口号文化透视》，学林出版社 2010 年版，第 2 页。

心在山里养　人在画中游
保护碧水蓝天，共建美好家园
倡环境保护之风，走持续发展之路
文旅融合　和合之美
青山就是美丽　蓝天也是幸福
生态美、环境化、产业兴、百姓富、民风淳、治理好
绿水青山就是金山银山
保护环境就是保护生产力，改善环境就是发展生产力
……

一两句话的标语内容涵盖多个方面，大到国家政策方针，小到农民个人的生态责任、生态愿景和生态行为取向，形成了 BQY 村独特的生态文化亮点和生态环保宣传的窗口，这样的标语“既可以传达政党、政府的主张和意图，也可以反映群众的期盼和呼声；既可以倡导积极、进步的东西，也可以反对消极、落后的东西；既能在政治、政策层面引导、教育群众，也能在文化、情感层面熏陶、影响人们，对于影响社会舆论、促进文化传播、完善社会功能、推动社会发展、促进社会和谐，都能够产生积极的影响。”[①] BQY 村的标语宣传既凝聚了人心，又增强了农民的生态意识，还重塑了农民的行为取向，2018 年 3 月 18 日调研组对 BQY 村村民的访谈证实了这一点：

访谈员（张）：看咱村里这种标语不少呀？
村民：嗯嗯，这个街上有，那边也有啊。
访谈员（张）：这些标语对您有影响吗？
村民：有呀，以前都不知道，现在有些我都能背下来了呢。
访谈员（张）：那您看村里这些宣传对村民有什么影响呀？
村民：很多影响，你像以前就觉得这个保护环境是国家和政

① 王志强：《中国的标语口号》，中央文献出版社 2010 年版，第 1 页。

府的事，现在觉得这其实更是咱老百姓自己的事，因为是我们住在这里，环境好不好直接影响的是我们。

访谈员（张）：那咱们村民行动上有什么变化吗?

村民：比如说，以前家里的垃圾都往街上随便一扔，现在大家伙都自觉地把垃圾放到垃圾桶里，还有以前家门口各种东西都堆，村里说也不听，现在你看家家门口都很干净，谁都不好意思乱堆乱放了，而且你上家里去看看，家家户户也都收拾得干干净净的。

在 BQY 村，不仅是生态环保宣传影响了村民的生态意识和行为，村庄的经济发展和基础设施的建设也起到了重要作用。在温饱没有解决的时候，村民没有生态意识，所以 20 世纪 90 年代中期开始村里进行了近十年的矿石开采，矿石开采污染环境破坏生态，但是村民非但不制止还积极参与，为的是挣钱糊口。后来，村里组织种植经济林果，村民逐步解决了温饱问题。再后来，村里响应国家号召关闭采石场的时候，村民没有很强烈地反对，而且在国家政策的宣传下，也逐渐意识到环境破坏的危害性，逐步对生态环保有了一定的认知。在村民解决温饱后，村集体通过发展乡村旅游逐步有了集体收入，对村里的基础设施进行了改造和建设，同时将过去矿石开采造成的废坑进行了生态修复，村里的大街小巷、沟沟渠渠都变得干干净净，老百姓的生活条件和环境得到了极大的改善。这种改善不仅仅是硬件的改变，同时也改变了村民的生态认知，村民愈发认识到环境保护的重要性和必要性。此外，村里举行的一些活动对于农民也有很大的影响，比如植树活动，每年植树节的时候，BQY 村都开展“同栽奉献树 共建初心林”义务植树活动，鼓励村民积极参与，广泛种植“奉献树”，建设“初心林”，这样的活动极大地增强了村民植绿、爱绿、护绿的生态意识和责任。

在政治、经济、文化和生态诸多场域变迁的过程中，BQY 村的农民不再是过去传统保守的人，而是开放、热情的新时代农民。以前农民的生活方式都是习惯性经验式的，垃圾随地乱扔，污水随地乱倒，后来村“两委”通过村干部党员示范、宣传劝导以及制度约束等措施，引导农民形成了健康卫生的意识和生态环保的观念。在调研中，笔者不仅感受到了 BQY 村的良好生态环境，也深切感受到农民生态意识的增强，更了解到农民生态行为取向的改变。

二　场域变迁中农民的策略性行动与惯习调适

20 世纪末以来，BQY 村在政治、经济、文化、生态等各个方面都发生了翻天覆地的变化，促进了整个村庄场域的变迁，这种变迁带动了农民生态意识和生态行为的改变。农村场域具有明显的同质性，所谓同质性是指所有成员共享大致相似的生活方式，经历相同的社会轨迹，因而具有大致相似的心智结构。① 在所有农民面前展现的是共同的可能性空间，他们看到的是同样的必然性和可能性。② 但是农民个体是有差异的，与村庄的改变相比，农民的转变比较缓慢，特别是部分农民的惯习改变具有明显的滞后性，这种滞后性导致惯习与场域之间产生了不合拍，农民与村庄在某些方面产生了博弈，如下述案例。

BQY 村现在已经成为远近闻名的生态旅游村，但是当年生态旅游的起步并不顺利。虽然 BQY 村自然生态良好，但是发展生态旅游之前祖祖辈辈生活在那里的村民未曾认识到这一优势，村党支部书记方某率先意识到这一点，他讲：

> 我们 BQY 村“七山一水二分田”，生态环境良好，离蒙山主峰仅 6 公里路程，而且依山拥水，花果飘香，完全可以依托这种资源优势发展“农家乐”旅游，让游客进村吃农家饭、住农家院，观风光品民俗。这样好的优势资源开发利用起来，一定是发

---

① 王文卿、潘绥铭：《男孩偏好的再考察》，《社会学研究》2005 年第 6 期。

② 莫丽霞：《村落视角的性别偏好研究——场域与理性和惯习的建构机制》，中国人口出版社 2005 年版，第 201 页。

家致富的好门路。(20180317BQYF)

但是方某的想法一提出就招来了几乎全村一致的反对："咱一个穷山沟，谁到这儿来吃饭，别钱没赚着，把本钱也赔光了。""穷山沟搞什么乡村旅游，哪有人会来玩，尽赔钱。""穷山恶水有啥可看能玩的？穷乡僻壤谁会来旅游？"对于村民的反对，方某也表示理解：

其实这也怪不得乡亲们，发展农家乐旅游毕竟不是小打小闹，不仅需要较大投资，而且这里还有个习惯的问题，而要改变传统习惯，的确有些困难。(20180317BQYF)

确实如方某所说，这里有一个传统习惯的改变问题。长期以来，虽然村里具有良好的自然生态环境，但是长期生长在那里的村民却看不到也意识不到，他们看到的更多的是小山沟的贫穷落后，没有很强的生态意识（也正是这一点使得村庄进行了数年的矿石开采，对环境造成了一定的污染和破坏），也没有想到"绿水青山就是金山银山"，更没有想到能够靠生态旅游发家致富，所以当时方某的想法遭到村民的反对是必然的。

后来，为了鼓励村民发展生态旅游，吃上生态饭，党支部书记方某召开党员会研究出台了农家乐补贴奖励办法：谁家愿意提升旧院落补贴2万元，干农家乐奖励1200元。但是这样的激励办法依然不奏效，村民怕担风险依旧不买账。为此方某动员了自己的大女儿从外地回来做第一个吃螃蟹的人。下面是2018年3月17日调研小组与村党支部书记方某的一段访谈对话，这段对话中方某回溯了当年的情景。

笔者：方书记，咱这个农家乐是怎么干起来的呢？

方某：2007年的时候叫谁干，谁都不干，我得带领党员，我得带动，没办法，那我就动员我大闺女和女婿回来干。

笔者：当时您大女儿女婿在哪儿呀？

方某：我大闺女在青岛电子有限公司上班，当主任，我女婿在青岛的一个公家单位开车。

笔者：这么好的工作叫回来？

方某：他们当时不愿意回来发展，我说你们都是共产党员，帮帮你爹的忙吧，你先干起来。俺闺女说："爸爸俺也没钱办。"我就和她说，"我先借给你5万块钱，你要是挣着，你再还给我，你要是挣不着我就不要了。"2007年俺大闺女和女婿在村里就开了第一家农家乐——古槐山庄，结果当年就挣了五万多块钱，现在她一年纯收入六十多万。

古槐山庄的收益村民都看在眼里，而且这时方某及时地把自己当年开饭店和古槐山庄的经验进行总结并推广开来，还把自己精心研制的特色菜品贡献出来让村民共享，很多村民的思想开始发生变化，从以前的坚决反对到后来的跃跃欲试，古槐山庄开业后不到两个月的时间里又先后有5名党员带头做起了农家乐，第二年又发展了10多家，现在已经近40家。经过十多年的发展，BQY村农家乐名声远扬。有了这次发展农家乐的经历，BQY村后来的农家乐转型升级就很顺利，现在BQY村进一步放大生态优势，发展生态产业——乡村生态旅游，全力推动绿水青山向金山银山转化。

BQY村依靠良好的生态环境起家，村民日益享受到更多的"生态红利""绿色福利"，真正体会到了绿水青山可以转变为金山银山，这种体会让村民认识到了自然生态的价值，也愈发意识到保护环境的重要性，生态旅游、绿色发展的理念深入人心，家家户户都收拾得干干净净，即便是上了年纪的老人的家里收拾的也是一尘不染，屋内屋外都整理得井井有条。爱干净爱环境已经成为村民的日常习惯，这种习惯呈现出BQY村人对生活的热爱和对自然生态的尊敬。

通过上面的分析可以看出，虽然农民的生态意识和行为转变比较慢，但是经过村党支部和党员干部的各项举措（包括广泛宣传、动员、示范带头和激励等）和场域的影响，最终得以改变。

三　农民惯习重塑：农民生态价值观养成

经过多年的发展，BQY 村农民的惯习逐步重塑，实现了与农村场域的契合，在相互契合的过程中，农民的生态意识不断增强，农民的生态价值观得以养成，这可以从对 BQY 村的问卷和访谈情况看出来。

（一）生态自然观

就生态自然观方面的问题，统计结果如下：关于人与自然的关系，近 90% 的农民认为二者有关系，而且二者的关系是和谐的，这反映了 BQY 村绝大多数农民认识到人与自然有关系，而且对这个关系有正确的认知；关于"自然具有其自身的价值与权利"的认知，92.31% 的农民持赞同态度；关于"人类应该尊重自然保护自然"的认知，持赞同态度的达到了 98%；关于"山清水秀才能人杰地灵"的认知，是 100% 的赞同。由此可见，BQY 村农民在生态自然观方面有极高的正确认知。

（二）绿色生产观

关于经济发展和环境保护的关系，有 71.79% 的农民认为应同时进行，有 23.08% 的农民认为先环保再经济，注重先经济再环保的农民只有 5.23%，没有人认为二者没关系。由此看来，BQY 村的绝大多数农民对于经济发展和环境保护关系的认识很理性，而且选择先环保再经济的比例远远高于选择先经济再环保的人，这表明 BQY 村的农民关于生态关系的认知达到了很高的高度，说明大家的生态环保意识非常强，不会因为自身的发展去破坏环境。

（三）绿色生活观

关于出行方式，调查结果显示，选择最多的一类是"步行或骑自行车"，其次是"开车"，这两种方式达到了 80% 多，通过进一步访谈了解到，大部分农民在本村或村附近出行都是步行或骑自行车，除此之外，就是进城接送孩子上下学或购物，因为村庄比较偏，离城里比较远，加之大家都比较忙，而且生活富裕，家家都有车，所以有 33.33%

的人远距离出行会选择开车，近距离出行都选择步行或骑自行车。

（四）生态责任观

关于后代人的生活环境的调查结果，BQY村有一个不同于其他地域的地方，全国和其他地域的问卷统计结果显示，大多数人对后代人的生活环境是非常担心的，但是BQY村的问卷统计显示，有过半的人对此不担心，而且持无所谓态度的人没有，这说明这里的农民并不是不关心这个问题，这样看来是不能理解的。但是，结合访谈情况来分析，这个问题就迎刃而解了，在访谈过程中了解到，大多数农民认为现在的环境越来越好了，以后会更好，所以根本不用担心后代人的生活环境。下面是2018年3月18日访谈到的一位老人的谈话，通过这段对话就能理解这个结果了。

访谈员（尹）：大爷，您担不担心后代人的生活环境呀？

老人：不担心。

访谈员（尹）：为什么呀？

老人：你看现在的环境比以前好多了，又有花又有草的，路上也干净，下雨也不用踹泥巴了，这几年越来越好，以后肯定更好呀。

访谈员（尹）：所以根本不需要担心，是吧？

老人：是呀。

关于村里组织环保活动的情况，大家都知道都了解，这说明大家对这个问题都很关心，而且大家对于村里的环境都满意，不满意和不关心的人没有，这一方面说明村里的环境确实好，另一方面也说明大家对村里的环境很满意。对于政府加强环境污染情况的管控和处罚问题，被调研的农民100%支持，这个结果也是BQY村特有的，在全国性问卷调查中，不支持和看情况的人都有，有的地域这两项的比例还很高，这说明BQY村农民的生态意识非常强。

通过对问卷统计结果的分析可以看出，涉及类似“不关心”“无所谓”这样的选项，结果都为零，这说明 BQY 村的农民对生态价值及其关系问题非常关心，而且很认真地对待，这正如村和景一体化一样，BQY 村和民也一体化，特别是生态环境问题，农民都当成了自己的事情来对待，农民的生态意识非常强，绝大多数农民的生态价值观已经基本养成。

第四节 村庄自主：BQY 村农民生态价值观养成的关键

村庄自主型农民生态价值观的养成属于内生型，其发展动力源于村庄内部，这种类型的发展是外因型所无法比拟的，BQY 村农民生态价值观的养成主要得益于以下几个方面。

一 领头雁带头飞

通过对 BQY 村的调研发现，带动该村发展的一个重要因素是其领头雁，即该村的身兼党支部书记、村委会主任、M 乡村民俗旅游农家乐专业合作社董事长等数职的方某。方某 1957 年生，1976 年高中毕业，1983 年被推选为村主任，1985 年加入共产党，1993 年担任村党支部书记，从治保主任、团支部书记，到进入支部，再被选为村委会主任、村党支部书记，方某扎根村庄发展四十多年。BQY 村由一个贫穷落后闭塞的山沟村变为一个美丽富裕开放的全国文明村的过程中，勤劳聪慧、理念超前、生态思维、一心为公的方某起了中流砥柱的关键性作用。

（一）思路开阔助推问题有效解决

方某虽然只是高中毕业，但是他勤劳聪慧，走南闯北，见多识广，人生阅历丰富，造就了其思想开放、勇于创新的特点。方某高中毕业后先是回村开拖拉机，后来买了挂车跑外地搞运输，从物流中挣得辛苦钱，后来又发现新商机——开饭店当老板。1992 年，纵贯 BQY 村村前的省道——沂蒙路建成通车前，他先人一步在路边开起了果园饭店，他亲自掌勺，精研厨艺，光棍鸡、百泉醉鸭、清炖鹅都是他的拿手菜。由于物美价廉，他的客源非常好，生意火爆，时常忙到凌晨，“一开抽屉满满的钱”（方某的话），当年实现利润6万多元。开饭店使得方某积攒了一定的财富和资本，成为当地远近闻名的能人。

1993年方某接任村支书时的突出难题，是村里积欠多年，三角债严重，村民怨声载道，加之村“两委”大部分人观念陈旧，不会打村庄长远发展的大算盘，财务状况也令村民不满，村民与村“两委”关系不睦。针对积欠和三角债问题，方某首先带动村“两委”清理身边的亲朋好友，公开、公平、公正地处理遗留问题，该免的免，该减的减，该收的收，由此带动了村民的自觉行动。对于班子成员观念陈旧问题，方某自筹资费、带上干粮，带领村“两委”外出学习，解放思想，开阔眼界。对于现实生产生活条件差问题，方某自己出资5万元为村里修路、架路灯，带领村“两委”义务清淤、整山治水、修筑塘坝，从根本上改善了村庄的农林生产条件。为了带领村民搞好民俗旅游，方某身先士卒，以身作则，并且带领村民到各地参观学习。他充分认识到科技兴农的力量，在科普惠农方面走在全县前列，以现代远程教育网络做支撑，针对生态民俗旅游村建设举办了生态旅游开发、饭店经营管理、食品安全等培训班，培养了一批懂经营、会管理的餐饮经营业户。此外，他还先后成立了果品发展协会、餐饮服务协会和农家乐协会，对餐饮经营户进行统一监管，保证经营规范、文明，形成了协会带头创业、群众争先致富的大好局面。

（二）生态思维助推村庄吃上生态饭

作为典型的传统小山村，BQY村依山傍水，拥有良好的自然生态环境，为其打造乡村生态旅游提供了得天独厚的优势资源，但是囿于村庄的闭塞、村民的保守和整个社会发展阶段的限制，世世代代生活在那里的村民并没有认识到这个优势，不曾将这种自然资源与村庄村民的发展相联系，这种生态资源一直未被发现和重视。后来被重视并将这些绿水青山转变为金山银山的第一人，就是村党支部书记方某。

1993 年，方某接任该村党支部书记后，先后带领全村进行农业结构转型和矿石开采来致富。后来一个事件转变了他的思路，使他认识到 BQY 村的独特资源——原生态小山村的自然生态的价值，思考借助本村的绿水青山致富。这个事件发生在 2005 年，当时方某自己饭店里吃饭的人越来越少，他四处打听了解情况，终于弄清楚了原因：一个是路网发达了，跑车的司机们分流了；再一个是游客都上山吃饭去了，爬山加吃饭，要的是环境。方某敏锐地意识到乡村生态旅游的前景，并对此产生了新的想法："咱村环境也很好啊，离蒙山主峰步行 1 小时的路程，村内有千年古槐古井，村外有上百个泉子，依山傍水、花果飘香、生态优美，完全可以搞农家乐，让游客来吃住！"但是他的想法在当时思想观念比较保守甚至陈旧的村民包括部分党员看来非常的不切实际，"穷山恶水有啥可看能玩的?""穷乡僻壤谁会来旅游?"结果没有一家愿意开农家乐。但是，他认为"这样好的优势资源开发利用起来，一定是发家致富的好门路"，只是暂时"身处深闺人未知"。为此他和村"两委"商量出台了谁家愿意提升旧院落补贴 2 万元、干农家乐奖励 1200 元的激励办法，并且动员在外地上班的大女儿和女婿回村带头做农家乐。2007 年 BQY 村第一家农家乐——古槐山庄正式开业，当年年收入就达到五万多元。村民看到了实实在在的收益，也逐渐行动起来开起了农家乐，村庄也发展起了生态旅游。坐拥绿水青山却世代缺吃少穿、守得青山在就是缺柴烧，BQY 村多年解不开的疙瘩通过方某的农家乐思路一下子解开了。之后，方某坚定生态立村、绿色发展、强村富民之路，让群众充分感受到"绿水青山就是金山银山"的无限魅力，在引导村民靠采摘农家乐吃上生态饭的同时，还筹资加强了村庄生态的修复和建设，更加凸显村庄的生态优势，吸引更多的游客消费和生态项目进驻，让游客来吃农家饭，住农家屋，观田园风光，品民宿风情，更加促进了村庄增收村民致富，继而有更多的资金进行生态保护和资源开发，正如方某所说："有了资金支持，我们不仅能对村里的民宿进行整体提升，还能下大力气开展生态保护，擦亮绿色品牌"，带动村民生态意识不断增强，如此循环往复，BQY 村成了更加知名的全国文明村和生态旅游村。

（三）无私情怀助推村民共同富裕

方某上任伊始想的就是和村民抱团发展，走共同富裕的道路。担任村党支部书记伊始，方某就把这些话挂在嘴边，发誓带动村民脱贫致富。

> 作为基层干部，就要一心一意造福父老乡亲。不会先致富，就不配当干部；致富不带富，也不是好干部。让老百姓过上好日子，是我们党的基层干部的责任，也是咱村干部的幸福。党支部书记不光是一个职务，而且是一种责任与使命、信任与担当。干事就要脚踏实地；说了算，定了干；认定的事，对群众，对集体有益的事，再难，也必须办好。(20180317BQYF)

1993 年，正经营饭店的方某放下红红火火的生意，接任 BQY 村党支部书记。基于村子里土地贫瘠种粮食难以有好收成的现实，方某开始带领村民转型种植经济林果，但是村子交通闭塞，长成的果子卖不出去，方某便动员爱人拿出开饭店辛苦挣的 3 万元钱修路，他的举动感染了全村老少爷们儿，大家主动出工出料，村里打通了连接沂蒙公路的运输线，随后又修建了村内村外道路二十多公里，使 BQY 村一下融入了山外的大世界。道路打通了，方某自家的大货车又成了全村的长途运输工具。开上自己的车，带上自家的干粮，装上了乡亲们的果品，方某和村干部把果品运到南方，饿了就着开水吃煎饼，晚上就睡在大车底下。经过几年的努力最终带领村民解决了温饱问题。为了有更多的时间做好支部书记的工作，2007 年方某关掉了经营十多年的饭店。当时关这个饭店的时候阻力比较大，因为家里有三个小孩，“你把饭店关掉了你吃什么喝什么，你从哪来钱?”方某的爱人极力反对，但最终还是被方某说服。至此方某放弃了自己的饭店生意，一心一意为村庄发展谋划出力。

我从1992年在沂蒙路上干饭店，一直干到2007年，我就把这个饭店关掉了，关掉了就想着带着老百姓，因为绿水青山就是金山银山，咱得把这边给做响，真正的吸引更多的游客，因为BQY村资源比较丰富，我就想到发展乡村旅游农家乐。(20180317BQYF)

在由温饱向小康发展的过程中，方某更是想民之所想。在村庄经济第二次转型的时候，为了让更多的村民建好开好农家乐、吃上山水生态饭，方某把自己和女儿开饭店的经验进行总结推广，并把自己以前精心研制的特色菜品配方和秘籍贡献出来与村民共享。

方书记把自己多年研究出来的烹制拿手菜的技术，毫无保留地教给俺，还把多年干饭店的经验传授给俺。没有方书记，就没有俺的农家乐，也就没有俺BQY村今天的好光景。(20180318BQYF一位年轻的民宿老板)

由此，村里的农家乐从当初的一家发展到了如今的近四十家，每家的年收入少则二十万多则六十多万，BQY村的农家乐名声远扬，并带动周边村落150多户致富，绝大多数村民都在村里就业，方某由此实现了村庄共同富裕的目标。

（四）紧跟形势，借力发展村庄

上任村党支部书记以来的二十多年中，方某紧跟时代发展形势和国家地方发展步伐。

张市长在工作报告中提到对富有特色的古村落进行发掘利用，我觉着很适合我们乡村旅游的发展，对于一些有着悠久的历史、丰富的人文内涵的村落，值得我们去发掘保护。

针对村庄发展和资金短缺的矛盾，方某积极争取各类政策项目资金扶持进行村庄建设。

> 我们村的很多建设资金都是争取来的，镇上的项目有的行，有的不上这边来，很多都是我自己上市里上县里跑争取到的一些政策扶持。(20180317BQYF)

2005 年以来，方某响应国家号召紧急关停采石场，借助县委县政府实施“大蒙山、大旅游”开发战略，做足做活农家乐和生态旅游，几年的时间累计争取各类项目资金 4000 余万元，用于建设和发展村庄。方某先后带领村民发展高标准果园，铺修村内道路，安装路灯，开发景点，建设村办公楼、文化广场、樱花大道、污水处理站等基础设施，让家家户户通上自来水、装上有线电视，为村民打造了生态宜居的美丽村庄。

不仅国家政策项目要争取，方某还按照新农村建设的要求，以生态建村、产业强村为契机，积极招商，引进社会资本进行生态文旅项目建设。方某先后引进多个大项目，比如由北京建安集团公司和蒙阴利达石材有限公司共同投资 1700 万元建成的集吃、住、行、游、购、娱为一体的高档旅游服务项目“养心园”；蒙山旅游集团投资建设的践行“两山”理论培训基地；山东沂蒙山文化教育培训中心项目总投资 10 亿元，主要开展综合培训、康养度假、高端民宿、休闲农业、研学体验等业务，计划用 5 年的时间打造成为乡村振兴发展和“两山”理论实践创新的标杆。这些公司之所以进行投资也是瞅准了 BQY 村在生态旅游领域的好口碑，这些项目的落地让这个百户生态小山村有了接待大型团队的能力，极大地提升了 BQY 村乡村旅游的档次和生态文明的品牌优势，促进了村庄生态旅游向精品高端转型。与此同时，还引进孙大贵画园等特色高端艺术馆 5 家和各类人才 12 名，极大地提升了村民的文化素养，增强了村庄的文化气息，更好地促进了村庄旅游的文旅融合。

干部带什么路，群众迈什么步。有一个好干部，就有一个好集体，有一个好集体，就有一个好村庄。由上述分析可以看出，BQY村的良好发展得益于其领头雁方某的个人品行和卓越能力，方某在村民中获得了很好的口碑。

你们可不知道呀，过去俺村太穷了，全镇排名，样样倒数第一。说来不怕你笑话，俺村里小伙子说个媳妇都难；现在可好了，外村的来给俺村打工，俺不光农家乐挣着钱，山上的果树也卖着钱。多亏上边政策好，俺村支书老方领的路正。(20180318BQYW 一位八旬老者)

不出村挣大钱，这好事八辈子都不敢想，这是托了俺方书记的福。方书记这人厚道、实诚，心里装的净是村民的事。(20180318BQYZ 一位有三年党龄的党员)

这些年，方书记为俺村没少动心思。为给老少爷们办事，他多次捐款、垫资，不怕吃亏。这年头，这样的人哪里找去。(20180319BQYL 一位中年妇女)

这些良好的口碑说明了村民对书记方某的认可和支持。不仅如此，方某还得到了各级政府的认可和好评，获得了很多的荣誉称号（见表2-2），被推选为市人大代表、县人大代表，并出席了“全国‘村长’论坛”，受到了党和国家领导人的亲切接见。

“如果我们在某一段时间内对任何一个人进行观察，我们也许会发现他对周围环境给予刺激，反过来他也直接受这一环境的刺激。他的行为毫无疑问是目标定向行为。”[①] BQY村书记方某的行为逻辑与其成长环境有着密切的联系，他生于20世纪50年代的小山村，那个年代的贫穷落后造就了方某吃苦耐劳的精神和毅力，高中毕业后走南

① ［美］哈罗德·D. 拉斯韦尔：《政治学：谁得到什么，如何得到?》，商务印书馆1992年版，第135页。

闯北的经历造就了方某视野开阔、思想先进的特点，家人的影响（他的四大爷和父亲是村里的第一任第二任书记，他是第四任）造就了他一心为公的责任感和使命感，正是这些方面造就了他优秀的品格和卓越的能力，使得他成为 BQY 村的领头雁，带领 BQY 村展翅高飞。

表 2-2　　BQY 村党支部书记方某的部分荣誉称号

级别　称号	荣誉称号
省级	山东省优秀共产党员、山东省劳动模范、山东省担当作为好书记、齐鲁乡村之星
市级	优秀共产党员、十佳百优村主任、优秀党组织书记、中国乡村旅游致富带头人、L 市优秀村党支部书记、山东省 L 市劳动模范、L 市示范书记
县级	十佳村党组织书记、优秀村党组织书记、优秀共产党员、沂蒙乡村振兴好支书、乡村旅游带头人、农村党员致富能手、L 市沂蒙乡村振兴好支书、M 县十佳村党组织书记、M 旅游度假区优秀农村党组织书记

资料来源：笔者根据对 BQY 村的调查资料整理制作。

二　党建引领

BQY 村的发展，是党支部带领村民谋发展，由小到大、由穷变富、由弱变强的创业史。在 BQY 村的生态建设和农民生态价值观的养成过程中，村党支部积极发挥党建引领作用，高点定位、专业规划、因地制宜，坚持村景一体化建设，努力把村庄建成生态大花园。

（一）规划先行，突出党建融入

为了有一个好的起点和可持续性的未来，村党支部聘请了 L 市建筑规划设计院高水平的专家进行总体规划，结合当地的生态资源优势，因地制宜，明确了“生态靓村、文明兴村、旅游强村”的村庄发展思路和规划。在这个规划中，生态靓村排在了最前面，由此可见党支部对生态的重视程度。在这个思路和规划的指引下，BQY 村走上了生态旅游的发展道路。在生态旅游发展过程中，BQY 村党支部积极发挥党建引领作用，树立了“一切工作到支部、靠支部”的工作导向，强化党支部的政治引领作用，把党建融入生态旅游发展，充分发挥党支部的政治核心作用，以打造“全域旅游先锋示范社区”为目标，村“两委”干部拧成一股绳，抓紧机遇、抓紧创业，就地深力挖潜，创新发展思路，多管齐下，多措并举，促进村庄发展。2010 年，为规范经营市场、避免恶性竞争，村党支部领办了百泉乡村民宿旅游专业合作社，由支部书记担任理事长，其他两委成员、业户代表担任理事、监事，运用公司化统一治理，实施“六统一”运营模式，将党的组织领导贯穿到合作经营管理的全过程，BQY 村的党组织领办合作社在当地成了典型。

（二）产业发展，党支部党员领办示范

党支部坚持生态产业化、产业生态化，注重发挥党员干部的带头作用，鼓励扶持带头户发展生态旅游，使得生态旅游成为村庄的支柱产业。在村庄发展的过程中，村党支部和党员始终站在绿色发展的最前沿，当好生态文明建设的排头兵，为村庄生态旅游发展掌舵。2007 年，将原来的花岗石开采点进行废弃矿坑修复治理，招引客商投资建设了蒙山养心园休闲旅游度假村，依据村庄的自然景观开发生态观光景点 60 多处。在村庄生态旅游的初期，基于村庄闭塞、思想保守等原因，在全村人对于农家乐都不理解不支持的情况下，当年就有 3 名村干部带头办起了农家饭馆，扮演了“关键行动者”的角色，在村干部和党员的示范带领下，几年的时间陆续开起了几十家，促进了村民的积极参与。村里规定，凡是党员建的农家乐都要公开挂出党员岗，服务标准高于一般商家。党支部建立了“四户联育”先锋模范培养机制，在诚信经营、资源共享、利益分配、保护发展、管理监督等方面作出表率。2017 年，村党支部带领实施乡村旅游二次创业，对老式传统村落进行保护性开发，提升“村、户、街、点”整体融合的特色旅游风貌，同时将红色文化和绿色生态相结合，转型打造高端生态旅游，既保留了传统文化又进行了创新，形成了全域特色旅游乡村聚集区。

（三）党支部统领，打造“合力百泉”，实现共同富裕

BQY 村党支部注重发挥党支部的统筹力，整合各种资源，凝聚合力，强化集体经济基础。实施“三清一增”行动，对荒山、河滩、汪塘、水库、荒地等集体资产进行清查评估、登记备案，通过集体置换、个人承包、大户承租等方式，千方百计盘活各类集体资源。通过党支部领办合作社、招商引资、争取上级政策和项目资金支持等举措，增加集体收入。以集体积累为“先锋”资金，累计筹资、投资千万元用于村庄基础设施建设和乡村旅游发展，实现了“居住别墅化、生活社区化、环境生态化、农业集约化、经营产业化”。“BQY村发展乡村旅游的口号是‘抱团发展’，带领村民一起致富。”BQY村党支部书记方某说。2019 年 8 月在当地举办的 L 市省级“四型就业社区”的投票评选活动中，BQY 村人心齐聚，以 8000 多票的成绩遥遥领先于其他社区，也因此获得数万元的奖金鼓励。目前，BQY村 80% 的村民从事生态旅游业，全村发展农家乐近 40 家，辐射带动周边村庄发展农家乐、农家客栈、采摘园、艺术馆 100 多家，村庄年游客量达 20 多万人次，参观学习的人次突破了 1 万，农民人均年纯收入突破 4 万元，农户年收入少则 20 多万元多则 60 多万元，党支部带领村民走上了共同富裕之路。

> 以前种果树、喂猪，一年也赚不了几千块钱，住着破烂瓦房。现在干农家乐，二层楼也盖起来了，一年能赚 20 万元。现在村里处处是风景，生活发生了翻天覆地的变化。(20180318BQYL，大方之家农家乐负责人)

作为最早在 BQY 村开办农家乐的方某亲身经历了村里旅游业的发展变化：

> 以前自己干的时候，来的游客非常少，只有零零散散几桌客人，旺季一天卖一千来块钱。现在收入上涨不少，旅游旺季、节假日游客多的时候一天能卖一万多块钱。(20180318BQYF)

（四）创新模式，打造“党建+旅游+志愿服务”模式

BQY村创建了“党建+旅游+志愿服务”模式，设立“党员示范岗”“党员先锋岗”等志愿服务岗位，为游客提供游览讲解、信息咨询等服务，利用党员的模范带头作用，开创旅游发展的新模式。BQY村支部书记方某介绍：“创新模式充分发挥党组织在全村旅游发展中的引领作用，牢固树立‘党员就是窗口、服务彰显形象’的工作理念。探索有效方式，以党建工作为辐射半径，进一步完善党员干部志愿服务体系，引导广大党员干部发挥先锋模范作用。”党员志愿者通过签订文明旅游承诺书、对不文明行为进行劝阻、对游客提出的疑问耐心解答、捡拾景区垃圾等多种形式，以实际行动展现党员风采。

党支部坚持以生态文明的理念和绿色发展的眼光经营村庄，打造了“一户一品、一户一韵、一户一景”，实现村景一体化共建。党支部凝聚民心，集中民智，组织民力，组织开展联户联片经营，实现了信息服务资源共享，打响了BQY村“吃农家饭、住农家屋、享农家乐”的旅游品牌，实现了生态美、产业兴、村庄强、百姓富，被评为“全国文明村”“国家森林乡村”“中国乡村旅游金牌农家乐”“山东省十佳旅游特色村”等，获得几十项国家级省级荣誉称号。在BQY村的生态发展中，党建引领起到了关键性作用，为此BQY村党支部被评为“山东省先进基层党组织”“‘五个好’村党组织”。

三　村庄实施组织化制度化管理

经过多年的发展，BQY村形成了“党建引领+合作社协会统管+制度规范保障”的发展模式，这种模式促进了村庄管理的民主化，保证了村庄发展的绿色化，推动了村民意识的生态化，党支部、合作社协会和村民抱团发展，独具特色。关于党建引领前文已论述，该部分主要分析合作社协会统管和制度规范保障，即BQY村的组织化制度化管理。

（一）组织化管理

“在市场经济中，市场竞争要求各个市场主体都必须具备较高的

组织化程度。中国农民组织化程度低已成为制约农业和农村经济发展的最大障碍。”[①] 为了加强村庄生态旅游的管理，规范农家乐和民宿有序发展，BQY 村在党支部的引领下进行了组织化建设，先后成立了多家合作社、协会和中心，这些组织有效地把村民凝聚起来，其中影响最大的是党支部领办的泉流乡村旅游专业合作社。

2007 年第一家农家乐建起后，几年的时间里带动村民发展农家乐近 40 家，村里农家乐的市场越来越大，随之而来产生了管理问题。为了帮助村民科学经营农家乐，杜绝恶性竞争，避免生态恶化，2010 年由党支部牵头领办创立了泉流乡村旅游专业合作社。为切实打响“吃农家饭、住农家屋、享农家乐”的生态旅游品牌，实现农家乐集约化发展，服务农家乐提质升级，BQY 村“两委”干部带头入股，吸纳社员 78 家，其中农家乐经营业户 38 家，休闲采摘业户 40 家，合作社统筹管理农家乐的日常营销、饮食安全、旅游接待、服务质量等，组织开展联户、联片经营，实现了信息服务资源共享，改变了农家乐零散无序发展的状况，提升了村庄旅游业的发展水平，打造了村民利益共同体，确保了村庄发展的生态化。

> 这个合作社是 2010 年 9 月成立的，成立了以后村里就实行了统一管理。所有的吃饭的游客，咱管理团队，散客咱不管他，团队比如你们来吃饭，一个人是六十的标准，农家乐户家就往合作社每个人交五块钱，五十的标准就交四块钱，四十的标准就交三块钱，三十五的标准就交一块五，一套餐具就一毛钱，你看就这一毛钱，一年就能收入六万多块钱。(20180317BQYF)

通过合作社统一管理，村民省心省力，很受益也很支持，村民王某说：

---

① 张学鹏、卢平:《中国农业产业化组织模式研究》，中国社会科学出版社 2011 年版，第 139 页。

自己作为农家乐户吧，出点儿钱出点儿力，合作社这边提供管理提供服务，统一设计，统一规划建设，统一菜单，统一价格，统一核算，统一洗涤，像餐具都是统一的，就是不用操多大心，我们就能挣着钱，每年能挣15万至20万左右。(20180318BQYW)

BQY村除了泉流乡村旅游专业合作社，还有农家乐旅游合作社、百泉乡村民宿旅游专业合作社、BQY村“农家乐”旅游协会、BQY村综合性文化服务中心、BQY村综合服务中心和BQY村文化创意中心等多个组织。其中，BQY村综合性文化服务中心被文化和旅游部确定为文化和旅游公共服务机构功能融合试点单位，通过建好设施、讲好故事、办好活动、用好农事、理好机制、塑好品牌“六个好”的做法，大胆探索，科学实践，走出了一条“文化+旅游”助推乡村高质量发展的新路径。BQY村文化创意中心不断提升丰富村史馆和村史文化廊的文化内涵，现有“蒙山BQY村”品牌1个、泉文化点10处、文化墙10个、乡村文物物件521件。同时招贤纳士建立“智库”“智库中心”，先后引进孙大贵画苑、雁茜园、云蒙八号、桃之文化馆、燕筑设计5家，12名文人雅士学者入驻BQY村，积极发动文人雅士建言献策、出资出力、共谋发展，进一步巩固了村庄文化发展的基础。这些组织凝聚了民心汇集了民力，推动了村庄各项管理的有序规范和各方面发展的快速和谐。

（二）制度化管理

为保护好BQY村的旅游资源，BQY村党支部在整合资源的同时，多次带领村民和合作社成员走出去学习取经，将先进的经营管理理念用于乡村旅游产业发展提升和村庄治理，不断完善各项管理制度，加强了制度化建设，合作社和协会等组织都有专门的理事人员、工作章程和管理制度，下面以泉流乡村旅游专业合作社为例进行分析。

泉流乡村旅游专业合作社共有理事人员9名，包括1名理事长、1名会计、1名出纳、1名监事长、2名监事成员和3名合作社成员。

理事长负责合作社全面工作，会计负责合作社财务全面工作，出纳负责合作社收取管理费和团队各项费用工作，监事长负责监督合作社全面工作及财务管理，监事成员负责执行理事会规章制度，做好合作社监事工作，合作社成员负责执行合作社规章制度，配合合作社一切工作。泉流乡村旅游专业合作社工作章程经过党支部和村民的共同商定，张贴在村委会宣传栏里，其内容包括：总则、成员、组织机构、财务管理、合并分立解散和清算事项共五个部分，每个部分都具体详细地呈现了各个事项。

为了使农家乐民宿规范有序发展，BQY 村党支部领办泉流乡村旅游专业合作社专门制定了“六统一”管理办法：第一，统一规划开发。申请从事民宿经营的村民，需向泉流乡村旅游专业合作社提出书面申请，按照开办民宿的基本条件和要求，经合作社批准后统一规划建设。第二，统一经营管理。对 BQY 村所有经营餐饮住宿的民宿实行统一管理，必须经卫生防疫部门健康查体并办理健康证，公安消防、市场监督、税务等部门所要求办理的证据统一使用合作社经营执照。第三，统一品牌营销。合作社收集整理各民宿的经营特色、环境布局、接待场所等信息和资料，汇编成册，通过与网站、微信、旅游 app 以及携程、同城、美团等大众旅游电商建立合作，统一宣传推介营销，实现网上预订销售。第四，统一登记接待。合作社统一安装身份证、安全识别仪和税控机，根据统一管理规定和旅游要求，登记有效证件并预留押金，统一接待分配，合作社负责提供旅游服务项目宣传品、旅游用餐住宿价目表及旅游交通图。第五，统一结算收费。同公安、市场监管、税务及物价等部门对所有餐饮项目实行统一菜单、统一菜价。对所有客房根据其服务接待标准和服务档次统一定价，由合作社制定统一规范的价格公示牌，统一收费结算，统一纳税管理，统一开具发票。第六，统一服务标准。合作社统一布置设备、洗涤及一次性用品，每床不低于两套，统一就餐用品配套消毒柜机，统一着装，统一培训上岗。

此外，随着网络化信息化的发展，BQY 村还引入“互联网 +”，建立了“BQY 村农家乐信息管理系统”，实行农家乐周考评、月排名管理机制，通过互联网将所有农家乐的基本信息、游客信息、景点信息、即时信息等进行汇总管理，建立合作社微信公众号 1 个、网站 1 个，通过互联网公开所有农家乐食宿和周边游信息，达到“一键式”信息查询，实现咨询中心、农家乐、游客即时互动，提升游客体验，满足游客需求。BQY 村通过合作社协会统揽，各项规章制度统管，实现了精品服务品牌打造，形成了独具特色的乡村旅游发展样态，打响了吃农家饭、住农家屋、享农家乐的旅游品牌。

四　“因穷思变、变则向好”的村庄发展逻辑

作为一个曾经是穷乡僻壤里的石窝窝，BQY 村发展成为现在美丽宜居的全国文明村，离不开一个重要的方面，即“因穷思变、变则向好”的村庄发展逻辑。

20 世纪 90 年代初以前，BQY 村还是一个偏僻荒凉的小山村，世世代代生活在那里的村民常年吃不饱穿不暖，这样的穷困状况和穷苦经历使得村庄和村民难以发展。但是，任何事物都是辩证发展的，当形势发展到极端时必然会反弹，BQY 村的长久贫困使得村里的部分能人开始思考改变现状，这便是穷则思变。BQY 村的这个能人就是其支部书记方某，如前所述，方某见多识广、思维开阔，而且具有公心，这样的一个人善于思考勤于行动，被村民推选为支部书记并任职近三十年，这说明村民对他的高度认可和支持。这种认可和支持，一方面是因为方某优秀的品行和卓越的能力，另一方面是因为村民和方某具有共同的集体回忆，能够共情共鸣。这种共同的集体回忆就是村庄的贫穷落后，这构成了连接方某及村“两委”和村民的良好纽带。

作为生于长于 BQY 村的方某，其年少时穷苦的记忆在他思想深处留下了深深的烙印，尽管他后来通过自己的努力摆脱了穷困，但是他对于尚未摆脱穷困的父老乡亲的境况感同身受，这种感同身受使得他愿意帮助穷困的村民，这种帮助使得方某和村民形成了一种不同以往的关系，构成了 BQY 村特定的场域。这种场域也正如费孝通先生

所言，是“一根根私人联系所构成的网络”[1]，这种人际关系网络构成了 BQY 村方某以及村委和村民之间的特殊的信任关系，这种信任关系使得方某能够带领村民进行变革。1993 年方某上任后，为了帮助村民摆脱贫困，拿出自己家里多年的积蓄，带领群众整修道路，发展经济林果，开采矿石，帮助村民有了一定的收入。但是到 2005 年，周边村庄的经济林果都发展起来了，达到了饱和，难以有更大的发展，而且响应国家号召把采石场也关闭了，村里的两大收入来源都没有了，用方某的话来说，“不允许咱再开采了，靠山吃山，就觉得老百姓没有赚钱的门路了。”为此，方某又开始思考新的发展路子，把眼光瞄准本村的山山水水，决定依托良好的生态资源发展生态旅游，后来经过多方面的举措获得了大家的认可和支持。经过多年的发展，生态旅游成了 BQY 村的支柱产业，并带动了村民生态意识和生态价值观的养成。

著名学者耶尔恩·吕森在《危机、创伤与认同》中指出：“集体的认同扎根于时间的表述中，也扎根于这些事件与最终延伸到现在和将来的其他事件的叙事联系中。”[2] 正是方某和村民共同的穷苦经历和集体回忆，使得村民能够在方某的带领下穷则思变、同心协力、共同发展。贫穷落后以及改变贫穷落后所形成的集体记忆构成了 BQY 村村干部与村民信任的道德基础和村干部获得村民支持和治村权威的合法性来源，[3] 这是 BQY 村发展的重要因素。

---

① 费孝通：《乡土中国》，长江文艺出版社 2019 年版，第 31 页。

② 耶尔恩·吕森在：《危机、创伤与认同》，陈新译，《中国学术》2002 年第 1 期。转引自周海燕：《记忆的政治》，中国发展出版社 2013 年版，第 9 页。

③ 王铁梅：《企业主导下的村庄再造——以山西 ZX 村为例》，博士学位论文，山西大学，2017 年，第 34 页。

第三章　政府主导型农民生态价值观的养成

现实中，很多村庄的发展和农民生态价值观的养成都是得益于上级政府的引导和支持，比如调研过的Z市H村、R市D村、B市Z村等，H村是一个具有悠久历史的古村落，至今存有多处历史古迹，D村是一个三面环山的几十户人家的小山村，原始生态比较好，Z村是棚户区改造搬迁村，变迁前后变化非常大。这些村庄之前一直延续多年相对封闭的传统发展，村庄发展的空间和潜力很大，但是一直没有得到很好的挖掘。后来，在上级政府的引导之下，村庄得到建设和发展，村风村貌发生了质的飞跃，农民生态意识明显增强，农民生态价值观逐渐养成。在这些村庄中，最典型的是H村，在村庄发展和农民生态价值观养成的过程中，该村得到了区政府镇政府两级政府的大力引导和扶持，成效非常显著，该章主要以H村为例进行分析。

第一节　案例概况

H村位于Z市Z区东南约5公里处。Z市位于山东省中部，南依泰沂山麓，北濒九曲黄河，西邻省会济南，东接潍坊、青岛，是具有地方立法权的“较大的市”，其下辖的Z区素有“天下第一村”之称，是鲁商发源地，文化底蕴浓厚，历史遗存众多。H村总面积3.075平方公里，耕地面积2200亩，住户350户，人口1050人，村“两委”5人，党员37人。H村建制悠久，谚语：“先有董永坟，后有阿里人”，是说村东北里许处有汉孝子董永墓，后于墓侧渐有人卜居，渐成村落。据资料推测，H 村至晚也在东汉时便有人居住，是为千年古村落，最早的《淄川县志》载村名初称“珂里”，即取处山里之义，又称“阿里”，至明初，韩姓人迁入，繁衍渐多，人丁兴旺，遂更村名“韩家阿”，[①] 至 20 世纪 50 年代讹称“H 村”。H 村韩氏，有记载的先祖可上溯至明初，至明末已成为地方大族。H 村曾是韩氏

表 3 - 1　**H 村部分荣誉称号**

国家级	省级	市级	县级
国家森林村居 国家 AAA 旅游景区	首批山东省景区化村庄 山东省传统村落 美丽乡村示范村 山东省森林村居 山东省民俗文化村 山东省传统文化村落 山东省乡村振兴示范村 山东省旅游特色村 省级美丽乡村 山东省乡村旅游重点村 精品旅游特色村 山东省首批美丽村居 山东省省级文明村 首批美丽村居建设省级试点村庄 山东省级美丽宜居村居示范点 山东省级卫生村 山东省第一批美丽村居示范村 山东省级村庄建设试点 乡村振兴“十百千”工程示范村 山东省干事创业好班子	市级文明村 市级乡村文明行动示范村 Z 市交通安全村 Z 市模范村民委员会 市级非物质文化遗产 模范村民委员会	Z 区“双强双好”村 Z 区人居环境建设样板村 先进基层党组织 时代先锋单位 金周先锋基层党组织先进基层单位 全民健身先进集体 模范村委会 “三八”红旗集体 巾帼文明岗 安全文明村 文明单位 先进文体活动站

资料来源：笔者根据对 H 村的调研资料整理制作。

① 中共 H 村支部委员会、H 村村民委员会：《H 村志》，中国文史出版社 2018 年版，第 29—30 页。

显族的发家之地，在明清两代考取做官的人很多，韩家在明万历年间最为兴盛，当时七世孙韩萃善、韩取善胞兄弟、韩浚、韩源胞兄弟考取进士，且都官居“省部级”，此后韩氏子孙连考皆捷，至清初号称七十二显官，各处建有府第七十二处。H 村属于典型淳朴的鲁派古村落，位于墨水河畔，这里也是孝子董永卖身葬父的地方，村内保留有天主教堂、圣旨碑、董永墓等重点保护文物。近年来，H 村在上级政府的支持帮助下，传承历史文化，积极打造现代生态农业和乡村特色旅游业，实现了传统与现代、自然与人文的高度融合，获得国家、省、区、市等各级荣誉称号近百项。具体见表 3－1。

第二节　政府主导下 H 村的场域变迁

一　政治场域：传统管理走向“三网一联”治理

21 世纪以前，H 村村“两委”一直延续多年来形成的传统管理模式，村“两委”管理色彩比较浓，村干部干事的积极性不强，服务意识不够，导致村民对村干部的信任度比较低，村庄发展很慢。近些年来，在上级政府的引导下，H 村成立了 Z 区 N 镇美丽乡村党建示范片联合党委，H 村党支部推进各项党建活动，充分激发“两委”班子和党员队伍干事的创业热情，突出党员先锋模范作用，以党建引领带动村庄发展，形成了党建工作与村级建设相互促进、共同发展的新格局。

（一）加强党员思想教育和村庄管理制度化建设

1. 加强党员思想教育

H 村每月 25 日组织开展内容丰富、形式多样的“主题党日”活动，创建了书记示范领学、党员集中夜学、老党员上门送学、走出去深学的“四位一体”学习模式，突出问题导向，融入村庄工作。[①] 村党支部书记每季度为党员讲一次党课，团结带领党员在学思践悟中牢

① 中共 H 村支部委员会、H 村村民委员会：《H 村志》，中国文史出版社 2018 年版，第 110 页。

记初心使命、在知行合一中主动担当作为，做到信念坚、政治强、本领高、作风硬。每年“七一”，党支部带领全体党员赴红色教育基地参观学习，通过参观革命旧址、党员宣誓、上党课等活动锤炼党性、磨炼意志，提高党员为民服务的自觉意识。同时，还依托“山东 e 支部”管理系统加强支部管理，实现“将党支部建在‘网上’，把党员连在线上”。

2. 突出制度保障

严格落实“三会一课”“一事一议”制度和党务、村务、财务公开制度，不断完善村级组织议事决策机制，配套村级各类组织，建设“一站式”服务大厅，设立党务、村务、政务公开栏，充分利用“灯塔—党建在线”平台，坚持和推进三务公开透明，成立了四会：村民议事会、道德评议会、红白理事会、禁毒禁赌会，各会都有专门的组织章程，并在宣传栏里张贴。制定并不断完善村规民约，现行村规民约包含社会治安、户口管理、村风民俗、邻里关系、经济工作、子女教育等方面，村“两委”不仅将村规民约放在宣传栏里进行宣传，还打印装订成小册子发给每家每户，让村民更加熟知并依规依章、合理合法办事，推动了村庄治理的制度化、规范化和法治化。

3. 打造富有 H 村特色的党建文化阵地

党建文化阵地为党员群众提供优质的活动场所，开展无职党员设岗定责、党员亮身份等活动，充分发挥党员的先锋模范作用，进一步凸出党员主体地位，增强党员党性观念，强化党员责任意识，提高村“两委”班子、党员的政治素养、业务素质和担当干事能力，同时充分展示支部党建成果，多次代表 N 镇迎接省、市基层党建检查组的督导检查和其他地市区县镇的参观学习，H 村党支部书记韩某就此深有体会：

这几年经常代表镇上接受上级的检查，一到夏天吧，基本上天天都有人来参观学习，有时候一天能接好几拨人，我们这里有好几个点，比如说乡村振兴、美丽家庭，基本上都是区县或者镇上各个

班子一把手过来学习，我们都给他们讲。(20201127HJWH)

（二）“一网三联”治理

H 村按照市、区、镇统一部署要求，推行“党建引领、一网三联、全员共治”（简称“一网三联”）的村庄治理模式，重塑村庄治理结构。

其一，“一网三联”的内涵。“一网”即村级党组织体系与网格治理体系充分融合形成“一张网”，“三联”即干部联村组、党员联农户、积分联奖惩。

其二，“一网三联”的管理架构，包括三个网格和工作考核评审队。按照“地域相连、居住相邻、户数相近”的原则，全村划分为三个网格，第一网格涵盖农户 87 户，第二网格涵盖农户 105 户，第三网格涵盖农户 100 户，每个网格配备网格长 1 名、副网格长 1 名、网格员 19 名，网格长和副网格长由党支部书记、支部委员担任，网格员由党员、村民代表担任，党支部全部融入网格治理单元，充分发挥党建引领作用。各网格长互相监督，实行积分公开制度，并逐渐探索推进不同网格间“互评互比”制度，保障“一网三联”工作的公开透明、科学规范。工作考核评审队由党总支书记任组长，党支部书记（村主任）和村“两委”委员共 3 人，副组长、党支部委员、党员代表和村民代表共 6 人为成员。

其三，“一网三联”的运行机制。各网格根据分工开展工作，实行一人一登记，为党员和村民逐人建立积分动态管理台账，事事记录、分分对应；一月一公示，每月为党员和村民进行积分考核并公布，接受群众监督；一季一评比，每季度按照村民组户均积分进行排名，排名靠前的由村集体给予适当奖励；一年一评优，根据党员年度积分结果和一贯表现，评选优秀党员。为此，村里专门出台了《村民积分制考核办法》《村民代表积分考核办法》和《党员积分考核办法》。

村民积分制考核办法

本积分考核办法以《村规民约》为主要依据、以村级重点工作为补充进行考核，主要由基础分、加分项和扣分项构成，对先进户进行物质奖励，具体内容如下:

一、考核方式

（一）基础分：每名村民基础分值80分。

（二）加分项

1. 积极参加文体活动和志愿服务活动，加1分。

2. 红白理事会监督，按照丧事简办、红事新办原则，加1分。

3. 子女考取本科（加1分）、研究生（加2分）、博士生（加3分）。

4. 义务献血的，加1分。

5. 积极为村庄事务出谋划策取得效果的，加1分。

（三）扣分项

1. 破坏公物，除按照相应规定进行处罚外，扣除2分。

2. 不孝顺父母，被老人反映到村里，扣除2分。

3. 不遵守红白理事章程，扣除2分。

4. 越级上访、酒驾、打架斗殴现象视情况，扣除2分。

5. 前后院外卫生清理，即门前三包，有三大堆、污水乱排这种情况的，扣除2分。

6. 狗、猪、羊等家禽禁止散养，违者视情况，扣除2—5分。

7. 被农场发现拍照捡拾玉米及偷摘水果，扣除5分。

8. 绿化带内禁止村民种植蔬菜及农作物，违者扣除2分。

9. 发生违法犯罪活动，所有评优资格全部取消。

每月由专人汇总每户积分，打分完成后，党总支于次月6日前在微信群、公开栏进行公示，并接受党员群众监督。对本人积分有异议的，可向党总支反映，党总支经调查核实后向本人通报。

二、奖励办法

每季度根据网格内该季度村民积分的平均分作为各网格的分数，并根据此分数对3个网格进行排名，对分数最高的网格授予“先进红旗”并进行奖励。

1. 每季度对排名第一的网格中的全体村民每户到美家超市领取8个积分的奖励。

2. 每季度对排名第二的网格中的全体村民每户到美家超市领取7个积分的奖励。

3. 每季度对排名第三的网格中的全体村民每户到美家超市领取6个积分的奖励。

尊敬的各位村民，考核不是目的，我们希望的是通过大家的共同努力，创造更加文明、和谐、卫生、美丽的生活环境，让每一个生活在H村和来到H村的人都能感受到美好。

村民代表积分考核办法

为进一步完善村民代表考核评价体系，规范村民代表管理工作，充分发挥村民代表的示范带动作用，按照N镇党委政府的部署要求，结合本村实际，制定本办法。

一、考核范围

本村村民代表（非党员），党员身份的村民代表按照《党员积分考核办法》进行考核。

二、考核内容

村民代表积分由基础分、加分项、扣分项三部分组成，按照以下办法进行考核评议。

（一）基础分

体现村民代表履行义务和岗位职责情况，每名村民代表基础分值80分。

（二）加分项

1. 在网格内带头执行党的路线、方针、政策，积极完成组织安排的各项工作，加1分。

2. 积极参加志愿服务活动，一次加1分；每动员一个网格联系户参加，加1分。

3. 按时参加代表大会，一次加1分。

4. 积极反映群众意愿，对村“两委”提出好的建议被采纳的，一次加2分。

5. 参与学习强国学习，满分3分，每月积分达500分以上计3分，300—500分计2分，1—300分计1分，0分不得分。

6. 能密切联系群众，认真督促带动网格联系户按时完成村“两委”安排的环境整治、美在家庭创建、土地流转等重点工作，调处化解矛盾纠纷，一次加1分。

（三）扣分项

1. 不遵守《村规民约》，模范带头作用差，造成不良影响的，一次扣10分。

2. 无故不参加代表大会的，一次扣10分。

3. 不参加义务劳动的，一次扣10分。

4. 村民代表联系的村民户当月出现扣分现象的，按5%的比例扣除该村民代表本月的村民代表积分。

三、实施程序

村委每月根据记录、资料和群众反映，逐项核定每名村民代表积分，实行“一人一表”制。每月一打分，每季度计算平均分并进行公示，年末或次年初，得出每名村民代表的年度平均分。村民代表对积分有异议可向村委反映，村委应及时调查并反馈说明。村民代表的积分考核情况作为评先树优的重要依据，结果将在村公示栏公示。

党员积分考核办法

为进一步完善党员考核评价体系，规范党员管理工作，充分发挥党员先锋模范作用，按照N镇党委的部署要求，结合本村实际，制定本办法。

一、考核范围

组织关系在H村的全体党员（含预备党员）原则上都参加积分考核。年老体弱、长期生病、生活不能自理的党员，在本人提出申请并经总支委员会同意后，可不参加积分考核。

二、考核内容

党员积分由基础分、先锋分、预警分三部分组成，按照以下办法进行考核评议。

（一）基础分

体现党员履行基本义务和岗位职责情况，每名党员年初基础分值80分。

（二）先锋分

1. 积极参加志愿服务活动，一次加1分；每动员一个网格联系户参加，加1分。

2. 按时参加党员大会，一次加1分。

3. 积极反映群众意愿，对村“两委”提出好的建议被采纳的，一次加2分。

4. 按要求完成灯塔在线学习，一次加1分。

5. 参与学习强国学习，满分3分，每月积分达500分以上计3分，300—500分计2分，1—300分计1分，0分不得分。

6. 能密切联系群众，认真督促带动网格联系户按时完成村“两委”安排的环境整治、美在家庭创建、土地流转等重点工作，调处化解矛盾纠纷，一次加1分。

（三）预警分

1. 党员不按时足额交纳党费，一次扣5分。

2. 无正当理由不参加组织生活，一次扣5分，因事请假的，一次扣2分，但于3日内主动到总支重新学习的不扣分。

3. 不服从组织分配、不执行组织布置的任务、不学习灯塔在线与学习强国的一次扣5分。

4. 不遵守《村规民约》，模范带头作用差，造成不良影响的，一次扣 5 分。

5. 党员联系的村民户当月出现扣分情况的，按 5% 的比例扣除该党员本月的党员积分。

三、实施程序

（一）等次评定。党支部每月根据记录、资料和群众反映，在上月党员积分的基础上予以奖扣，实行年度累计汇总，次年重新计分。得分前 10 名（含第 10 名）为优秀等次；得分第 10 名之后且总分不低于 80 分（含 80 分）为合格等次；总分低于 80 分（不含 80 分）为不合格等次。党员对积分有异议可向党支部反映，党支部应及时调查并反馈说明。

（二）结果运用。党员的积分考核情况作为评先树优的重要依据，党支部从优秀等次党员中推荐各级表彰和评先树优对象，同时视情况给予相应表彰奖励，对问题较为突出或调训期间仍不服从管理、不愿整改的，作出劝退、除名处置。

通过上述考核办法可以看出，三个考核办法既有区别又有联系，通过用积分评优劣、定奖惩，有效调动了党员村民参与村庄事务的积极性，把家庭积分与网格积分挂钩，一户加分带动百户受益，从而将民心由涣散转型凝聚，为党员群众参与村庄治理提供了机会和载体，形成了村庄治理“一张网”。从考核内容来看，环境保护、志愿服务、文明礼教等需要长期坚持的事项都涵盖其中，这有助于引导农民形成良好的生态意识和文明素养，并将其内化于心、外化于行。

实行“一网三联”治理模式以来，H 村党员群众支持参与村庄事务的热情高涨，H 村党组织干事的积极性和村集体的凝聚力明显增强，村领导班子被评为“山东省干事创业好班子”，村居环境生态宜居，村民文明素养大幅提升，村庄方方面面快速发展，村民获得感幸福感大幅增强，村庄被评为“山东省第二批乡村振兴‘十百千’工程示范村”。

二　经济场域：传统种植农业走向现代高效生态特色产业

H 村位于大埠山下，“九鼎莲花山”环绕村四周，土地肥沃，适于粮食作物种植。[①] 十年前，H 村的经济发展主要是传统农业种植，以粮食种植为主林业种植为辅，兼有少数的纺织、家具、纸箱等个体私营企业，农民的收入比较低，村里没有集体产业，集体收入几乎为零。近些年来，在乡村振兴战略的实施过程中，H 村探索出了“现代农业 + 生态文旅业”的发展思路，不断发展生态高效的现代农业，依托本村的生态文化资源优势发展休闲旅游产业，构筑起了一、二、三产业协调发展的产业体系。通过抓产业促进了村庄的经济发展，农民个体和村庄集体收入都大幅增加，2021 年村集体年收入达到 500 多万元，成了 N 镇乃至 Z 区的富裕村。

（一）传统种植农业向现代生态农业转变

作为传统的农业种植方式，各家各户的分散种植产量和效益都很低，这是 H 村多年来经济难以发展的一个重要原因。H 村在发展的过程中，意识到传统农业向现代农业转型的必要性，为此探索出了“党支部 + 合作社 + 工商资本 + 农户”的发展模式。在由传统农业向现代农业转型的过程中，H 村引入了唐庄农场等工商资本和企业项目。2014 年落地于 H 村的唐庄农产品种植专业合作社成立，合作社以现代观光农业为主要发展方向，投资 1000 万元，流转土地 1200 亩，农户以土地入股的方式参与合作社经营，开展了高品质小麦、玉米等粮食种植项目、日光温室无公害蔬菜大棚项目、高品质露天果蔬采摘园及高品质育苗项目、五谷杂粮良种选育种植项目等，合作社采用水肥一体化的灌溉方式种植大樱桃、油杏等 4 个大类 8 个品种的经济果树，实现了高品质粮食、绿色果蔬的产业化、标准化和优质化。此外，还投资近 200 万元建立了 2000 多平方米的食用菌种植基地，高

---

① 中共 H 村支部委员会、H 村村民委员会：《H 村志》，中国文史出版社 2018 年版，第 213 页。

效能立体化使用土地，主要种植黑皮鸡枞菌、香菇、平菇等食用菌。至此，H村打造了集现代农业示范、旅游休闲观光和农村生活体验为一体的现代农业园区，园区在增加农民收入的同时壮大了村集体经济。

（二）依托特色优势，发展生态旅游

H村在发展现代农业的同时，在省派乡村振兴服务队的支持和帮助下，结合古村落特色和依山傍水的特点，依托临近城区、交通便利的区位优势，开发观光游玩、果蔬采摘、农家乐餐饮、特色民宿等项目，积极发展乡村特色生态旅游。

村居环境关联旅游生态，为此H村深入开展农村环境综合整治，不断完善基础设施配套，先后投资2000余万元对进村道路进行升级改造，开展农房能效提升工程，实现从地下、地面到立面的全方位整治提升，为乡村旅游发展提供了硬件保障，对此党支部书记韩某深有感触：

> 村居环境改善，整个旅游景区的面貌也得到了整体提升，游客自然会纷至沓来，生态旅游带动了村民增收，这是环境改善带来的最直观的效果。（20201127HJWH）

此外，H村还投资600多万元，在村庄南部依托墨水河打造了墨水河生态园区，建设了多孔桥、湖心亭、荷花亭和休闲步道等景观，建设采摘大棚9个，桃园、梨园、猕猴桃园等采摘园500亩，建成了集观光、采摘、休闲、垂钓为一体的生态旅游项目。

基于给游客提供品尝农家菜的机会和村庄发展的需要，H村建设了韩家大院、卧龙桥烤鱼等特色农家乐，可满足家庭游、公司团建等多种聚会需求。其中，韩家大院由村“两委”统一管理，工作人员都是本村的村民，韩家大院有独立的就餐房间、就餐大厅、点菜厅、厨房和停车场等，可以同时容纳近百人吃饭，而且饭菜都是地道的当地特色菜品。

H村在发展观光旅游和农家乐的基础上，为了更好地留住游客，2019年在省派乡村振兴服务队的帮助下，投资260万元对3处闲置民宅进行了改造，发展起了独具特色的鲁派民宿。早期在墨水河边建成了荷花居、墨水居、凤鸣居3套各具特色的民宿，这些民宿全部按照鲁式风格打造，造型古朴、配套完善，每套都是四合院的形式建设，每套民宿内设有4套客房，可以容纳12—15人住宿。民宿的布置自然淳朴，很多用料都是旧物利用、就地取材，既节约建设成本，又生态环保，呈现出独具特色的古村落特征，有家的味道，有乡村的记忆，民宿自然淳朴的风格基调给人以内心舒适与安详的感受。这些旧物件都是村党支部书记韩某亲自淘来的，他对此印象深刻：

> 这个墙是用那种老灰，我们自己过的灰，掺上稻草刷上，这就相当于20世纪60年代老百姓盖房子刷的墙，原生态的，纯环保的，一点气味都没有。这是以前大户人家用的一种老隔扇，这个门板是用杉木做的，主要是不胀不走样，这是咱收集来的，放在墙上是一种回味。这个大灯，是我收集的车轮子做的，也是用的草绳麻绳，用的老灯泡，再加上LED灯，这个灯独一无二，可以说在别的地方根本看不到。（20201127HJWH）

随着游客的不断增加和游客需求的多元化，H村又投资50多万元建设了（望月）窝一居、（望亭）窝二居两套精品民宿，另外还建设了别具一格的十栋竹林木屋。对于精品民宿的特点，H村党支部书记韩某介绍：

> 像马桶都是全智能的，床品家具都提升了，都是最好的，最有特点的还是院子里的游泳池，游泳池有30多个平方米，深度在1米2左右，也可以放到1米，大人小孩都可以游。我们的民宿将现代元素和传统乡土元素相结合，不但舒适还有文化氛围感。（20201127HJWH）

H村民宿的发展，不仅吸引了各地游客前来旅游，也吸引了一些在外打工的村民回村工作，荷花居民宿的管家刘某就是这样的一位村民，对于回村发展她深有体会：

> 我是荷花居民宿的管家，只要客人来到我的小院子里，我会给客人提供新鲜的蔬菜水果，还会给他们做饭，给他们打扫卫生。我原来在外面打工，就是风吹日晒的，老往外跑，现在回家里，老人孩子都能照顾上，而且给村里干，感觉更舒心。(20201127HJWL)

除了风格鲜明的特色民宿，H村还建设了彩虹滑道、儿童乐园、亲水园、农耕文化体验园、千米漂流等游乐设施。其中彩虹滑道是在食用菌种植基地的棚顶上综合利用菌棚架构建成的，长156米宽12米，很受游客的青睐，旺季每日接待游客最多时达到两千余人，每月营业额达到10多万元。

经过多年的发展，H村形成了自然生态观光区、生态农场体验区、传统民居体验区、军事基地体验区、墨水河特色休闲区等村域产业功能区域布置，经济得到了飞速发展，实现了从传统农业种植向“现代农业+特色乡村旅游”的转型，H村成为当地的富裕村。

三　文化场域：传承历史文化，建设新时代文化

作为一个明初建立的村庄，H村不仅历史悠久，还具有丰富的历史文化。21世纪以来H村的文化发展，一方面秉持传统古村落的特色定位，保护文物古迹，传承历史文化；另一方面紧跟时代发展步伐，建设新时代文化。

（一）保护文物古迹，传承历史文化

H村已有600多年的历史，至今村内还保留圣旨碑、董永墓、天主教堂等历史古迹，现有省级文物一处：明清石刻；市级文物五处：董永墓、天主教堂、明清楼等，村庄历史文化深厚。

历史上H村出名是因为在明代的时候这里韩氏家族兴旺，有韩姓子孙兄弟连续考取进士。据韩氏家谱记载，至清初，韩氏子孙号称七十二显官，各处建有府第七十二处，现H村中仅存两处楼阁，称土楼。当年为了褒扬韩家的事业功绩，有五位皇帝曾下旨敕建起五座“圣旨碑”（分别为：明万历圣旨碑、顺治八年圣旨碑、褒奖韩源圣旨碑、清顺治十八年圣旨碑和贞烈双传碑）于村中，现保留下来的四通古碑碑文已有些模糊不清，有几块还出现了明显的裂纹。2012年，村里韩氏族人和文物保护者集资，为这五块圣旨碑盖起了“保护伞”。如今这些“圣旨碑”立于“韩氏祖茔”北部，2006年被公布为市级文物重点保护单位，2015年被公布为山东省第五批省级文物保护单位。

H村曾是孝子董永卖身葬父的地方，村中有“先有董永墓，后有韩家阿”的说法。据清版《淄川县志》记载：“城北阿里庄东，有古冢，相传为孝子董永墓。又东北五里许，其庙（孝仙祠）在焉”，董永墓位于村东北约500米，坐北朝南，墓葬封土直径8.8米，高约2米，四周为砖砌护栏，墓前有2004年重立“汉孝子董永之墓”石碑一通。[①] 孝子董永的事迹流传至今，形成了浓厚的董永孝文化，董永墓被列为Z市重点文物保护单位。

H村是Z区天主教传入较早的村庄，传入时间大约在1876年。H村有一处至今仍在使用的天主教堂，已有140多年的历史，该教堂是清末民初美国教父建的，中西结合式建筑，南北向大堂两座，小房屋一组，其中西大堂为神父及信徒学习休息室，东大堂为信徒礼拜大堂。现存天主教堂外观上几经翻新重修，仍然保存完好，于2010年被Z市定为市级文物保护单位。

近些年来，H村加强了对以上重点保护文物的修缮和维护，而且村党支部还主持编纂了《H村志》，让H村的历史文化世代传承，H村被评为省级传统古村落。在H村的历史文化传承中，有一个重要的

---

① 中共H村支部委员会、H村村民委员会：《H村志》，中国文史出版社2018年版，第256页。

方面就是其家风家训。H村的明清石刻圣旨碑中最早的一块建于明朝万历年间，上面已经模糊不清的字迹，蕴含着村民们曾世代传承的家训。在H村，一直倡导村民传承好家训、培育好家风。“言必信，行必果，互谅互助，共同进步”的家训传承了数百年，不仅影响着每一个家庭每一个村民的为人处世、待人接物，而且俨然成了H村的村风，引领着村庄前进。伴随着社会的发展，H村在传承历史的基础上，发展了新时代的家规、家风和家训。

家规为：

尊老爱幼、宽容博爱、善待他人、重礼谦让

家风为：

诚实守信、见义勇为、清白做人、爱岗敬业

家训为两种，一种是面向全村的，其内容为：

和睦乡邻、宽容谦让、谨言慎行、洁身自好

还有一种是专门的韩氏家训，其内容为：①

爱我中华、尊祖敬宗、尊老爱幼、尊师敬贤、家庭和睦、谨慎交际、遵纪守法、树立三观、严禁四害、重视人伦、保护环境。

不仅如此，H村还依据上述家规家风家训细化制定了《健康家庭

① 中共H村支部委员会、H村村民委员会：《H村志》，中国文史出版社2018年版，第54—55页。

公约》，其内容为：

佩戴口罩、经常洗手、减少聚集、做好防护；
合理膳食、戒烟限酒、三减三健、远离毒品；
起居有常、适量运动、心态平和、包容乐观；
科学就医、合理用药、定期体检、防治未病；
注重产检、预防缺陷、母乳喂养、优生优育；
婴幼照护、科学育儿、护航青春、健康成长；
勤俭节约、杜绝浪费、安全用餐、公勺公筷；
喜事新办、丧事从简、文明祭祀、移风易俗；
垃圾分类、定点投放、居家整洁、庭院美丽；
尊老爱幼、邻里和睦、知礼守信、奉献社会。

此外，在宣传墙上还用显眼的文字和图示倡导“和为贵、孝当先、诚立身、简养德、勤为本、善为魂”“家和万事兴，邻里一家亲”等宣传标语。以上这些家训和标语覆盖了生活的方方面面，为村民提供了良好的行为导向和规范，特别是其中的“勤俭节约、杜绝浪费、安全用餐、公勺公筷，喜事新办、丧事从简、文明祭祀、移风易俗，垃圾分类、定点投放、居家整洁、庭院美丽，尊老爱幼、邻里和睦、知礼守信、奉献社会”，倡导勤俭节约、绿色消费、文明祭祀、垃圾处理、美丽整洁、邻里有好，为农民生态价值观的养成提供了直接的日常导向。

（二）建设和发展新时代文化文明

H 村不仅是传统古村落，更是新时代文明村。在传承历史文化的基础上，结合新时代特点，从多个方面进行了新时代文化文明建设。

进入 21 世纪以来，H 村实施村庄规划，保留旧村区，建房保持传统样式，逐步对古村建筑进行维护和修复，打造特色传统村落[①]。

---

① 中共 H 村支部委员会、H 村村民委员会：《H 村志》，中国文史出版社 2018 年版，第 88 页。

在此基础上，村里建设了乡村记忆博物馆、姓氏文化馆、董永孝文化园、“史敢当”党史国史志愿服务示范点、远程教育文化活动室、新时代文明实践中心、文明实践大舞台、文明实践文化体育广场、规范化卫生室、农家文化书屋、大型文体娱乐广场等场所，为村民打造了健身房、百姓大舞台、同心家园，建设了一处能容纳60人开会学习和住宿的研学基地。该村北侧的大埠山上有一座高耸的革命烈士纪念碑，这里是革命烈士陵园和爱国主义教育基地。H村还将原有的坟地重新规划，建设了公益墓地，不仅节约了土地资源，改善了生态环境，还减轻了群众丧葬负担，营造了和谐文明的殡葬新风。此外，H村还经常开展文明志愿服务活动，如每周六组织志愿者义务清理卫生等，在村内主要道路两侧等显著位置有社会主义核心价值观、中国梦、家风家训、讲文明树新风等公益广告的固化宣传展示，还进行了展现自然风光、动物、植物、祖国美好河山的墙绘，引领广大村民感悟文明、理解文明、学习文明、争创文明。

有了活动场所后，H村经常举办形式各样的文体活动，如朗诵歌舞晚会、“战疫情，颂党恩”庆“七一”同心共建家园主题活动、庆祝中国共产党建党100周年大型音乐会等，这些活动丰富多彩，吸引了村民积极参加，让村民在潜移默化中感受了文明新风。

> 在文明实践礼堂建成前，这里又破又旧，除了低矮的村委办公楼，就是一间大仓库，曾经出租做家具。后来建了文明实践礼堂，现在这个文明实践礼堂已经成为开展党建村民教育、道德讲堂、新时代文明实践的重要阵地，也是村内庆祝活动和文化活动的重要场所。晚会现场礼堂里座无虚席，很多村民都是早早赶来，这样的活动，丰富了村民的业余生活，现在我们山村的风貌是越来越好了，这都是得益于文明实践活动的不断开展。(20201127HJWH)

此外，H村还举办了韩家族谱发放及祭祖仪式、Z区摄影家协会创作基地暨 Z 区 H 村“留住乡愁”摄影大赛启动仪式等，这些活动聚焦古村民宿，多角度、全方位展示了 H 村的历史文化和新风新貌，抒发了广大群众对美好生活的热爱和向往。

特别值得一提的是，2019 年 6 月 H 村成功举办了 H 村乡村文化节，活动以村内特有的鲁派精品民宿为亮点，依托精心打造的荷花池、大茶壶、孔雀园、信鸽棚、韩家大院食宿、大风车、木栈道、振兴桥、彩虹滑道等景观，通过文艺演出、民族舞、旗袍秀、采摘等活动打造了集现代生态农业、农业文化修学、农耕田园体验、山地康养度假为一体的特色乡村文化节。2021 年 5 月 1 日至 9 日，H 村举办了首届乡村旅游文化艺术节，该艺术节以展示“美丽乡村”乡土文化为主题，通过启动乡村旅游吃住、游乐、观赏等活动，多角度、全方位、立体化宣传 H 村，展示其乡村振兴和乡村旅游取得的丰硕成果。

为倡导文明新风，H 村还大力开展“新农村新生活”教育培训活动，深化“四德工程”，组织开展文明信用户、星级文明户、文明家庭、美丽庭院、健康庭院、“好媳妇、好婆婆”、美在家庭评选等系列品牌活动，通过开办道德讲堂、张贴文明画等方式，打造文化一条街及精神文明宣传栏，倡导健康、文明、科学的生活方式。

H 村通过建立完善基础设施，树立新时代文明新风，举办各类文娱活动，传承了历史文化，丰富了农民的精神生活，提升了农民的文明素质，文明、和谐、健康、向上的淳厚村风已然形成。

四　生态场域：封闭落后转向开放美丽

随着美丽乡村建设和乡村振兴战略的实施，H 村的生态场域发生了重要变迁。在上级政府的指导下，结合自身的特色特点，H 村确立了村庄的发展定位：依托周边良好的自然优势，传承宗族特色人文脉络，建设以传统建筑、街巷空间、人文典故、山水格局为特色的生态休闲度假基地和景观舒适、文化共融、永续发展的活力乡村社区。

以前，H 村是一个封闭落后的村庄，生态条件很差，村南的墨水河里全是垃圾和淤泥，很多老房子都塌了，村里的路都是坑坑洼洼的土路，是名副其实的“晴天一身土，雨天一身泥”的老土旧村。

> 你看这片荷花池，以前就是村里的垃圾场，一个臭水沟，一年到头臭气熏天，当时修这个池子，光淤泥就清出来8万多立方米。(20201127HJWH)

经过多年的发展，H村的经济实现了大的飞跃，村民收入大幅增加的同时，村集体经济年收入也过百万，为村庄的建设发展奠定了坚实的物质基础。秉持着发展成果村民共享的理念，村“两委”加强了民生保障，不断完善人居环境和基础设施。

2014年，H村抓住上级政府关于全域建设美丽乡村的政策机遇，借助市区两级政府在环卫一体化、村居整治、美丽乡村建设等项目补助的资金，开始进行村庄环境整治。H村全面推进村庄“五化”工程，先后投资300多万元对进村路和村内主要道路进行了全面升级改造，村内主干道路沥青罩面，大街小巷全部硬化。H村投资17万元在进村路、村内道路及墨水河周围统一更换安装路灯100余盏；投资185万元铺设地下排污管道；投资122万元完成木栈桥、水上餐厅及墨水河沿岸灯饰亮化工程；全面完成气代煤工程，家家户户用上了清洁的天然气；投资300余万元用于民房保温改造项目，试点实施“暖房子”工程，确保群众清凉度夏、温暖过冬；投资40余万元在街道两侧的房屋墙体完成了党建风貌、风俗民情、山水花草的彩绘，粉刷主干道墙体，修建文化墙3万余平方米；投资500多万元重修了村内的两个水库，添设了观景凉亭。根据村庄总体规划，在对全村各项基础设施建设的同时，做到建一处设施紧跟绿化美化一方环境，并注意因地因景制宜，重点地域重点绿化[①]。种植樱花、白皮松、黄金榆、海棠等各种绿化苗木，村庄绿化面积达6万余平方米。经过这一系列

---

① 中共H村支部委员会、H村村民委员会：《H村志》，中国文史出版社2018年版，第40页。

的整治改造，自来水、生活生产用电、电讯、网络、广播设施齐全，村庄面貌焕然一新，人居环境明显改善，村民的幸福感、获得感和满意度不断增强。

> 离幸福院不远的荷花池以前是一大片的垃圾场，植物园以前是大片的采石场，墨水河以前是条臭水沟。现在好了，我们这些老人出来走走都变得亮堂堂的，苍蝇垃圾也几乎没有了，吃完饭没事儿的时候都更愿意在村子里坐坐、聊聊天儿了。（20201128 HJWW 一位幸福院老人）

不仅如此，H 村还先后投资 40 余万元对村级服务场所进行提升改造，为办事群众提供“一站式”服务，村民福利每年人均 600 余元，其中居民医疗保险每人补贴 100 元，60 周岁以上老人每人每年发放 240—500 元不等补贴。而且，还专门为老人建立了幸福院，这个幸福院是 H 村的老年活动中心，主要是为村里年长的老人免费提供午餐，由专门的人员买菜做饭，每日的饭菜都荤素搭配、营养健康。幸福院是单独建设的一个小院，小院里有一排平房，设有厨房、餐厅、活动室、洗手间等，餐厅里摆放着四张方桌，能同时容纳三十多位老人吃饭。幸福院在解决老人午饭问题的同时，为老人提供了聊天休闲的去处，在一定程度上缓解了老人的孤独感，使老人的幸福指数得到很大提升。

在进行人居环境“硬件”整治改善的同时，H 村还进行了“软件”的打造，通过“美在家庭”创建、“美家超市”运营等举措，鼓励村民积极参与环境治理；通过定期不定期开展义务劳动、举办环保活动，多方式进行宣传，让村民成为村庄环境的维护者，使人居环境治理制度化、常态化和长效化。“美在家庭”和“美家超市”创建活动是由 Z 市妇联组织发起的，旨在绘就“家家清洁、户户和美、人人健康”的美丽乡村。“美在家庭”创建细化具化为 4 个方面 34 项标准，4 个方面即“庭院美、居室美、厨厕美、家风美”，实行量化赋分管理，满分为100分，得分90分以上为“美在家庭”标兵户，得分80分以上为“美在家庭”示范户，得分70分以上为“美在家庭”达标户。由村妇联牵头，建立包括村“两委”成员、党员、村（居）民代表、妇联执委、标兵户代表等在内的15人“美在家庭”评审员库，每月选取至少5人参与当月评审，评选“美在家庭”标兵户、示范户、达标户，广泛组织村民对标先进家庭，引领村民树立生态文明理念。为了更好地实施美在家庭活动，村委会广泛宣传，制作了家喻户晓的“美在家庭”三字经，还邀请专家、志愿者讲授美学知识，从“美在家庭”标兵户中选取代表担任“美家宣讲员”，打造“美家微培训”，引导村民学习美学知识，建设美家文化。不仅如此，H村在“美在家庭”的基础上进行了延伸，组织开展了“美在街巷”“美在乡村”活动，引导村民关注自己小院的同时关注所在的街巷和村庄。H村创新打造了“美在家庭”示范街“墨水小巷”，这是Z区第一条“美家示范街”，小巷内“美在家庭”挂牌率达80%。通过这样的活动，一方面整洁了村庄，另一方面使村民树立了集体意识，增强了荣誉感，其主体性很好的凸显出来。

为了更好地推进“美在家庭”创建、响应上级号召，H村建立了Z区首家、全市一流的“美家超市”。“美家超市”的运营机制是：实行积分兑换管理制度，在全村所有家庭发放积分卡，村民通过争创“美在家庭”，参加集体活动等方式获得积分，每月评审完后在“美家超市”积分榜内进行公示，持积分定期到“美家超市”兑换礼品，“美家超市”内可兑换1至10分的物品，还可以“点单式”兑换，1个积分可兑换价值3元的物品。“美家超市”的物品是村民最常用的生活用品，这些物品均不能使用现金购买，只能凭借积分兑换，“美家超市”的实施对象是达到“四美”创建标准的标兵户和贫困户，其中标兵户80户，贫困户21户。

这101户按照每季度检查一遍的原则，将全村分成三个片区，每月村里组成联合检查组到一个片区进行打分，本月评审出标兵户 15 户、贫困户 4 户。总的原则是 1 分 =3 元，这个月家里卫生得满分 10 分，就可以兑换 30 元的物品。村民家中的干净程度、积分多少，直接决定了兑换物品的价值大小。我们为全村所有的家庭都发放了积分卡，一户一张、实名制。虽然有的家庭暂时还达不到标兵户的标准，但是也可以通过参与村里的志愿服务、会议、培训等方式挣得积分，参与积分兑换。（20201127HJWH）

“美家超市”创建后，通过积分有机地与“美在家庭”联系起来，通过量化赋分、积分兑换、挂牌激励、张榜公示等方式，使得村民既受到了精神鼓励，又得到了物质实惠，有效地激发了农民的创建热情和积极性，推动了美丽乡村共建共治共享。

建设“美家超市”以来，村民们更积极踊跃地参与村级活动，达到一定的积分就可以来超市兑换生活用品。以前开展“美在家庭”创建，我们得挨家挨户去找，自从美家超市建立起来之后，老百姓都争着报名参加。美在家庭越来越得到老百姓的认可，潜移默化中老百姓的观念正在发生改变。（20201127HJWH）

通过以上举措，H 村的各项基础设施建设水平得到了提升，生态环境明显改善，村庄真正实现了生态宜居，村民的生态环保意识明显增强，农民的幸福感和获得感得到了很大提升，美丽乡村建设达到了 A 类标准，成为 Z 区首个绿色古村落，被评为“国家森林乡村”“国家 AAA 旅游景区”“省级美丽宜居村居示范点”“省级文明村”“省级美丽乡村”“省级美丽村居”“省级文明村”“省级卫生村”“省级森林村居”“首批山东省景区化村庄”“山东省首批魅力村居”等，这些荣誉是对 H 村生态的高度认可，也是激励 H 村进一步发展的动力。

第三节　H 村场域变迁中农民惯习的调适与更迭

在上级政府主导下，H 村场域发生了质的变化，对农民已有惯习产生了冲击，农民在场域变迁过程中不断进行惯习的调适，最终完成了惯习的更迭，实现了生态价值观的养成。

一　H 村场域变迁引发农民惯习调适

作为一个历史悠久的传统村落，H 村历经多年的变迁与发展，村庄场域不断发生变化，特别是近几十年来，伴随着国家新农村建设和乡村振兴战略实施以及上级政府的大力引导，H 村场域进行了时代性的变迁。在这个变迁过程中，场域内的农民深有体会，但囿于惯习的滞后性，农民以往多年形成的惯习难以及时改变，导致了与农村新场域的不合拍。不合拍的现象可以通过以下两个事例显现。

案例一　化肥农药使用事例

H 村位于大埠山下，“九鼎莲花山”环绕村四周，土地肥沃，适于粮食作物种植，长期以来种植小麦、玉米、大豆、地瓜、花生、谷子、棉花等作物，新中国成立以前主要使用人粪尿、饼肥、草木灰、屋炕土、湾泥等肥料，农业合作化后主要使用硫酸铵、硝酸铵、碳酸氢铵、磷肥、氨水、尿素等。[①] 农作物肥料的改变一方面使得施肥便利，农作物产量有所增长，但另一方面也给土地造成了污染，村民囿于认知的局限性，没有认识到这一问题，反而觉得产量上去了就好，如此一来历经几十年已经形成了固有的惯习。随着 21 世纪以来政府对生态文明建设和生产绿色有机农产品的倡导，特别是对于农业肥料的标准化规定，对一些以前用的超标的有毒的农药化肥的限用禁用，部分农民对此不理解，依然继续使用大量的农药化肥，

① 中共 H 村支部委员会、H 村村民委员会：《H 村志》，中国文史出版社 2018 年版，第 216 页。

这与新时代生态农业发展相背离，农民长期以来的农药化肥使用惯习与农村新场域出现了明显的不合拍现象。随着生态环保政策的宣传以及村庄生态农业的发展，农民的思想发生了变化，调研中一位六十岁左右的农民说了自己的想法：

调研者（陈）：大爷，您现在家里还种地吗？

村民：还种，不过家里的地很少了，大部分时间都是给人家种。

调研者（陈）：给谁种呀？

村民：村里被承包的那个公司。

调研者（陈）：那您就是被公司雇的，对吗？

村民：嗯嗯，是，干一天给一天的钱。

调研者（陈）：那现在种地用农药化肥多不多？

村民：很少，基本不用，老板不让用。

调研者（陈）：为什么？

村民：人家现在是绿色有机的。

调研者（陈）：那不用肥庄稼长吗？

村民：用肥呀，只不过不是化肥，是有机肥，是老板从外地拉回来的。

调研者（陈）：那这个成本不就高了？是不这个产品价格也高呀？

村民：嗯嗯，你想想他成本高卖的价格肯定得高呀。

调研者（陈）：那有人买吗？老板挣钱吗？

村民：啊呀，肯定挣钱呀，你看现在结的那黄瓜西红柿，早就被外边定下了，根本不够卖的。没想到这个绿色有机的蔬菜那么好卖。

调研者（陈）：那您以前就看好这个企业了吗？

村民：刚开始的时候没看好，就觉得一点化肥不用，那怎么长？产量不行肯定不挣钱，后来发现人家不是咱想得那么回事。

调研者（陈）：那您现在赞同这种做法了吗？

村民：嗯嗯，确实是老思想不行了，这个时代发展，人的思想也得变了，你看现在这个公司生产的产品多好呀，吃到肚子里也放心，现在很多人这种病那种病的，很多都是吃的东西不好。

调研者（陈）：那您现在自己家里种地用化肥多少呀？

村民：现在也用的很少了，尤其是咱都吃到自己肚子里，得健康才行。

调研者（陈）：那村里其他人家种地化肥农药用得多不多？

村民：都不多了，大家伙现在思想都变了，都觉得健康重要。

调研者（陈）：您觉得大家伙这个认识变化主要原因是什么？

村民：一个是村里宣传，大喇叭天天吆喝，再一个随着生活越来越好，大家伙也越来越重视健康。

从上述事例可以看出，在种地使用农药化肥方面，农民的惯习前后发生了很大的变化，由以前的使用很多到现在的使用很少甚至不用。

案例二　生活能源使用事例

以前H村以农业为主，种植农作物产生的秸秆被作为重要的生活能源用于烧水做饭，这种能源无须花钱购买便随手可得，所以很长时间里秸秆成为农民的主要炊事能源，而且一定程度上在农民意识中已经成为一种惯习。当被问及为什么用秸秆烧水做饭时，他们的回答通常是："一直都用这个呀，不用这个用什么？"由此看来，用秸秆烧水做饭已经成为农民意识中的一种必然选择。新农村建设以来，党和国家对农村人居环境越来越重视，制定出台了很多相关的政策措施，有些地方禁止在农村大街上堆放秸秆，禁止燃烧秸秆，这对于长期以来用秸秆烧水做饭的农民而言是一个很大的问题，为了继续使用秸秆做饭，很多农民把堆放在门口墙外的秸秆搬到了院子里。

H村过去以粮食农业为主，后来随着村办企业和个体企业的发展，村里土地有所减少，村民也由原来的以农为主转变为以工为主，[①] 私营企业有丝绸加工点、生猪屠宰站、军警鞋加工厂、塑料瓶加工厂、家具厂、汽车修理厂、机电公司、机油加工厂、豆油加工厂、电热锅加工配件厂、塑料加工厂、椅子厂、理发店、炼油厂、饭店、纸箱厂、物流现货服务有限公司、沙发厂、纸箱印刷厂、沙发架子厂，集体企业有粮食加工厂、铁编绳厂、采石厂、建筑队等。上述企业吸收了H村几百人从农业生产转向了工商业，形成了村内农业工商业齐头并进的发展样态。生产方式的改变引发了农民生活方式的改变，就生活能源方面，由于从农业转向了工商业，以前以秸秆为主的生活能源明显减少甚至没有了，为此农民开始寻求新的替代品，比如煤炭、电等。很明显，煤炭相对于电会产生很大的污染，但因为煤炭相对便宜，大部分农民还是会选择使用煤炭烧水做饭和冬天取暖。特别是冬天，几乎家家户户在入冬前就会购买储存一定量的煤炭，等冬天到了就会安装炭炉烧炭取暖，有的还可以烧水做饭，一举两得，所以很受农民的青睐，也成为农民主要的取暖能源选择。众所周知，焚烧煤炭会产生很大的污染，为此国家和地方政府倡导使用新能源，特别是乡村振兴战略实施以来，各地更加强了能源的更新换代，H村在上级政府的帮助下，进行了清洁取暖气电代煤、农房能效提升项目建设，但在项目进行之前和过程中，农民的意见不一，部分农民很支持，觉得新能源干净，部分农民不愿意，认为多年来烧炭都习惯了，而且经济实惠。农民意见不一的原因是多方面的，有思想认识原因，有年龄的原因，还有经济的原因。

为了得到大多数农民的同意，村两委做了大量的工作，从多个层面向农民说明气电代煤的益处，并争取了上级政府的资金支持，最终这个项目得以完成。自气电代煤取暖以来，以前不支持的农民由于感受到了益处，思想也发生了很大变化：

---

① 中共H村支部委员会、H村村民委员会：《H村志》，中国文史出版社2018年版，第213页。

调研者（魏）：您觉得这个气电代煤取暖怎么样呀？比以前好吗？

村民：好，肯定好，好很多呢。

调研者（魏）：好在哪些方面呢？

村民：一个是干净，以前烧煤屋里会有些渣渣，烧一个冬天屋里都被熏黑了，现在好了，一个冬天屋里都不带有灰的；再一个就是安全放心，以前烧煤会担心煤气中毒，特别是看到有这样的新闻的时候就特别担心，现在这个不担心了。

调研者（魏）：那您当时安的时候就很支持吗？

村民：当时不是很支持。

调研者（魏）：那时候不怎么支持？这么好为什么不支持呢？

村民：怎么说呢，就觉得吧，烧煤那么多年都习惯了，再一个这个还得花那么多钱。

调研者（魏）：现在觉得这个钱花得值吗？

村民：嗯嗯，值，早知道这么好早就支持了，哈哈。

通过以上事例可以看出，在生活能源的使用选择过程中，农民的选择在某种程度上是一种惯习，这种惯习一旦形成就会在一定时期内稳定地存在并发挥其作用。但是这个惯习也不是一成不变的，布迪厄认为惯习与场域是相互形塑的，惯习一方面具有稳定性，另一方面又具有可变性，所以从上述事例可以看到，随着场域的变迁，农民的惯习也会变化，当然其变化的重要原因在于场域变迁的刺激，为了避免旧惯习与新场域不合拍而产生的不适感，农民惯习会根据场域的变迁情况进行自我调适，直至与场域相契合，在这个过程中农民的惯习发生更迭。

二 惯习更迭：农民生态价值观养成

经过多年的发展，在上级政府的引导下，H 村农民的惯习在跟农村场域的不断调适中逐步相契合，最终生态价值观得以养成，这可以从对 H 村的调查问卷统计结果看出来。

（一）生态自然观

关于生态自然观方面，主要从 6 个问题的统计结果进行分析。从统计结果来看，就人与自然的关系，所有人都认为二者是有关系的，而且是和谐的关系；关于“人类应该尊重自然保护自然”观点的看法，95% 的农民非常赞同，5% 的农民比较赞同，这意味着 100% 的农民是赞同的；关于“动植物和人一样具有生存的价值和权利”的看法，有 95% 的农民持赞同意见，不赞同的只有 5%；对于“山清水秀才能人杰地灵”观点的看法，85% 的农民非常赞同，15% 的农民比较赞同，也就是说 100% 的农民都赞同；对于“破坏环境会出现不好的后果”观点的看法，95% 的农民非常赞同，5% 的农民比较赞同，可以说 100% 的农民赞同。通过上述六个问题的统计结果来看，H 村绝大多数农民已生成生态自然观。

（二）绿色生产观

关于绿色生产观方面，主要从 5 个问题的统计结果进行分析。从统计结果来看，H 村种地的农民只有 20%，这与村志和访谈获取的数据是一致的，就种地的农民而言，100% 的农民种地时农药化肥用的都很少了，这一方面与村庄的生态农业种植有关，另一方面也反映出农民的绿色生产意识确实是很强了；对于具有高毒但是防治虫害效果非常好的农药，100% 的农民都不会用；关于发展经济与保护环境，只有 5% 的农民认为先经济后环保，对于“不能为了赚钱肆意破坏环境”的观点，95% 的农民赞同，只有 5% 的不赞同，这与前面一道题的回答是一致的，这说明绝大多数农民认识到了环保的重要性，相比较于以前的重经济轻环保，农民的思想意识已经完全改变了，绿色生产观已经在 H 村农民心里扎了根。

（三）绿色生活观

关于日常生活方面，H 村的农民也基本实现了绿色化。从统计数据来看，日常生活中，H 村农民非常注意节俭环保。就日常出行方式而言，55% 的农民是步行或骑自行车，25% 的农民选择开车，通过相关性分析发现，选择开车的多为年轻人，主要是为了工作和接送孩子便利选择开车，15% 的农民选择骑电瓶车，这是一种既便利又高效的出行方式；对于“垃圾不能随便扔”的看法，95% 的农民非常赞同，5% 的农民比较赞同，由此看来，100% 的农民都是赞同的，大家的观念是一致的；对于“买东西最好自己带购物袋”的看法，90% 的农民是赞同的；对于“要节约用水用电”和“红白喜事不能为了面子铺张浪费”的看法，H 村农民 100% 的赞同。由此看来，H 村农民已经有了明确的绿色生活观。

（四）生态责任观

在 H 村，“保护环境人人有责”的生态责任感在农民身上体现得淋漓尽致。就统计数据来看，H 村“保护环境　人人有责”的思想观念已深入人心，村民身体力行。如果在公共洗手间看到有水龙头开着，100% 的农民会随手关上；对于村里举办的环保活动，85% 的农民愿意参加；对于村里进行环境整治需要村民交费问题，只有 5% 的农民不愿意；当看到有人乱砍滥伐破坏环境时，90% 的农民会上前制止，5% 的农民觉得这种不文明行为可耻但因各种原因不会上前制止，只有 5% 的农民假装没看见；对于“是否响应国家环保政策的号召积极保护环境”，90% 的农民不仅自己选择响应，而且还会鼓励周围的人参与；对于“是否支持政府加强对于环境污染情况的管控与处罚”的问题，90% 的农民选择支持。由以上问题的统计数据可以看出，H 村农民的生态责任感很强。

通过上述生态价值观四个维度的分析可以看出，H 村绝大多数农民具备了较强的自然生态认知，生产生活基本实现了绿色化，而且无论是意识还是行为都呈现出很强的生态责任感，H 村大部分农民生态价值观已养成。

第四节　政府主导：H 村农民生态价值观养成的关键

H 村场域的变迁以及农民生态价值观的养成，取决于一个关键的因素，就是各级政府部门的多方面多领域的引导和支持。所谓政府引导，“就是指政府通过有效发挥统筹、协调、组织、服务职能，把握社会主义新农村建设的导向和社会主义新农村建设发展的整体态势，让党的政策阳光普照农村、惠及农业、造福农民，推进农村政治、经济、文化、社会协调健康快速发展。”① H 村正是在镇政府区政府的引导和支持下得以实现场域的变迁和农民生态价值观的养成的，具体而言，政府主导主要体现为以下四个方面。

一　党建引领保障

一个村庄发展得如何，取决于一个重要的因素，就是领头雁和村党组织的领飞情况，党建引领作用发挥如何，直接决定着乡村治理成效如何。因此，党建引领对于农村治理和发展起着至关重要的作用，各级政府都非常重视，都充分发挥基层党组织领导作用、党员先锋模范作用，以此带动和激发农民的主体意识和村庄发展的内生动力。在上级政府的引导下，H 村通过党建引领、一网三联有效提升了村庄治理效能。

H 村所属的 Z 区和 N 镇政府都聚力党建引领，重视头雁选育。Z 区深入实施农村“头雁”提升行动和村级后备人才“雏鹰计划”，加强日常党员培训培育，出台了加强村党组织书记专职化管理意见，建立了村干部综合考核正向激励、正常离任、重大事项报告、“红黄牌”管理、作风建设“十条禁令”等制度，力求培养一批能带富、

① 袁堃：《新农村建设中要正确处理政府主导与农民主体的关系》，《党政干部论坛》2007 年第 S2 期。

善治理、谋振兴的乡村组织"带头人"。N 镇把选准育强村级带头人作为实施乡村振兴战略的突破口，以村"两委"换届为契机，大力实施"领头雁工程"，采取"外引内举"等多种方式，鼓励和引导企业家、事业有成的返乡创业人员、种植养殖大户、回乡就业的高校毕业生等参加村"两委"换届选举，H 村现任书记就是 N 镇政府鼓励回村工作的企业家。在日常工作中强化重点提升，定期开展村党组织书记履职分析，不断完善党员日常表现考核评估体系，提升党支部组织力，突出党员模范带头作用。近两年来，N 镇按照"典型引路、示范带动"的思路，依托省"乡村振兴示范村"S 村和省"美丽乡村"H 村，将西片 6 个地理位置相邻、发展定位相近、资源优势互补的村组织起来，成立"联村党委"，抱团打造党建引领乡村全面振兴的示范片，进一步激发了 H 村发展的动力。

为进一步加强党建引领乡村发展，2019 年 Z 市实施党建引领下的"一网三联"全员共治乡村治理模式。党建引领是发挥党建在乡村治理中的全面引领、统领作用，"一网三联"中的"一网"是指村级党组织体系与网格治理体系充分融合成为一张网，"三联"是指干部联村组、党员联农户、积分联奖惩，全员共治是村干部、党员、群众全员参与乡村治理，推动乡村振兴，实现共建、共治、共享。[①] 该模式通过党建与网格融合构建新的村庄治理体系，通过党员与群众积分联动构建村庄治理共同体，通过积分与利益挂钩构建村庄治理激励机制，实现了人员整合、工作融合和利益契合，形成了精细化网格治理体系。在此基础上，N 镇不断优化网格管理模式，创新性地将"一网三联"工作与联村党建、"美在家庭"创建、党组织领办合作社、村企联建等有机结合，做到了网格划分横向到边、纵向到底，实现网格全域全覆盖，还拨付镇级专项奖励资金，在村级网格差异化奖励的基础上，优选各村红旗网格进行支部领办合作社产品奖励，更加调动

① 梁立新、张涛：《"一网三联"：乡村治理的全新"Z 方案"》，《Z 日报》2021 年 12 月 12 日。

了村庄实施网格治理模式的积极性。在上级政府的倡导下，H村实施了“一网三联”的乡村治理模式，通过用积分评优劣定奖惩，把家庭积分与网格积分挂钩，取得了村庄治理的显著成效：一是为党支部进行村庄治理提供了有力抓手，党支部动员组织群众的政治功能明显增强，治理能力显著提升；二是为党员群众参与村庄治理搭建了平台载体，有效激发了党员群众参与村庄事务的热情和积极性，有效化解了以往村庄管理中普遍存在的村民参与度低、党支部凝聚力差、村庄治理效率低等现实问题，增强了村庄治理的科学化、精细化和有效化，形成了全民村庄共治氛围。

二　生态规划

在村庄规划方面，H村得到了区镇两级政府的大力支持。

Z区着力突出乡村美，深入挖掘村庄历史文化、风俗人情，积极联系市内高校为美丽乡村建设出谋划策。2019年，山东青年政治学院现代服务管理学院乡村振兴“靖途”调研团（入选团中央“2019年村庄规划编制志愿服务活动”团队），在对H村进行实地调研的基础上编制了《H村村庄规划编制方案》。山东理工大学环境设计系为H村设计了视觉形象，村里的民宿、美学小巷都很受欢迎，成了游客喜爱的打卡地。Z区区委统战部会同区无党派人士联络组、区文联有关人员到H村调研考察和实地采风，在了解了H村的宗族历史、乡村文化特色和美丽乡村建设情况的基础上为其撰写了村歌。此外，在H村进行省级美丽村居试点申报的时候，Z区政府帮助其进行村庄设计和材料申报等工作。

H村隶属的N镇根据区域特色和发展优势，对全镇进行了整体规划，其《Z市Z区N镇总体规划（2018—2035年）》方案中明确指出，要将N镇建设成为村镇协调发展、经济繁荣、社会文明、设施完善、环境优美的现代化生态城镇，明确了全镇发展的生态化导向。这一导向帮助H村定位了生态建村的思路，进行了生态环境治理、现代生态农业和生态旅游业发展和美丽乡村建设，全力打造平安、生态、健康、宜居的村庄环境。省派服务队与镇党委确定了“美丽乡村建设连片成线、产业发展项目以点带面，统筹推进乡村旅游产业发展，全方位打造乡村振兴先行示范区”的片区整体发展规划，强化示范带动、资源共享，促进区域联建和定事联商，重点打造了包括H村在内的多个美丽乡村连片示范村。N镇以区域乡村旅游、农业产业项目发展为依托，成立示范片“联村”党组织，由省派乡村振兴服务队队长担任联村党组织书记，在“联村”党组织的统一领导下，村级产业项目发展及规划等重大事项进行定事联商，实现产业项目连片打造，美丽乡村建设连片实施，乡村旅游统筹推进，协调联动攻坚，这一举措有力地促进了H村生态农业、特色民宿和唐庄农场的建设发展。

三　打造样板示范点

H村村庄治理的多个方面都走在了镇域乃至区域的前列，其重要原因在于H村多次被镇政府乃至区政府当做样板和示范点进行打造。

近些年来，Z区按照“打造一户示范户，带动改造一个村；打造一个示范村，带动改造一个镇”的思路，注重发挥典型带动作用，倾力打造典型示范，选择一些村作为重点，高标准制定样板村、示范村考核指标，将村集体年经营性收入80万元、垃圾分类、弱电整理入地、污水治理、“美在家庭”示范户达标作为前置条件，将村容村貌整治、生态环境治理、村庄产业发展作为创建重点，全力打造了全省乃至全国一流的具有Z区特色的齐鲁样板村。在这些样板村示范村的名单中，H村的名字经常出现，如Z区人居环境建设样板村、精品乡村旅游示范点、党史国史志愿服务示范点、美丽村居试点、乡村振兴高标准样板村、省级美丽村居试点建设、农村生活垃圾分类试点、冬季清洁农房能效提升试点、“同心家园”示范基地、旅游特色村等。Z区还以H村美丽村居试点建设为样板，科学合理使用上级补助资金，全面开展村居建筑设计，不断优化村庄院落布局，以试点村为核心，连片建设美丽村居示范片区，而且Z区的很多创建活动启动仪式也都在H村举行，如“健康家庭”创建活动启动仪式等，一方面吸引了很多人来参加活动，另一方面也是对H村的有力宣传。作为Z区的样板和示范点，H村被区政府及相关部门给予了高度重视和重点打造，从村庄设计到环境治理和产业发展，无一不得到政府的资金、项目、政策和服务等方面的倾斜。为此，H村被推荐申报山东省乡村文化建设样板村，更是入选了全省第一批美丽村居建设试点村、山东省美丽乡村示范村、山东省乡村振兴示范村、山东省乡村旅游重点村、山东省首批美丽村居、首批美丽村居建设省级试点村庄、山东省级美丽宜居村居示范点、山东省第一批美丽村居示范村、Z市首个省级美丽村居、山东省级村庄建设试点、山东省乡村振兴“十百千”工程示范村、Z市乡村文明行动示范村、Z区人居环境建设样板村等。

作为镇域内的村庄，H村更是N镇的一张名片，被N镇重点打造。N镇着重打造H村精品乡村旅游点，进一步强化H村乡村体验设计，并组织村庄利用重大节假日开展各类文旅活动，如H村“首届乡村旅游文化艺术节”，推动了非遗项目、非遗产品、文化演艺活动进景区。N镇持续推进农旅融合发展示范区建设，打造了H村民宿等农文旅融合项目，打造了包括H村在内的美丽乡村连片示范村、乡村振兴示范片区、生态乡村度假区，助推韩家大院农家乐、唐庄农场等项目落地。此外，N镇还整合H村古村落等多个村庄资源，深入挖掘其历史文化信息，编制整体保护规划，加快推进“乡村记忆工程”实施和乡村博物馆建设。“乡村记忆工程”是山东省探索乡村文化遗产保护、传承弘扬优秀传统文化模式的创新尝试，是“记得住乡愁”“留得住乡情”的载体工程。[1] H村被列为市级“乡村记忆工程”试点单位，H村乡村博物馆也在建设中。

2018年，Z市妇联开展“美在家庭”创建，“美在家庭”创建是Z市妇联围绕“美丽庭院”推出的一项重点工作。Z区针对村居缺少

---

① 徐承军、朱守军：《保护历史文化遗产 扎实推进“乡村记忆”工程——让文物在保护与利用中“活”起来》，《人文天下》2016年第8期。

抓手的城乡环境综合整治的难点和盲点，创新实施了“美在家庭”积分制管理，于2020年4月在H村试点建设了“美家超市”，这是Z市全市第一家，由此可见Z区对H村的重视。在“美家超市”建设过程中，Z区统一规范设计“美家超市”品牌logo，并明确“八有”建设标准，即有标识牌、有货架、有物品、有《积分兑换制度》、有《积分公示榜》、有《积分兑换台账》、有积分卡、有专人管理，通过村级自筹、财政奖补、社会捐建等方式，多渠道解决“美家超市”的建设资金问题。经过几个月的试点，H村的“美家超市”取得了很好的成效。2020年9月，Z区出台了《Z区“美家超市”建设实施方案》，在全区推广H村的经验做法。2021年7月，Z区出台了《关于优化巩固“美家超市”积分激励模式　深化“美在家庭”创建工作的实施方案》，并积极协调争取，解决了“超市如何建、积分怎么换、资金哪里来”的问题，确保了超市规范长效运营，形成了“美在家庭”创建的常态长效机制。H村“美家超市”就是Z区“美在家庭”创建活动的一个缩影。目前，H村“美家超市”的运营已经进入常态化，而且H村还创新打造了“美在家庭”示范街“墨水小巷”，成为村庄生态治理的一个亮点和乡村旅游的一大景点。由H村试点并将其经验加以推广的“美家超市”的建设以及“美在家庭”积分管理制，破解了农村环境整治易反弹、难持续长效的困境，农民的生态环保和卫生健康意识发生了重要改变，由“要我创建”变为“我要创建”，村庄生态治理也由“政府主导上级推动”转向“全员共建共治共享”，农村生态治理效能显著提升。为此，H村成为山东省首批魅力村居、首批山东省景区化村庄、山东省森林村居、山东省美丽乡村、山东省首批美丽村居和山东省美丽乡村。

四　项目资金扶持

H村的发展过程中，不仅得到了上级政府的规划试点，更为直接的一个方面是得到了相关的项目、政策、技术和资金等方面的扶持。Z区和N镇政府相关人员都明确指出：“我们的工作主要是做结合，结合上级各项资金，把合适的项目放到相应的村。整合技术、人才等方面的资源，鼓励龙头企业、工商资本参与到乡村产业振兴中，探索一条村集体经济发展和群众致富增收相结合的路子。我们把政策、资金、资源、技术、人才等发展要素向片区聚集，促进联建村在脱贫攻坚、乡村治理、产业发展等方面组团作战，形成了‘1 +1 >2’的集聚融合效应。”作为Z区和N镇的试点村、样板村、帮扶村和片区村，H村因此受益很大。

在乡村振兴推动方面，Z区区政府各部门充分调动社会各阶层、各机构的力量参与村庄建设。Z区政府的主要领导到N镇召开座谈会，与省派乡村振兴服务队、N镇主要负责人员一起，专题讨论H村乡村振兴项目情况，探讨研究初步工作思路，协调解决存在的问题。Z区区委统战部开展“同心家园”创建活动，将H村作为共建帮扶点，多次组织各民主党派和统战组织到H村开展文化下乡、健康义诊、法律宣讲、党建联建等活动，在H村建设Z区统一战线“同心林”，美化乡村环境，重点打造H村“同心家园”示范基地，组织统战人才帮助H村谱写村歌、制定发展规划、做好旅游推介、打造特色民宿。Z区区政府还聘请相关领域专家完成Z区智库建设，让专家学者助力H村乡村发展。2019年10月19—20日，在Z区基层委“同心筑梦”统一战线专家学者签约仪式上，马知遥教授团队对接了帮扶对象——H村，通过对H村的整体调查，从民俗内容挖掘、旅游开发、乡村振兴等角度为H村的发展献言献策，以文化关怀的视角助力H村旅游发展与乡村振兴。为推进“农旅融合”助力乡村振兴，区农业农村局、镇办引导村庄积极开展技术培训活动，提供了强有力的人才支撑，并定期组织专家教授到现场指导，帮助村庄找准发力点，通过成立合作社、发展特色种植和体验式农业等方式，打造了H村颇具知名度的乡村特色旅游。

H村的乡村振兴离不开省派服务队的帮扶。省派服务队驻镇后，深入村庄进行调查研究，与镇村干部对接交流，围绕区域经济社会发展目标和村庄实际，与镇党委确定了“美丽乡村建设连片成线、产业发展项目以点带面，统筹推进乡村旅游产业发展，全方位打造乡村振兴先行示范区”的片区整体发展规划。在省派服务队的引领下，由东西两端省级“美丽乡村”H村、省级“乡村振兴示范村”S村连接起的乡村旅游产业示范区已建成，H村鲁派民宿等建设项目也已开始运营。作为示范区中的村庄，H村的发展被快速带动起来，和其他被帮扶村连片打造、抱团发展，实现了资源优势互补、整体提升。不仅如此，省派服务队还先后联系中科院、山东省农科院、山东师范大学、南京农业大学、青岛农业大学、鲁东大学等专业院所的农业专家莅临指导工作，推介适合当地现代农业产业发展的优秀项目，大力引进高附加值、特色农产品种植项目，其中包括H村的食用菌基地和唐庄农场项目。位于H村的唐庄农产品种植专业合作社，积极发挥科技特派员的作用，在优质农业种植、农机服务的基础上，增设了订单式种苗培育、秸秆回收综合利用技术推广等业务服务，带动了周边区域的绿色产业化发展，使农户人均年增收3万余元。在科技特派员的指导帮助下，H村的村民发展产业的信心更足了。

身边有没有特派员还真不一样！过去光知道用老经验老办法，许多新问题没法解决，可是特派员一来，科学技术就来了，再难的问题都能找到解决的好办法！（20201127HJWZ）

在特色民居打造方面，2017年山东省实施传统特色民居修缮利用工程，H村139号传统民居入选，得到了多方面的扶持。在资金方面，省财政支持的同时，区政府将传统民居修缮利用工程纳入各级宣传文化、公共文化服务体系建设、城镇化建设、乡村文明行动、乡村旅游发展等支持范围，积极搭建项目推介平台，集中向社会推介，引导社会力量通过捐资捐赠、投资、入股、租赁等方式参与工程，另外积极推动利用贴息贷款、世行贷款等渠道筹集资金。在整修方面，区政府参考美丽乡村、特色小镇等方面的建设要求进行扶持指导整修工程，同时对后续的传承发展开展规划设计，编制设计方案，履行相关技术评估、行政审核审批程序后开展施工。

在人居环境整治方面，Z 区以“生产美、生态美、生活美”为突破口，主动引导社会资源向“三农”倾斜，通过扎实推进农村厕所革命、农村生活垃圾治理、农村生活污水治理、畜禽养殖粪污处理等专项行动，实施景观点建设和精细化建设，美丽乡村建设逐步从注重外在美向注重内涵美转变。N 镇分管负责人员专门召集 H 村和设计单位，研究人居环境综合整治项目设计图、控制价等问题，帮助项目招标。此外，镇政府还综合利用人居环境整治等政策，通过争取省区市各级奖补资金，连片创建重点实施绿化美化工程，不断完善基础设施配套，进行清洁取暖气电代煤、农房能效提升和农村公厕建设，创新实行“桶长制”、环卫保洁市场化运行机制，使得 H 村的村容村貌发生了质的改变，各方面得到了全面提升。H 村的蜕变正是 Z 区 N 镇着力提升农村人居环境的缩影。正是由于村容村貌的显著改善，H 村被列为全省首批美丽村居建设省级试点村庄。

在乡村文化建设方面，Z 区通过新时代文明实践中心建设工程、文化惠民工程、优秀传统文化传承发展工程、乡村网络文化建设工程、乡村文化人才培育工程等，充分满足农村群众的文化需求，加强农村思想道德建设，深化“四德”教育，深入推进移风易俗，推动乡村文化振兴“一村一方案”，对于 H 村进行了科学定位和规划。

（一）文化发展基础、特色、品牌

1. 开发以田园风光、农事文化、农家情趣等休闲度假近郊游。

2. 深入挖掘历史人文底蕴，丰富文化内涵。

（二）文化振兴项目方案、内容

1. 发展乡村旅游和民宿经济、农产品产地初加工、农业服务业、农村养老服务等产业。

2. 以历史文化底蕴为基础，用 2—3 年的时间建成村史馆。

为了更好地建设乡村文化，2020 年 6 月 Z 市妇联在“美在家庭”创建的基础上，通过实施四大工程、十项措施开展了乡村美学教育活动，让美学讲师带领村民认识美、发现美、创造美，全面提升农民的审美素养。为推动乡村美学教育，Z 区妇联打造了“益她学堂”，“益她学堂”采用“1 + 5 + 100”工作模式，即每个学堂辐射带动周边 5 至 6 个村，每年至少连续开课 5 期，让 100 个妇女受益。“益她学堂”推动优质美学资源下沉到乡村，挖掘乡村特色艺术，提升妇女审美水平和乡村文化品位，深化美丽乡村内涵建设，助力高品质美丽宜居乡村建设。此外，Z 区区委统战部还在 H 村精心打造了“同心同德、同心同向、同心同行的”同心家园示范基地，助力 H 村乡村文化建设。N 镇政府深度挖掘 H 村传统村落历史文化，加速培育乡村文化旅游产业新业态，建设鲁派院落旅游景点。

通过上述多方面的扶持和帮助，H 村的村容村貌和生态环境实现了质的飞跃，村民的生态意识不断增强，惯习不断调适更迭，在此过程中农民的生态价值观得以养成。由此可见，政府的引导作用非常关键，H 村就是区镇两级政府积极打造的生态典型，区镇政府不仅对其进行了整体性的规划和设计，还对区域范围内的相关事项进行协调调度，提供政策性指导、资金、人员、技术等方面的扶持，为村庄的发展提供了坚实的基础和保障。作为中国农村基层政府组织，区县及乡镇政府是新农村建设的具体组织实施者，具有不可替代的重要作用，其主要责任表现在：一是宣传发动、政策解释说明之责；二是规划设计之责；三是组织实施之责；四是资金的具体使用及监管之责。[①] 正是基层政府作用的发挥，H 村才得以实现生态美、生活好的新时代样貌，农民生态价值观才得以养成。

---

① 吴江、欧书阳：《新农村建设中发挥政府主导作用应处理好的关系》，《农村经济》2006 年第 12 期。

第四章　企业带动型农民生态价值观的养成

本章主要是选取企业带动农民生态价值观养成的类型案例进行分析。相比较于前面两种类型，这种类型的经典案例比较少，但也是现实中存在的一种，为此本章进行了专门的研究。此类型以山东省 R 市市北经济开发区 BLW 有限公司（主要是该公司的 BLW 小镇项目）带动周边村庄（以 D 村为主）为例，对农民生态价值观的养成进行分析。之所以选取本案例，一方面是此案例非常典型，另一方面是本研究团队对此案例很熟悉，有多位成员是 BLW 小镇的业主，与 BLW 有限公司的很多中上层管理者和普通员工有很多年的接触，对公司的企业文化和小镇的建设理念感受深刻，可以说直接以参与者的身份长期参与 BLW 小镇的活动，对小镇周边的村庄有很多的接触和了解，而且公司在本研究团队的工作所在地，调研便利。在本书选题确立后，研究团队更加有针对性地对公司员工和周边村庄进行了深度访谈调查，包括公司董事长、物业部总监副总监、销售部总监、多个部门经理和一线员工及周边村庄的村干部村民等几十人，形成了 30 多万字的一手资料。

第一节　案例概况

一　BLW 有限公司及其 BLW 小镇项目概况

（一）BLW 有限公司概况

BLW 有限公司（以下简称公司）成立于 2011 年 7 月，注册资本1亿元，是一家致力于特色小镇、田园综合体和文化旅游景区开发与运营的企业。截至2020年年底，公司资产总计14.6亿元，营业收入8.4亿元，利税2.8亿元。该公司由综合部、客服部、工程部、安保部和保洁部等部门构成，现有正式员工550人，劳务用工上千人。公司自成立以来一直坚持创新发展的理念，秉持走高端原创路线，注重品质，致力于原创设计，聘请了来自日本、法国、西班牙、瑞士等国家的多位世界顶级设计师、建筑师、艺术家、策展人，依托原有的田园风光，共同打造了一系列原创高端作品，公司现有商标保护111个，专利知识产权13个。公司先后获得省市县等各级各种荣誉称号和奖励，如“山东省重点文化企业”“新旧动能转换重大工程先进集体”“文明诚信民营企业”“招才引智先进单位”“财源建设功勋企业”“创新创业先进企业”“R市重点文化企业”“五莲山—BLW田园综合体攻坚先进单位”“优秀旅游企业”“房地产开发先进企业”“乡村振兴产业发展贡献奖”“经济发展突出贡献奖”等。

（二）BLW小镇项目概况

1. BLW小镇项目建设发展概况

BLW有限公司成立后着力建设的一个重要项目是BLW小镇（以下简称小镇）项目。小镇地处山东省R市市北经济开发区，区内自然环境优美，三面环山，一面临水，因白鹭成群在此栖息而得名。小镇占地5.6平方公里，总投资60亿元，以文化旅游和现代农业为产业发展定位，以生活艺术为特色，通过“艺术+旅游”模式，推动文化旅游、工业旅游、现代农业等产业聚集，实现三产联动和城乡融合发展，打造一种拥有现代农业、文化旅游、乡村度假、田园社区等多元化产业的新型发展业态。在建设的过程中，小镇坚持走精品化、差异化之路，邀请世界顶级建筑师、艺术家规划设计，建设了心灵之谷、巧克力美术馆、森林幼儿园、家乡美术馆等12个各具特色的世界级原创作品。经过多年运营，小镇已经形成“用艺术振兴乡村”的新模式，逐步形成一个涵盖中高端艺术旅游特色，融合基础服务、休闲旅游、产业集聚于一体的具备国际水准的综合性特色小镇，成为乡村振兴齐鲁样板新标杆。目前，小镇还在建设中，未来项目全部建成后将聚集常住人口3万多人，年游客量达500多万人次，可实现年产值30亿元以上，税收5亿元以上。

BLW小镇包括BLW艺游小镇、BLW科技金融（基金）小镇和BLW田园综合体三个部分。

BLW艺游小镇项目总投资约20亿元，占地1200亩，是国家AAA级旅游景区、山东省首批特色小镇，以“大地艺术”为特色内涵，以旅游为产业定位，规划有“一园八村”，其中兼具BLW艺游小镇客厅功能的核心区“一园——大地艺术公园”一期工程已建成并开放了山外山小剧场、枫林美术馆、字里窗间书店、踏香马术俱乐部、若水创意工作室、童话公园、几米火车公园、柴烧窑烤面包房、巢餐厅等，二期规划有心灵之谷、森林幼儿园、水街、度假酒店等功能空间。“八村”即艺游一村、艺游二村、艺游三村、艺游四村、艺游五村、艺游六村、艺游七村、艺游八村，通过将景观艺术化、建筑艺术化及生活艺术化实现一“村”一特色，由“村”串点成线，连线成镇，用艺术作为路标，巡游整个村镇，每个村落均实现产业、文化、旅游和社区的有机结合。通过“艺术+旅游”的产业模式，实现文化旅游产业、文化创意产业、健康养老产业等产业聚集，形成自然与人文交织，生活与艺术相融的新田园主义特色小镇。该项目先后被定为首批山东省乡村振兴齐鲁样板省级示范区、山东省文化产业示范基地、R市文化产业示范基地、特色企业文化示范点和R市科普教育基地等。

BLW科技金融（基金）小镇。依托BLW良好的生态、生产、生活环境优势，BLW科技金融（基金）小镇以“做强做大基金产业，支持经济转型升级”为主线，着力推动基金与产业融合、基金与生态环境融合、基金与创业创新融合，引进各类金融机构入驻，打造区域财富管理中心和金融创新“硅谷”。该项目是国内首个科技金融小镇，总投资13.9亿元，占地1000亩，目标是打造一个面向现代金融机构及高净值人群的产融结合、自然回归、人文与健康交织的新田园主义新兴小镇。

BLW 田园综合体。综合体内山清水秀，林木绿化率达 70%，生态优势突出。综合体以文创农业为主业，通过“农林牧业 + 文化旅游”的模式，依托原有的田园风光打造集生态农业、乡村度假、休闲体验、生活艺术等功能为一体的高标准田园综合体，规划有核心先导区、田园景观区、休闲旅游聚集区、农业生产区及田园居家社区等。公司以文化为引领、融入当代艺术，打造一个拥有现代农业、文化旅游、田园社区的具备国际水准的田园综合体。规划区以“两核一带四小镇多组团”为总体规划，囊括了 BLW 核心先导区、山岳旅游度假区、现代农业示范区、田园休闲康养区、文旅创意体验区五大功能区，形成了“艺游小镇 + 科技金融小镇 + 现代林果产业”融合发展的模式。综合体涵盖 29 个村庄 1.6 万人，搭建起集农业、旅游、金融、文化、休闲、康养等于一体的城乡统筹大载体，不仅提高了农民收入，还改善了农村面貌，加快了城乡一体化的步伐。综合体立足资源环境承载能力，发挥本地环境比较优势，形成主体功能明显、优势互补、高质量发展的文化旅游开发保护新格局。

公司在小镇建设过程中坚持用艺术振兴乡村，实现乡村再造，带动当地经济发展，成为创新创业新高地、产业投资洼地、休闲养生福地、文化旅游胜地，并引领未来农业旅游的发展方向。小镇邀请了获得建筑界诺贝尔奖——普利兹克建筑奖的西泽立卫、日本新生代建筑师石上纯也、被称为“日本新生代最有才华建筑师之一”的藤本壮介、露西亚·加诺和何塞·赛尔加斯、中国新生代建筑师张珂等十多位国内外顶级建筑设计大师，以自然为底色，于绝美稀缺风景地之上，共同打造 BLW 小镇，重新定义文旅小镇。公司积极集聚人才、投资、服务等优势资源，搭建产业发展平台载体，吸引匈牙利、韩国、英国等 23 名留学归国人才，打造 BLW 创客空间。小镇先后入选国家农村创新创业园区名单、文化和旅游部文化产业司印发的《2018文化产业项目手册》和山东省新旧动能转换重大项目库，被评为山东省首批特色小镇、首批山东省文化和科技融合示范基地、山东省精品文旅小镇、山东省文化产业示范基地、山东省优质艺游服务基地、乡村振兴齐鲁样板省级示范区、2022 年山东省“全民健身最美社区”、山东省重点项目（2018、2019）、山东省十强产业重点项目（2019）、特色企业文化示范点和 R 市科普教育基地、R 市重点文化产业项目。

2. BLW 小镇的建设理念：重塑人与自然的关系[①]

BLW 小镇一直致力于探寻并打造一种人人都向往的美好生活。怀揣着对美好生活的追寻这一永恒不变的初心，BLW 小镇确定了自己的使命：重塑人与自然的关系，重新构建人与自然的链接，让人们能够更好地享受自然的滋养。基于品牌使命，小镇确定了自己的价值理念：自然之美、艺术之美、生活之美、生命之美的四美体系，其中自然之美是底色，艺术之美是重塑人与自然关系的工具，自然之美和艺术之美共同打造生活之美，最终实现生命之美的终极目标。使命、理念、价值导向共同凝结成 BLW 小镇的品牌形象。BLW 小镇的品牌 logo 图形，像是一个充满生命力的亦动亦静的有机体，有自然流动的亲切感，又有似曾相识的熟悉感，像一滴水、一棵树、一座山、一个人。大自然已为人们创造出最独特美丽的形态，这个图形就像是自然中的一粒种子，层层舒展，在这片土地上孕育出自然之美、艺术之美、生活之美和生命之美。

BLW 小镇的建设理念在其各个项目中体现得淋漓尽致，透过这些项目的设计和建设能够深刻地感受到小镇的生态理念。下面以樱花小院项目为例。

樱花小院全区 9.7 万平方米（入口区 1.5 万平方米），设计时间：2019 年 11 月至 2020 年 5 月，建成时间：2020 年 10 月。项目尊重原始自然的山林气氛和樱花小院的生活精神，从三大亮点进行设计：一是因地制宜，运用纯樱花林打造，同时运用当地毛石材料打造建筑景观一体化设计；二是四时森林，结合森林谷地，自然山林体态融入空

---

① BLW 小镇官网：http：//www. bailuwan. com. cn/。

间设计；三是生活方式，景观设计与运营方提前沟通，将景观打造成艺术、自然、多元生活容器。项目始终贯彻描述一种生活的意境——“树下菜汤上，飘落樱花瓣”。在“扎根”的场地精神中，采取景观与大地融为一体的策略，运用一种连续性的手法模糊边界，在一种不常见的维度上，与大地共呼吸，同生长。毛石，是场地时代更迭的见证者，公司采用场地原有的齐鲁毛石，加工成石料贴面，当地的工匠师傅以传统技艺、现代表达的形式，取之当地，用之当地，人与自然都以一种同样的形式守护着那里。2022 年，樱花小院荣获德国设计奖（German Design Award）卓越建筑设计—城市空间与基础设施类最高奖项金奖，德国设计奖是德国设计行业内最高奖项，有着“奖中奖”之称，2022 年建筑类别获奖名单中全球范围内共 9 个项目最终获得金奖。当时评审团给樱花小院的评语是：“R 市 BLW 樱花小院将樱花主题转化为全方位的体验。游客漫步在蜿蜒曲折、看似古老的小路上，不仅让人联想到山谷，同时也将其全部注意力转移到樱花树上。由当地天然毛石制成的高墙与上方盛开的樱花树无缝融合，消除了水平和垂直结构的界限，营造出一种美妙的轻盈感，增强了在此处寻找自我的印象。一个完美组合的景观，专注于本质，其诗意的力量和魅力难以抗拒。”在 2022 WAF 世界建筑节（World Architecture Festival）上，樱花小院从全球 50 多个国家/地区上千份参赛作品中脱颖而出，成为入围乡村景观类的 5 个项目之一，世界建筑节大奖是全球规模最大、声望最高的建筑奖项之一，致力于表彰、分享和鼓励优秀杰出的建筑设计。此外，樱花小院近两年还获得了以下奖项：2022 德国设计奖金奖、2022 巴黎 DNA 设计大奖景观设计大奖、2021—2022 意大利 A'Design Award 风景园林规划与园林设计类金奖、2022 柏林设计奖景观设计国际公共类提名奖、2021LA 风景园林奖创新探索奖等。

二 BLW 小镇周边村庄概况

BLW 小镇辐射周边多个村庄，这些村庄隶属于 R 市 W 县 C 镇，

C 镇地处 W 县东南部，区域面积 102.12 平方千米，下辖 43 个行政村，其中受 BLW 小镇影响比较大的有 D 村、C 村、Y 村等。D 村位于 C 镇镇驻地以西 4 千米处，地处 BLW 科技金融小镇与艺游小镇的交汇处，全村共有 221 户 863 人，村“两委”干部 5 人，党员 33 名，村庄面积 130 亩。近十年来，D 村村庄实现了跨越发展，先后荣获省级森林村居（2019）、市级美丽乡村（2019）等荣誉称号。为发展壮大村集体经济，D 村结合村庄地理位置优势，借助 BLW 田园综合体发展有利时机，成立了劳务合作社，实现了服务园区、富民强村多赢局面。C 村和 Y 村紧邻 BLW 艺游小镇，C 村共有 258 户 929 人，党员 40 名，村“两委”干部 5 人，村居占地约 140 亩，位于 BLW 科技金融小镇的核心区；Y 村共有 76 户 280 人，村居占地约 30 亩。2018 年，按照有关法规规定和县、镇村庄的改造政策，以村民协商自愿为基础，以改善村民居住条件和生活环境、提高生活质量和新型城镇化建设水平为目标，同时为了配合 BLW 小镇建设，C 村和 Y 村同时进行了棚户区改造，2020 年全村搬进了新建社区。新社区完善了道路、停车位、绿化等配套设施建设，优化美化了社区居民生活环境，逐步从传统农村村居向城市社区转变，社区居民的幸福感不断提升。“原来老村就在一个山沟，出村就得爬崖头。现在出小区就是大马路，非常便利。”C 村党支部书记介绍说，“农民用老房置换新楼房，不用出一分钱。新社区配备电梯、暖气、天然气，生活非常便利。”

第二节　BLW 小镇带动周边村庄场域变迁

近十几年来，BLW 小镇在自身建设的同时，也带动了周边村庄的发展，促进了周边村庄生产、生活、生态的良性循环，塑造了周边村庄生产现代、生活舒适、生态良好的场域。具体而言，在生产层面，打造现代农业，延伸产业链，实现农业的规模集聚和产业融合，促进周边村庄农民就业和生产场域的变迁；在生活层面，通过流转土地和合作共建，增加了周边村庄农民和村集体的收入，促进了周边村庄村风村貌的改善，促进了农民生活场域的变迁；在生态方面，通过企业生态理念和文化，直接和间接地带动了在小镇工作的农民及其家人邻居的生态环保意识的确立和生态行为的践行，促进了生态环境的改善，促进了周边村庄场域的变迁。

一 生产场域的变迁

小镇通过土地流转、合作共建、吸纳务工等方式带动周边村庄发展，实现了生产场域的变迁。

（一）流转土地

在现行土地主体不发生改变的基础上，BLW 田园综合体内包括 D 村、C 村和 Y 村在内的多个村庄共 6200 亩土地流转给 BLW 小镇的 BL 牧场，由 BL 牧场进行统一经营，发展现代农业，土地流转费用根据耕地、非耕地和水域分别定价，其中耕地每年每亩流转费用为 1000 斤小麦价格，非耕地每年每亩流转费用为 800 斤小麦价格，零星水域每年每亩流转费用为 300 斤小麦价格。通过土地流转，农民个人和村集体都实现了增收，土地流转实现了“农民得租金、企业得发展、产业得提升、集体得收益”的四赢局面。土地流转给 BLW 小镇后进行了规模化产业化发展，盘活了农村多年零散闲置的土地资源，大大提高了土地资源的使用效率，特别是 BL 牧场的绿色农业发展模式降低了土地污染，改善了生态环境，推进了美丽乡村建设。通过与 D 村党支部书记吴某的访谈可得知该村的土地流转情况。

访谈员（秦）：BLW 小镇流转了咱们村多少地？

吴书记：前一期流转了 900 多亩，二期又流转了 1067 亩。

访谈员（秦）：原来村里这个土地有多少？就是说这个农业用地。

吴书记：2000 多亩。

访谈员（秦）：主要流转的是什么地？

吴书记：就是普通的那种耕地，大多数是流转给白鹭牧场。

访谈员（秦）：你们这些土地原来主要是种粮食还是什么？

吴书记：种粮食，像花生、玉米。他们现在没有改变土地用途，我看着也是种的玉米，他们成片，再一个种植什么蓝莓。

访谈员（秦）：现在村里还有多少地？

吴书记：村里现在除了流转的还有200亩左右。

通过土地流转，大部分农民从面朝黄土背朝天的传统农业作业转向了附近企业中的现代化生产，实现了就近的生产空间转移。

（二）合作共建

近年来，BLW小镇与周边的9个村共同探索“美美与共”品牌，创新“村企组织共建、产业发展共兴、人才队伍共育、区域合作共赢”模式，推进抱团发展。一是村企共建，搭建了合作共事平台，建立联席会议、“双周一问需”等平台，构建市北经济开发区党工委、C镇党委、BLW小镇、村庄党组织“四方联动”机制，实现无碍沟通、同频共振。二是发展共兴，推动区域新兴业态发展，BLW小镇带动周边村庄产业结构的升级，充分发挥“溢出效应”，组建“参谋团”，参与周边村庄的集体经济项目设计和发展规划，带动7个村共建蓝莓、樱桃育苗等小型农业基地，打造现代农业片区，形成“大河有水小河满”的发展势头。与此同时，小镇吸引了周边村集体参与合作建设BL牧场，包括D村在内的7个村，以资金入股获得股金分红模式，入股BL牧场育苗项目。三是小镇和村庄建立人才“双向输送”机制，通过专业培训将本土农民培养成面点师、园艺师等多职业技能人才，如家住小镇旁边的村民陈某，原来在工厂打工，后来加入BLW“窑烤面包房”团队，通过小镇的培养逐步掌握了精湛的窑烤面包技术，目前全国掌握该技术的只有20人左右，陈某从一名农民成了名副其实的技术人才。四是通过各方面的合作实现区域共赢，如将企业文化与村庄文化融合，共建区域文化，共同打造全市乡村振兴“新窗口”，通过合作共建项目，小镇与周边村庄建立了利益共享机制，发展壮大了村集体经济，积极做强以产助农，针对基地中时令果蔬推出采摘、研学、科普等活动，通过文化旅游推动农村产业结构调整和现代化农业产业发展，让村集体分享多环节收益。

（三）吸纳务工

BLW 有限公司建立之初就注重当地闲置的人力资源的开发，在企业发展的过程中善于“就地取材”，为周边村庄的农民提供系统化专业化的技术培训，使农民实现零经验就近就业。小镇周边村庄有80%劳动力在小镇就业，这些农民分布在各个部门各个领域，从事各种行业，有 BL 牧场的现代化农业生产、居民区的物业保洁、食堂工作、湿地和野生动物保护、房产营销、园区绿化、咖啡厅工作、面包房工作等，目前小镇日常用工近 400 个，临时用工 1000 多个，未来三年小镇可提供就业岗位 3000 多个，BLW 有限公司总经理王某表示：

> 下一步我们将通过西侧 BL 牧场的打造，在功能上与这边的文创旅游形成一种互补，等 BL 牧场建成之后，整个 BLW 片区将提供接近 5000 个就业岗位，这样就能通过他们自身的发展，带动周边的乡村振兴。（20200828BLWW）

BL 牧场情况。该项目占地 6220 亩，总投资 35 亿元，坚持世界眼光、国际标准，走高端化、精品化、差异化路线，项目依托原有的田园风光，通过“农林牧业 + 文化旅游”的模式，定位以文化为引领、融入当代艺术，邀请世界一流的规划师、建筑师、艺术家、策展人共同建设，布局种植生活、温泉度假、农夫市集等功能区，汇聚牧场美术馆、温泉美术馆、梦之美术馆等田园建筑艺术作品，通过在高低起伏的场地上营造草地、树木、湖泊、梯田等自然景观，构建出一幅秀美的田园风光，并以此为基础、以文化旅游产业为主导布局一、二、三产业，实现三产联动和城乡融合发展，力争建设成一个集现代农业、文化旅游、田园艺术社区为一体，具备国际水准的乡村度假目的地，打造 R 市新旧动能转换引领区。其中 BL 牧场项目一期占地

2000 亩，项目主要有牧场美术馆、温泉美术馆、艺术旅游街一期工程、现代农业文化园一期工程、田园艺术村一期工程等旅游空间。项目一期以高科技产品为依托，发展有机、无公害农产品，提升推动一、二、三产业融合，吸收农村剩余劳动力就业和促进农村居民返乡创业，运用农业高新科技成果，大力发展高效农业、文旅产业。项目建成后将与艺游小镇连成 4 公里长的文旅产业带，把采摘和文旅相结合，其中包括观光游览、科普教育、产品展览、加工制作、餐饮美食、休闲体验、商品购买、度假住宿等互动内容，让游客真正地从观到赏到做，拥有完整的旅游体验。项目计划打造出一个以涵盖中高端文创农业为特色，融合文化旅游、休闲旅游、乡村度假、产业集聚于一体，实现文创农业、文化艺术旅游、文化创意产业、艺术教育培训产业、民俗艺术产业、健康服务等产业聚集，建成后年税收收入 1042.18 万元左右，年接待游客 100 万人次以上，年旅游总收入达 26386.71 万元，新增就业岗位 2275 个，周边村庄农村年人均纯收入可增加 3 万元，让乡村真正成为“农民的致富田，游客的休闲园”。通过 D 村农民王某的交谈，可以了解农民到 BLW 小镇打工的情况。

访谈员（黄）：现在这个庄里的人，也不养猪也不种地了，那都干什么呢？

村民：打工呀。

访谈员（黄）：都去哪打工啊？

村民：都去 BLW。

访谈员（黄）：到 BLW 小镇，都大概的干什么啊？

村民：有当工匠的，有打扫卫生的，有干零头活的，男人有男人的活，女人有女人的活，女人一天九十来块，男人一天一百多二百多。反正就是，没有闲人，六十来岁有六十来岁的活，七十来岁有七十来岁的活，不过七十来岁人家就不用了，因为年纪大了就不愿意用，就像六十来岁嘛，还用，再高了人家就不用了。

访谈员（黄）：那整个 BLW 用工咱们村（D 村）里去了多少人？

村民：基本上都去了，除去年纪很大的老年人和一部分在外打工的年轻人，其他的基本上都在那边打工。

访谈员（黄）：您一个月一般能拿多少钱？

村民：差不多四五千块钱。

访谈员（黄）：和以前的生活相比的话，在 BLW 打工您有什么变化吗？

村民：以前靠天吃饭，现在就一门心思打工。

访谈员（黄）：那 BLW 小镇就是作为咱村附近的项目，您觉得对咱村有什么影响吗？

村民：那当然是对咱村好，咱们这打工也好，打工挣钱方便，而且土地有的流转出去也有一部分收入。种地赚不了多少钱啊。

D 村原来是一家一户耕种自己家的农地，属于传统生产方式。“传统生产方式，主要以小农经济为主，在这种生产方式下的生活方式，人们常关注眼前利益，稍有获利就‘乐知天命’、小富即安，缺乏宏大的抱负和社会责任感。”[①] BLW 小镇进行的是规模化产业化生产模式，这种产业化生产模式消解了 D 村的传统生产场域。生产场域是不同生产要素通过特定生产方式结合而成的网络，依据生产要素对生产的不同贡献而赋予生产要素所有者不同的得益权。[②] 在 BLW 小镇建设过程中，由于流转了周边村庄大量的土地，部分村庄的农民基本上没有耕地了，一部分农民由原来的以耕种自己土地卖粮食为生的传统农民转变为 BLW 小镇白鹭牧场里的产业工人，融入现代农业产业化生产模式中；还有一部分农民进入 BLW 小镇的物业、咖啡厅、面

① 李晓翼：《农民及其现代化》，地质出版社 2008 年版，第 195—196 页。

② 赵如等：《场域、惯习与“后 2020”农村地区返贫及治理——以四川省 H 县为例》，《农村经济》2021 年第 1 期。

包房、房产销售处、样板间等部门从事服务业工作，不再进行农业生产；再有一部分农民到周边的企业、学校等单位工作，同样不再从事农业生产。如此一来，农民原有的传统生产场域被消解，生产场域发生了转移，从传统的农地转向了企业。

BLW 小镇不仅吸引了很多当地的务农农民进入小镇工作，还吸引了很多周边村庄外出读书就业的年轻人回乡就业。在 D 村的调研中访谈到了一位五十多岁的中年女性，她原来在当地的一家企业上班，后来家附近的 BLW 发展起来吸引了天立学校（一家非常高端的私立学校）入驻，她便应聘到了天立学校做小学部的生活老师。从她的言谈举止中感觉不像居住在村里的农民，呈现出来的是老师的气质，她那种由内而外流露出来的满足感和幸福感令人特别舒适。她的儿子现在山东师范大学读大二，她感觉现在村庄周边发展得越来越好，各方面条件越来越完备，工作生活环境甚至比城里还要舒适，所以和儿子商量好了等儿子大学毕业后就回当地的天立学校应聘工作。对于此种情况，BLW 有限责任公司董事长徐总和营销总监潘总也做过介绍。

> BLW 本身这种产业发展会让年轻人有若干发展空间，这些年很多在外创业就业的年轻人都回来了，这个太厉害了，因为它这个是可持续的，乡村振兴需要人才振兴，有人才行。比如我们搞运动那个徐某，是林泉的，离这里有 2km，那小梁就是胶南这块儿的。如果没有 BLW，这些年轻人是不会回来留在这儿的，这些年轻人能到这个地方非常难，是 BLW 把年轻人吸引回来了。(20180422BLWX)
>
> 咱们那个六期还有个业主，以前在北京创业，C 村的，全家都去了北京。我们一期那个春节的时候他回来过年，看到我们小镇的发展情况就被吸引了，六期的时候就全家从北京搬回来了，现在孩子都在这边上学了，把整个事业都带回来了。以前优秀的大学生可能就是留在外面，现在父母就是拽回来了。这个保洁大姐儿子在深圳，前两天还在那跟我说，BLW 有没有什么适合的

岗位，然后她也想让他儿子回来，不想让他在深圳发展了。类似这样的事例有很多，比如还吸引了来自上海做独立服装品牌的年轻夫妇落户BLW。（20180422BLWP）

二 生活场域的变迁

生产方式决定生活方式，生产方式的改变必然导致生活方式的改变，人类的发展史实质上就是生产方式和生活方式渐次发展更替的历史。[①] 生产关系决定生活关系，农民传统的农耕生产方式必然与先赋性强的血缘亲缘关系相统一，现代的产业化生产方式跨越了原有的空间限制，割裂了原先相统一的生产生活场域，血缘亲缘这些先赋性强的关系被平等的市场契约关系所取代。BLW小镇的建设既带动了周边村庄农民生产场域的变迁，也带动了周边村庄农民生活场域的变迁。

自小镇建设以来，一方面通过流转土地、合作共建和吸纳务工等方式增加了农民的就业机会和收入，在收入有保障的基础上，加之朝九晚五的工作时间，使得农民有了精神文化生活需求；另一方面增加了村集体收入，奠定了村集体干事的物质基础。基于以上两个方面，加之国家新农村建设、美丽乡村建设、乡村振兴等的号召，小镇周边村庄加强了村容村貌改善，如D村，一方面以文化建设引领向心力，投资230万元新建群众文化活动广场，配齐了健身器材和其他场地设施，组建了村级体育总会、老年人体育协会和社会体育指导员协会、广场舞协会等组织，成功举办了太极拳、篮球赛、广场舞大赛、家庭趣味运动会等健身活动，为农民提供了良好的生活场域，满足了农民的精神生活需求，促进了美丽乡村和村风建设；另一方面靠“德治”示范培育美丽家庭，村党支部以建设美丽乡村为目标，以环境改善凝聚人心，大力推进美丽家庭创建工作，广泛开展“D村好人”“身边

① 仇凤仙、杨文健：《建构与消解：农村老年贫困场域形塑机制分析———以皖北D村为例》，《社会科学战线》2014年第4期。

榜样”评选活动，奖励宣传“好家庭”“好媳妇”“好婆婆”典型120余人次，用榜样的力量激发农民向好向善，持续培育良好家风、淳朴民风，建立党建引领机制，发挥“德治”的润化作用，开展“党员干部示范引领，美丽家庭创建提质”工作，以党建带妇建、以妇建带群建，党员干部率先打造，达到美丽家庭创建标准。每月组织党员到党员本户和包联户家中，对创建情况进行督导检查，通过微信群、抖音等多种形式对美丽家庭示范户进行展播，对创建达标星级户进行挂牌，以点串线，以线带面，逐步推动美丽家庭从“一处美”向“一片美”提升。目前，全村住户已有70%达到美丽家庭星级示范户的标准，实现了环境美、庭院美、居室美、心灵美、家风美，充分运用自治、法治、德治“三治融合”的社会治理模式，发挥“智治”作用，形成了良好的社会风气，促进了社会的和谐稳定，增强了村民的获得感、安全感、幸福感和满意度。潘总是公司的老员工，她亲历了公司的发展过程，同时也目睹了周边村庄的变化，深有感触地说：

> 我们来的时候这个地方是荒山野岭，这些年来从荒山野岭到BLW小镇，这个变化和反差非常大，原来的荒山野岭到什么程度呢？这个地方W县人走到这个地方都不会侧目的，这个地方是几近被遗忘的一个角落。当时进这些村车都开不进来，D村以前都没有路，我记得刚来第一次去村里打水就陷里边儿出不来了，后来我们来了路修开了之后，他们村儿也开始整理村貌了，这些年村容村貌变化非常大，由以前的泥泞小道变成了宽敞的柏油路，这里有BLW的影响，虽然不是BLW专门针对村里去做这样的事儿，但是BLW的文化理念确实改变了很多人，促进了村庄的发展。(20180422BLWP)

小镇为公司吸纳员工的同时，也改变了周边村庄很多农民的身份。很多农民以前就是传统的农民，靠种地为生，种庄稼是靠天吃饭的体力活，庄稼收成如何听命于天，风调雨顺会有个好收成，农民能有个好生活，一旦有旱涝冰雹等自然灾害，可能就会颗粒无收，农民的生活没有保障。农民进入小镇后由原来传统的农民变成了产业工人、有技艺在身的手艺人，甚至成了小镇部门的管理者，使得农民的身份发生了变化。附近村庄在小镇工作的农民，很多从基层的销售、保安、保洁等工作人员逐步发展成了主管、副经理、经理、副总监乃至总监等企业的骨干人才，比如家离 BLW 三里地的刘某。2012 年刘某进入公司时只是一名普通的保安，后来逐步发展为部门主管、经理，现在已经是物业部的副总监，还有马某原来就是从维修开始做起的，现在也是副经理。在 BLW 像上面提到的这样的情况还有很多，他们都是周边村庄的农民，进入企业后都是从底层做起，身份由从农民变为了产业工人。在 BL 牧场工作的农民，身份从传统农民变成了职业农民，虽然还做农业，但是身份变成了农业工人，这是一个现代化的过程，也是一个社会变迁的过程。上述变化跟 BLW 有限公司这个现代企业分不开，现代企业本身就是现代社会的一个标志，它推动传统社会向现代社会转型，带动村庄农民不断发展。

农民这种身份的改变带来了收入的变化，促进了农民生活条件的改善。通过与家在周边村庄在小镇上班的一位保洁大爷的聊天，了解了其收入的变化，这种变化无疑更是其生活条件改善的保障。

> 访谈员（杜）：大爷，您现在在这儿上班收入怎么样？
>
> 村民：一个月四千多块钱。
>
> 访谈员（杜）：那您现在这工作，不种地了是吧？
>
> 村民：家里也有点地，但种地也不赚钱，就那么样闲置了。
>
> 访谈员（杜）：种地的话一年能有多少收成呀？
>
> 村民：辛苦忙乎一年除去化肥农药浇水也就落千把块钱，在这里打工十天八天的就挣出来了。

这位大爷的收入变化很大，实实在在地反映了周边村庄农民的现状，也理解了为什么农民有土地也不种要去打工，也明白了农民自身生活条件的改善缘由，正如公司徐总所说："这些人的生产方式发生了改变，身份也变了，他们由原来最初的农民变成了现在的产业工人了，即使来 BL 牧场种地也跟以前不一样了，他现在是拿工资的，同样是种地，拿工资和卖粮食是完全不一样的，他拿了工资之后生活无忧。"

三 生态场域的变迁

小镇良好的生态环境和先进的生态文化极大地影响了周边村庄的生态建设，推动了村庄生态场域的建构。以 D 村为例，十年来在 BLW 的带动和影响下，村庄进行了多方面的生态环境建设。村党支部以建设美丽乡村为目标，从改善乡村的生态环境入手，凸出人居环境整治和脏乱差治理，全面实施"巷巷通"工程、垃圾治理、厕所革命、农村污水治理等重点项目，强化村庄美化、绿化、亮化，不断改善村容村貌。2018 年实施"巷巷通"工程，铺设巷道 2500 多米，下设主污水管道 2600 多米、户排污管道 900 多米，绿化村庄主要街道，栽植玉兰、女贞、樱花等共计 1000 余棵，形成三层绿化景观带，新安装太阳能路灯 20 余盏，村庄房屋墙面彩绘 4000 余平方米，建设 1500 平方米停车场一处，3500 平方米休闲公园一处，配备休闲健身设施，方便农民休闲娱乐。硬件建设改善，软件建设也在跟上，村里通过宣传栏、标语、喇叭和微信群进行宣传，通过与农民的访谈得知，D 村微信群的名称就叫"青山绿水 D 村"。

访谈员（段）：咱村里的这种环境保护的这种信息的话，有宣传栏标语啥的是吧？

村民：嗯，有。

访谈员（段）：咱们村里宣传这个环境保护的途径大概有哪些？就是您关注到的。

村民：喇叭、信息栏、标语这些吧。

访谈员（段）：咱村里有微信群吗？

村民：微信群有。

访谈员（段）：咱这个微信群里会有环境保护的信息吗？

村民：有，那个群名就叫“青山绿水D村”。

访谈员（段）：青山绿水D村？

村民：嗯嗯。

从D村微信群的名称可以看出村庄对生态环境的重视，村庄注重引导农民绿色生活、绿色消费，培养农民的生态环境保护意识。

经过上述硬件软件的建设，D村的环境由“脏”变“净”，良好的生态场域逐步形成。D村的脏，原来是远近闻名。因为养殖污染严重，几里外就能闻到臭味。经过这些年的环境卫生综合整治，治愈了环境“脏乱差”的顽疾，2019年D村获得市级美丽村居称号和县级环境整治特别进步奖，如今村里整洁有序，走在大街小巷见不到一处垃圾，对此农民的感受是最直接的，感触是最深的，下面是2018年8月28日调研小组对几位家在周边村庄工作在BLW小镇的农民的访谈。

访谈员（祖）：您觉得咱村里这几年环境变化大不大啊？

村民1：这几年变化是蛮大。

访谈员（祖）：能说说具体哪些方面变化吗？

村民1：你像这个卫生似的，以前这个路面也没硬化，都是那个黄土，一下雨，那个路面，一踩都是泥，踩得到处都是，再说是一走个路，下雨，一踩大深深，现在硬化路面了，这方面就好了，就很干净很卫生。

访谈员（祖）：还有其他变化吗？

村民1：家家户户院子里也刹着地面，街道也铺着，这方面也挺好的，那原来街上放草放什么的，什么东西都放，以前那些街上有些草，有些土，有些粪，现在都没有了。（BLW绿化大爷70岁家住D村）

访谈员（陈）：您村里的那种生活污水都是往哪排呀？

村民2：就是管道，管道又排到专门的管道直接排走了。

访谈员（陈）：那以前污水都排到哪里了呢？

村民2：管道以前是没有的，以前都是随便排。

访谈员（陈）：那以前随便排，就是那种沟沟里？

村民2：全都是排到那里面去，你看淌水的那个小沟啊，什么都往里倒，怪脏，尤其到夏天，臭烂，而且还容易招蚊虫那种，可难闻了。现在建立污水管道后，脏水污水都不见了。

访谈员（陈）：您觉得现在您周围的人环保意识和以前比有什么变化吗？

村民2：你就说这个家庭，你家看着干净，我家不行，就看着不像是那么个事似的。你家干净了，我家也得拾到拾到。实话实说，咱村里现在环境卫生比以前好多了，生活环境好，咱怎么心里也舒服不是。

习近平总书记曾指出，“实施乡村振兴战略，一个重要任务就是推行绿色发展方式和生活方式，让生态美起来、环境靓起来，再现山清水秀，天蓝地绿，村美人和的美丽画卷。”BLW 小镇在发展的过程中，带动了周边村庄生产生活生态场域的绿色变迁，使得农民的生产生活方式都向绿色转变。

第三节 BLW 小镇促进农民生态价值观养成

生产场域的变迁使得农民的身份发生了改变，生活生态场域的变迁使得农民的意识发生了转变，带动了农民的现代化。“农民现代化就是把传统农民改造成现代农民，使农民伴随着农业生产方式的变革而变革自己的生活方式、思想观念等”。[1] BLW 小镇在带动周边村庄

① 李晓翼：《农民及其现代化》，地质出版社 2008 年版，第 82 页。

场域变迁的同时，也促进了农民生态意识的培育和生态行为的践行，促进了农民生态价值观的养成。

一 BLW 小镇对农民惯习的影响

BLW 有限公司通过宣传、培训等方式对公司员工和周边村庄农民的思想产生了重要影响，企业的生态文化逐步在他们心里扎根，激发了他们生态环保的意识并逐渐内化于心外化于行。

第一，BLW 小镇的职业培训和工作场域直接影响了在小镇务工的农民。这种影响主要来源于两个方面：一是到小镇工作的农民入职后都要参与企业文化和管理制度的学习，部分领域如物业、前台等员工还要学习职场基本礼仪。为了营造良好的人际关系生态，小镇专门配备了礼仪培训老师和团队，就员工的各方面培训进行细致的规划和实施，这对于从未接触过此类培训的农民影响非常大。调研中笔者深刻体会了公司的微笑沟通，这是公司对全体员工实施的一项入职基本礼仪要求，无论是在室内还是室外，无论是营销部的工作人员还是物业部的工作人员，无论是公司上层的管理者还是公司基层的普通员工，只要遇到了其他人，他们都会微笑打招呼，立刻让彼此的距离拉近了。对于这种微笑礼仪要求，一位保洁员谈了她的感受：

访谈员（陈）：这里的工作对您日常生活有什么影响吗？

村民（保洁员）：在这边学到了不少东西，这些会对生活有影响。比如我们这里提倡微笑服务，来人你就要微笑打招呼，刚开始的时候很不习惯，特别是跟陌生人微笑打招呼的时候感觉自己的脸特别僵硬，话也说不顺溜，后来也是经历了多次才慢慢习惯的，现在已经很自然了，已经习惯了天天微笑，而且现在如果遇到人不微笑不打招呼反而感觉很不得劲。现在感觉见人微笑打招呼已经不是为了公司的要求去做了，是觉得就应该这样去做的，而且微笑打招呼不仅是对方高兴，自己也舒服，心情好，彼此拉近了距离，增加了亲切感。有时回到家里可能有烦心事儿，但是态度比以前更乐观一点，各种关系相处起来更加和谐。还有你在这儿打扫卫生干干净净的，你回到家乱七八糟的，看着不顺眼，你就会收拾收拾啊，里里外外干净就看着舒服。

另一方面是农民在小镇上班的大环境中潜移默化地接受了企业的先进的生态文化和理念，并逐步内化为自己的意识外化为自己的行为。举一个典型的案例，比如：被称为“喂鸟的刘某”的事例，调研中物业部总监胡总介绍了刘某的情况：

刘某，起初是一名保安，家住离小镇三里地的村庄，现为物业部副总监，经过公司几年的影响，他对于生态环保非常的热衷，从保安干起的他被派去湿地时还一头懵，对于湿地和野生鸟一点知识都没有，去喂鸟的时候鸟都被吓跑了，后来他自学相关知识，熟悉野生鸟的习性，慢慢地跟野生鸟有了交流，后来去喂鸟，鸟都不飞了，呈现出一副人鸟共处的和谐状态。刘某越来越喜欢这份工作，他经常拍一些照片和视频发朋友圈，发自内心地热爱。（20180401BLWH）

刘某自己也说：

刚来的时候就是找一份工作，后来就越来越喜欢，特别是接触到湿地后，这关乎生态非常重要，觉得这份工作有价值有意义。我现在特别喜欢这些鸟，我拍照片和视频也是为了向外宣传这样一种和谐的状态。（20180401BLWL）

受企业文化影响的农民员工不仅自己形成了生态理念和意识，还把这种文化和理念带回了家庭和村庄，又在潜移默化中影响了家人和村民，对此物业部总监胡总的感触很深：

> 我们物业现在是一百六十多个人，他们大部分来自周边村，因为家就在附近，上班儿比较方便。环境的影响其实挺大的，员工在BLW的氛围中上班，天长日久就会受感染，思想观念会受影响会变化。我们这些保洁员在小区里头不是自己的区域见到垃圾也会去捡，他们已经都习惯了，有时候下了班儿了在外边儿看着垃圾就捡。我们的保洁员干活已经不是说给别人干给别人看的，他们都觉得打扫干净了自己看着也舒服也高兴，对于环境的保护是内心真正的认同。在一个好的环境下就是这样，就是说你看着这个环境好了，大家都自觉地去维护，不会随便扔垃圾了，就形成良性循环。而且我们的员工还会无意识地把这种爱护环境保护环境的习惯带回到家里，影响了家里的人。(20180401BLWH)

第二，BLW小镇通过各种活动呈现自己的企业文化，影响小镇周边村庄的农民。小镇在建设和发展过程中，经常举办各种活动并创新活动方式，筛选品牌的记忆点，增强影响力度。如连续多年举办BLW星空露营节、BLW田间跑、BLW瑜伽节、BLW音乐季、荷花艺术季、新型田园生活节等节庆活动；同时根据国家传统节日举办相应的活动，比如春节、元宵节、清明节、端午节、儿童节、国庆节、中秋节、元旦等活动，通过这些活动引导居民、员工和游客体验风土人情和大自然馈赠，拉近人与人的距离，打造各方面的和谐关系，处处呈现出小镇建设的理念：重塑人与自然的关系，极大地影响了参与者的思想观念。下面以“运动BLW”活动为例。

BLW小镇在青山绿水间生长的同时，也在不断地回馈大自然，加强当地生态保护和改善，让越来越多的人在小镇上获得自然的滋养、艺术的慰藉、心灵的回归。“运动BLW”便是其很好的诠释。“运动BLW”的定位是：在大自然的山水田园中运动。“运动BLW”是继“田园BLW”“艺术BLW”之后小镇推出的第三张名片。具体来讲，第一张名片是青山绿水、鸟语花香、静美惬意的田园生活；第二张名片是在山水田园之间构建了心灵之谷、巧克力美术馆、森林幼儿园等十二个美术馆和音乐、戏剧、诗歌、不落幕的艺术展，由此形成的艺术 BLW；第三张名片是在滋润身心的自然环境和艺术氛围中通过运动场馆建设、运动社群构建、运动赛事举办、运动银行创办等全力打造的“运动 BLW”。“运动 BLW”自推出以来，便吸引了当地居民积极参与，特别是小镇运动银行的创办，更是激发了居民的运动热情，运动得积分，积分兑湾币，湾币可用于在小镇内自营空间的消费。小镇的运动社群也越来越多，如排球、乒乓球、太极社、骑行队、羽毛球、台球、篮球、网球等社群相继成立，居民因为相同的运动爱好相聚一起，共同运动快乐运动，形成了良好的生活心态和友好关系，共同创造一种湾里的美好生活。“运动 BLW”的理念是：最好的运动是在大自然当中，为此小镇在山水之间打造了多个运动场地，如树下的篮球场、花丛中的网球场、山水田园间的健身步道、翠林间的气排球馆、看得见风景的健身房、绿意盎然的林间小道等，让当地居民在家门口呼吸清新空气，在大自然中运动，感受运动带来的健康与快乐，感受小镇独有的生活方式。每年的运动会都是小镇健康生活理念的传递，小镇运动会是“运动 BLW”的构成部分之一，BLW 小镇运动会分为春季运动会与秋季运动会，是小镇重要的节庆活动之一，在 2022 年的春季运动会上，小镇共举办了气排球、乒乓球、羽毛球、篮球、台球五场运动赛事，还有牧场慢跑、环保骑行、太极拳表演以及 8 场夜间欢乐赛事，参与人次 400 余人，可以说是小镇运动社群欢聚的盛会，通过这样的盛会一方面传递了小镇建设的理念，另一方面带动了更多的人健康运动快乐生活。

BLW 小镇自建设以来，对周边村庄农民的影响是无意识的、潜移默化的，但是随着时间的推移和小镇的发展这种影响会越来越大，正如 BLW 有限责任公司董事长徐总所说：

人受环境的影响是非常大的，环境造人。BLW 其实现在生态是一方面，我们可能在围绕着生态让大家不仅仅置身于纯自然环境，我们对自然的认知和项目的定位是非常到位的。因为我们有很多东西比如咖啡，回到自然当中去，我们的巧克力，一个可可果，让你去敬畏自然这一系列的东西。这些东西呢，其实真的能够改变与自然的一种相处的这种态度和方式。那怎么去转变每一个人的认识，这也是一个潜在的过程，时间长了 BLW 的这种理念的感染会越来越多。(20180401BLWX)

二　农民惯习的调适

企业在发展的过程中极大地促成了周边村庄场域的变迁和农民生态意识的形成。但是农民惯习是基于多年的积累积淀逐步形成的，具有其稳定的惯性，改变相对不易。当然，农民的差异性很大，其惯习改变的程度因人而异。通过调研发现，BLW 周边村庄的农民因场域变迁带给了他们利益（既有物质层面也有精神层面）的满足，大部分农民认可支持场域的变迁，在此基础上其惯习的改变比较快，但也有部分农民，思想意识转变得比较慢，长期形成的惯习一时难以改变，旧的惯习与新的场域产生了不合拍甚至是矛盾，在这种不合拍和矛盾中农民惯习不断调适。

案例 1　湿地保护区电鱼钓鱼事例

作为“地球之肾”，湿地在涵养水源、保持水土和保护生物多样性等方面有着不可替代的作用。BLW 小镇有一处 BLW 湿地公园，植物资源十分丰富，湿地生态系统结构完整，是一处集生态保护、自然景观和休闲旅游的生态湿地。湿地公园的规划理念遵循“自然之道”，充分尊重自然，强调人与自然的和谐共生，营造人与自然交流对话的空间，呈现出自然淳朴、宁静质朴的和谐样态，体现了都市人渴望回归田园、流连山水的情感和“大隐”的生活哲学。近年来，随着湿地生态环境的不断改善，小镇吸引了白天鹅、鹈鹕、鸳鸯、白鹭、白骨顶鸡、苍鹭、绿头鸭、大雁、夜鹭、长腿鹬、翠鸟、野鸭等 80 多种鸟类在此“安家”过冬，甚至成为濒危鸟类理想的栖息、繁衍之地。2013 年第一只白天鹅来到此过冬，到 2021 年已经有 45 只白天鹅落户BLW，湾里每天都在发生着变化，阳光、树林、芦苇、飞鸟、游鱼……和谐共生，蔚蓝的天空与清澈的河水交相辉映，绵延流淌的河流滋养着这里的草木山川和万物生灵，呈现出一幅美丽和谐的生态画卷，这是对BLW湿地公园良好生态最好的佐证，也是大自然对人类的恩赐，是对BLW人用心呵护的回报。

BLW湿地公园现在的和谐画面是历经了很多人的努力形成的。众所周知，天鹅是一种“挑剔”的冬候鸟，对栖息地的要求极高，必须有极佳的生态环境和高度文明的人文环境，生态环境保证了天鹅所需的水质和食物，人文环境保证了栖息地的安全，不受外来因素的干扰。天鹅是国家二级保护动物，2013年第一只白天鹅来到BLW湿地公园后就引起了公司的高度重视，为了保护湿地的白天鹅，小镇特意组建了白天鹅护卫队，护卫队有专门的值班室，值班室里有专门的监控，以便随时了解每一片水域里白天鹅的数量、饮食以及是否出现异常状况。说起天鹅，不善言谈的天鹅护卫队队长刘某滔滔不绝：“我看护天鹅有10个年头了，我的职责主要就是看护天鹅，观测它们有没有异常或是受伤的。每天都要定点投食，全天候监测白天鹅的情况。白天鹅是杂食动物，经过多年的研究和探索，我们发现白天鹅最爱吃的是玉米和麦苗。”为了保证湖里的每只天鹅都能吃到食物，护卫队不管天气多么寒冷，湖面结冰了就破冰，保证每天两次投喂。除了喂食，护卫队还有一项非常重要的任务，就是时刻关注白天鹅的安全。危及白天鹅安全的有自然因素，也有人为因素，这种人为因素主要是周边村庄农民的电鱼、钓鱼和网鱼。

BLW湿地公园建设之前的地域是属于周边村庄的，周边农民祖祖辈辈生活在那里，已经形成了自己的生活习惯，大家觉得原有的小河是属于大家的，长期以来河面的鱼也是大家随便抓捕垂钓的，多年来这已经成为大家的共识，在那儿抓捕垂钓没有人管。虽然BLW湿地公园建设后，小镇进行了生态的改善，湿地成了保护区，不能任由人去抓捕垂钓了。但是周边村庄农民并没有意识到湿地保护的重要性，往常的任意垂钓抓捕惯习依然，特别是农民的电鱼和钓鱼行为破坏了湿地里的河流生态，甚至危及了野生鸟类的生命安全。比如2018年冬天发生了一起农民钓鱼导致天鹅舌头被鱼线钩住的事件，还有因为农民电鱼导致湿地河流里的很多生物死亡，严重破坏了生物链等事件。类似这样的事件导致湿地公园保护和农民抓捕垂钓之间产生了矛盾。

为了解决这个矛盾，小镇和当地政府及周边村庄村“两委”共同出面，向农民宣传湿地保护的重要性，联合媒体、爱鸟人士在周边极力普及爱鸟护鸟知识，制止和杜绝擅闯湿地、惊扰鸟类的违规行为，并出台了相应的惩罚措施。但是短时期内，农民的意识并没有改变，依然觉得这是村庄所有，属于公共区域，可以随意垂钓，有部分农民依然电鱼钓鱼。小镇不得不进一步加强了宣传和监护，而且引导游客文明观赏，小镇物业总监胡总介绍说：

> 天鹅来到BLW湿地公园湖，也是BLW的荣幸。希望大家都来爱护天鹅，游客不要大声喊话、鼓掌，惊扰天鹅。我们成立这个天鹅护卫队的初衷也是希望白天鹅来到BLW感觉就像是一个温暖的家，在这里吃好生活好，悠闲地“谈情说爱”，来年能多领几个天鹅宝宝再回到BLW。(20180401BLWH)

在多方面因素的促动下，周边村庄的农民逐渐意识到湿地和野生动物保护的重要性以及自己电鱼网鱼行为的不当，开始自觉地保护湿地和野生鸟。现在BLW湿地公园已经没有了农民抓捕垂钓的现象，农民以往随意垂钓的惯习已被自觉保护的惯习所取代，场域与惯习达成了契合，形成了人与自然和谐的生态画卷。

案例2　公共区域花果任意采摘问题

日常生活中，农民生产生活场域虽然重构了，但是其多年养成的习惯一时没有改变，比如前些年村里道路两旁的花草遭到肆意采摘破坏、有些垃圾随意倒在大街上草丛里等，这些惯习都是农民以前形成的，导致了场域与惯习的不契合。为了解决此类问题，小镇和村庄也进行了多方面的工作，比如进行生态环保宣传、加强生态环境监管、实施卫生检查评比奖惩制度等，使得农民以前的惯习加以改变，这从小镇物业讲的一个实例可以看出。

小镇上公共区域有很多结果的树，我们倡导并要求不能摘树上的果子，刚开始来打工的村民不知道，他就随手去摘那个果子，他没觉得摘这个果子不对，反正以前在大路边上的都去摘，也没人管。我们发现后就去劝导，跟他们讲不能摘果子的原因，刚开始说的时候他们也不听还是会摘，后来我们就加强了管理，经常派人去看着，但还是有人摘，再后来是罚款，就是以罚款的名义去约束这些不文明行为。后来慢慢地很多员工帮我们监督，发现了会告诉我们，到现在基本上没有人摘了，不仅树上的果子没人摘了，路边的花草也被保护得越来越好了，我们也不需要看护罚款了。你看现在这海棠果都在树上，没人摘都成果冻了，在冬天里会更加好看。听村里干部说，村里的花草随意采摘破坏现象也少多了，村里都不用以前那么费劲地管了。(20180401BLWH)

三 惯习重塑：农民生态价值观养成

BLW 小镇的建设，促进了周边村庄村风村容村貌的改善。在 BLW 小镇项目入驻之前，C 村、Y 村、D 村等村都只是以传统农业为主的普通村庄，因农民的观念和农业技术更新跟不上，农业效益低下，村集体收入极少，农民生产生活水平都比较低。BLW 小镇项目入驻后，与村庄农民协商流转了村庄的大部分土地，吸纳了很多农民就业，农民和村集体收入明显增多，村“两委”对村庄道路进行了硬化，过去那种一下雨就泥泞的小道一去不返，道路两旁都进行了绿化，农民房前屋后都种上了花草树木，整个村庄的面貌大为改观，农民的精神面貌焕然一新，用农民的话来说，“现在喘口气都是舒坦的，看到这些花花草草就感觉心情特别好。”用 BLW 有限公司董事长徐总的话说，“人都喜欢大自然喜欢美好事物，这也是 BLW 小镇建设的初衷，想要人们生活在一个美好的自然环境中。”

BLW 小镇的建设，促进了周边村庄农民生态观念的确立，特别是其以自然生态为核心的发展理念和生态文化，潜移默化中影响了务工的农民，这些农民又把这种先进的理念带回家里影响了家人和其他村民，极大地提升了农民的环保意识，促进了农民生态价值观的养成。

在 BLW 樱花小院调研的时候遇见了一位正在路边打扫卫生的 62 岁的大爷，当时大概中午一点多，那位大爷就在工作了，不仅清扫道路，路两边的绿化带里也清扫，哪怕很小的不仔细看都看不到的小的烟头纸片，大爷都用夹子逐个夹起来，通过短暂的聊天（大爷边干边聊），发现大爷对小镇非常喜欢，发自内心地赞美：

> 这边我觉得最大的就是环境好，你看这树呀草呀特别美，这地方等到樱花开的时候，那太美了啊，这简直就是世外桃源呢。(20180401DNPL)

大爷家在 BLW 附近的村子里，每天早上骑电瓶车来上班，中午在食堂吃饭，下午下班后骑电瓶车回家，大爷不仅喜欢 BLW 的环境，对自己的工作也非常热爱和尽职。

> 访谈员（秦）：像您这样不停地在这儿收拾，这里要求是不是挺严的？
>
> 村民：不要求严咱们也得干啊，因为你这一片儿就归你管了，你这卫生收拾不好，那也说不过去啊，咱们干这个工作哈，收拾收拾自己也感觉特别舒服。像咱们家里收拾得好，来个人一瞅，哎呀，真干净哈，就觉得特别舒服那种。
>
> 访谈员（秦）：小镇进来以后就感觉特别干净，特别舒服。
>
> 村民：这样就好，就是不管说是咱们在这儿买房子也好，还是上这来溜达玩儿，咱们心情也舒畅。把卫生收拾好了对咱都好

啊，真的是我总感觉就像我在这儿干活儿，卫生收拾好了心情也好，不是说本身有成就感，就说这个环境啊，本身在这环境里面也好啊。

访谈员（秦）：嗯，您这工作公司有检查吗？

村民：基本上不用检查就都收拾了，大家都做得好，也不用检查，检查不检查都一个样，说检查也这么干，不检查也这么干。这就是说咱就是把自己的这份工作咱们尽量地咱不说是太完美，尽量地干好。

通过调查访谈发现，农民的生态意识明显增强了。

访谈员（杜）：如果咱水电不收费的话您平时还会注意这方面节约吗？

村民（张）：一样，该注意啊，不能铺张浪费。现在已经是不要钱了，但是也是会节约啊，主要是这个意识在这儿啊，因为习惯了。

访谈员（陈）：现在大家都会自觉地去把这个垃圾扔到垃圾桶吗？

村民（王）：对，现在很少有人乱扔，以前没有垃圾桶的时候就集中一块地儿，都往那道上去扔，扔了以后呢，冬天倒无所谓，到了夏天真是有异味啊，现在就是有那种垃圾箱，也有来回收的，每天早晨有专门的垃圾车去拉。（BLW 房管员　家在 B 村）

访谈员（陈）：您觉得周边的人环境保护的意识怎么样？

村民（李）：那比以前是好了，比以前是强了。比方说坐公交车，抽烟的，吐痰的。现在公交车上，基本上都没有抽烟的。你比方说我现在在这儿抽烟吧，我上公交车了，我也不抽。

访谈员（祖）：您觉得环境与自己有关系吗？

村民（张）：有关系，怎么没有关系，这个环境好了，你看着你这心里不也舒服。

访谈员（祖）：您觉得您后代人的生活环境会越来越差吗？

村民（张）：那是不可能的，只会越来越好。

访谈员（陈）：跟以前相比，您这些年的思想观念有变化吗？

村民（刘）：有，肯定是有的啊，因为接触的这些东西都是先进的，包括他们讲那些东西理念啊、感觉啊、生活方式啊，就是整个也是被熏陶了，整个感觉层次都上来了，对咱们也是多多少少有影响啊。

访谈员（段）：那您觉得在这里工作有没有提高咱自己的环保意识啊？尤其是您从事的还是保洁这方面的工作。

村民（张）：这个也确实是有，就觉得还是要保护身边的这个环境，毕竟还是和咱的生活相关。

D村支部书记的话也证实了上述农民所说的情况。

这个应该是随着BLW的发展，我们也在发展，原先的时候生态环保这一点我们相对来说是欠缺的，很多农民是没有意识到这一块的。随着BLW的发展，老百姓的生态意识明显增强了。(20201219BLWW)

第四节　企业带动型农民生态价值观养成的条件

通过前面的分析可以看出，在D村的发展和农民生态价值观的养成过程中，BLW有限公司及其小镇项目起了巨大的带动作用。对于村庄和企业而言，二者是相互影响、共生共存的关系，D村及其他邻村农民生态价值观的养成关键是企业的带动，这种带动需要具备一定的条件。

一　企业目标具有极强的生态诉求

企业带动农民生态价值观养成的一个首要条件，是企业自身具有很强的生态意识和生态诉求，这样才能有生态方面的影响力。但是现实中这种企业比较少，因为“企业运行的一般轨迹是由市场导向的”①，虽然现在的企业对于生态环保有比较高的认识，但是大部分企业都是以发展经济追求利润为首要目标，对于生态环保只是为了企业发展达标。本案例中的企业不同于其他企业的一个重要方面就是注重生态，通过艺术的手法，重构人与自然的关系，是 BLW 小镇的极致追求。小镇在发展过程中邀请了多位世界一流的设计师、规划师、建筑师，参与到小镇的建设中，将自然与建筑相融，将自然与艺术相融，将自然与生活相融。这些全球顶尖的设计大师齐聚于此，通过对周边环境及生命内在的理解，打造出十二个独具特色的美术馆，致敬自然与生命。这十二个美术馆形状各异，皆与自然融为一体、与生活无缝对接。游走在小镇之中，能够不自觉地感受到自然之美、生命之美，这恰恰是 BLW 有限公司打造 BLW 小镇的初心，与自然和谐共生是企业秉持的理念。

通过 BLW 有限公司董事长徐总的谈话，可以深切地感受到这个企业的生态理念和诉求。

> 其实我们最初的想法很简单，就是从一个个体去思考，每个人肯定是喜欢自然环境喜欢山水的，这是最初的一个核心的内在驱动，也是最最简单的一个最终极的发展。BLW 的一切都是围绕着生态去展开的。首先，这个空间非常好，原有的地貌不错，有一个小丘陵，西边儿有小山，东边儿有水，这是一个大的地形地貌，然后小的一些场地呢我们也做了一些提升，这几年植进去上百万株树了。我们在持续地对这个地方的自然环境和生态进行提升升级。大自然这个场域是最大的，生态是最好最重要的一个场域，这个场域对人的生活品质的提升，对人的心情、健康等等都有影

① 程恩富：《西方产权理论评析：兼论中国企业改革》，当代中国出版社 1997 年版，第 224 页。

响。其次，白露湾一切的设计理念就是考虑生态，公司刚开始就引进了一些世界上非常先进的生态保护理念，请的建筑设计师都是自然学派的，他们的思考和那种对自然对生态的意识很强，自然是永恒的，他们就是追求自然的这个东西，所以说这个理念是更高级的。比如我们的童话村邀请了世界非常知名的西班牙建筑师塞尔加斯，在这里完成了他们在中国的首个设计项目。塞尔加斯"弱化建筑，重视自然"的理念与BLW突出自然之美的设想不谋而合。关于童话村，塞尔加斯的原话表达是"树木就是这个项目"，在童话村的设计中，先构想了一片树林，然后再在林间置入建筑，让建筑穿插于自然当中，他把建筑完全退到后台去了，建筑只是感受自然的一个平台，让建筑融于自然。(20201219BLWX)

BLW的建设都是我们和艺术家、建筑师沟通交流，针对这个地方的自然机理和一些地形地貌，以及当地的一些人文的一些特征，去思考去研发出来的一些东西，这的确是这个BLW的独特之处。我们喜欢用艺术的形式讲自然的故事，你会发现大自然中的每一个物品都是有生命的，我们和它们的交流是有感情的，我们要尊重大自然。比如会用艺术的形式讲一棵树，它的生命、它的神奇，其实讲了之后呢，也是让大家能够去敬畏自然，通过这个，你对自然的敬畏之心就会有了。其实我们在讲自然的故事，BLW的一系列的作品都是围绕着生态去讲故事。我的生活我的空间美的概念，最终上升的这个，就是让人在这里实现人与自然的和谐，当整个生活节奏，人与人之间的关系，人跟自然、跟世界的关系非常融洽的时候，他的生命之花就开放了，这就是一个终极追求。BLW就营造这种东西，非常有价值。(202008280BLWX)

二　企业落地需要良好的生态条件

企业的生态目标的实现必须以当地的生态优势为基础和条件，良好的自然环境对于企业的落地和发展起着至关重要的作用。以BLW

有限公司为例，公司坐落于 R 市 W 县，该地域具有良好的自然条件和生态优势，得天独厚的生态资源禀赋孕育了 BLW 小镇这个农文旅融合的全新业态。

R 市是山东省地级市，辖区内有两区两县，共 16 个街道 35 个乡镇 4 个乡。R 市是一座滨海城市，因“日出初光先照”而得名，因受海洋性气候影响，四季温和，冬无严寒夏无酷暑，一年四季分明，非常宜居宜游，被誉为“北方的南方、南方的北方”，而且自然条件非常优越，生态资源非常丰富，全市共有国家级生态乡镇 20 个，省级生态乡镇 41 个，国家级生态村 1 个，省级生态村 42 个，绿色学校 173 所，绿色社区 85 家，环境教育基地 63 个，先后荣获联合国人居奖、世界清洁能源奖、中国人居环境奖、中国十佳绿色城市、国家可持续发展实验区、全国文明城市、国家园林城市、国家森林城市、国家卫生城市、国家节水型城市、国家环境保护模范城市、全国双拥模范城、中国优秀旅游城市、国家级海洋生态文明建设示范区、国家级生态保护与建设示范区、国家可持续发展先进示范区、全国绿化模范城市、全国社会治安综合治理优秀市等多项荣誉和称号。①

W 县因境内秀美的 W 山而得名，W 县地处山东半岛南部，总面积 1500 平方公里，域内生态环境优势突出，森林覆盖率达 32. 18%，空气优良天数常年保持在 300 天以上，是国家级重点生态功能区、全国绿化模范县、中国最美县域、省级“绿水青山就是金山银山”实践创新基地。W 县物产资源富饶，盛产苹果、板栗、樱桃、黄桃等果品，面积 51 万亩，建成千亩以上片区 25 个，有“林果之乡”的美誉。W 县农村人居环境持续改善，市级以上美丽村庄达到 323 个，被评为中国乡村振兴百佳示范县、国家农村产业融合发展示范园、省部共同打造乡村振兴齐鲁样板示范县暨率先基本实现农业农村现代化试点县。W 县旅游蓬勃发展，拥有 A 级以上景区 8 家，其中五莲山、大青山、黑虎山为

---

① R 市人民政府网站：http：//www. rizhao. gov. cn/module/download/down. jsp？i_ ID = 10325496&colID = 208602。

4A 级景区，五莲山度假区是国家森林公园、山东省三大生态旅游区之一，苏轼曾盛赞“奇秀不减雁荡”，荣获全国休闲农业和乡村旅游示范县称号，创建为首批省级全域旅游示范区。W 县民风淳朴，社会稳定，社会治安满意度调查位居全省前列，是全国首批新时代文明实践中心建设试点县。荣获中国最具投资潜力特色示范县、全国科技工作先进县、全省精神文明建设工作先进县、全省基层党建工作先进县、“平安山东”建设先进县等荣誉称号，还被评为全国生态示范区、全国林业生态建设先进县、全国体育先进县、全国民政工作先进县、全国科技进步先进县、中国旅游竞争力百强县、中国石城、全国法治创建先进县（市区）、全国首批全域旅游示范区创建单位、全国义务教育发展基本均衡县、全国农村污水处理示范县、全国电子商务进农村综合示范县、国家园林县城、全国休闲农业和乡村旅游示范县、中国最美县域、全国新时代文明实践中心建设试点县、全国基层中医药工作先进县、2018 绿色发展示范城市、中国最具投资潜力特色示范县、全国最美旅游生态示范县、全省生态县建设示范县、全省双拥模范县、山东旅游强县、山东省园林城市、全省县域金融创新发展试点县、省级全域化旅游改革试点县、全省法治创建先进县（市区）、山东省食品安全先进县、山东省现代预算管理改革试点工作先进县、全省城乡交通运输一体化示范县、山东省县域普惠金融综合示范区试点地区、省级食品示范县、全省移风易俗工作先进县、省级生态县、省级文明县、“四好农村路”全国示范县、山东省乡村旅游示范县。①

三 企业项目得到当地政府和农民的高度认可和支持

（一）企业项目的建设得到当地政府的大力支持

一个项目的落地和发展必须有当地政府的各方面支持，就 BLW 小镇项目而言，从项目的洽谈、引入和建设，各个环节都有当地各级政府的大力支持。

① 山东省 W 县人民政府网站：http：//www. wulian. gov. cn/col/col32403/index. html。

市级层面。2018年，R市进一步优化城市功能空间配置，加快构建“一区三极六圈”的活力空间，其中BLW位列六圈即六个特色活力圈之一，以艺术旅游、科技金融、生态居住为主导功能，与五莲山、九仙山以及市北工业园互动，形成了艺术旅游特色活力圈。由此，BLW艺游小镇正式上升到政府战略层面，步入快速发展的快车道。R市着眼建设美好乡村，创新“政府搭台、企业参与、农民受益”共建共享机制，通过三产深度融合，让农民融入产业链、富在产业链，对BLW田园综合体内的29个村改造提升，深入开展农村人居环境整治三年行动，对道路、巷巷通、汪塘门前河、生活垃圾、供排水等统筹考虑、一体建设，新建幸福公路20公里，“巷巷通”全覆盖，绘就生产美、生态美、生活美的“三生三美”新画卷。为了更好地推进BLW小镇的发展，2022年5月1日，R市交通运输局和R市交通能源发展集团特意开通了BLW到新市区高铁站的公交线路，极大地方便了沿线市民到BLW游玩，增强了BLW的客流量和知名度。

县级层面。W县政府将BLW田园综合体作为县里的头号工程、头号项目，给予全方位支持，要求各级各部门要以“头号工程、头号落实”精神，层层压实责任，集中人力、物力、财力，加快田园综合体建设。县委书记亲自抓，要求加快田园综合体建设要坚持同心合力，综合体内29个村党支部书记要进一步解放思想、提高认识，充分认识BLW田园综合体建设是改变村庄面貌、改善群众生产生活条件的最好时机，要求全力支持配合田园综合体建设，要求把握生态环保理念，结合村庄实际，综合发力。

乡镇层面。C镇党委、政府把高标准推进BLW田园综合体等项目建设作为全镇的头号工程、头号项目，通过推进“管区力量下沉”“建过硬支部、做合格党员”、成立项目建设临时党支部等，充分发挥党支部和党员的模范带头和示范引领作用。对综合体涉及的项目，实行挂图作战、挂图督战，成立专项工作组，按期保质保量完成调地、迁坟、拆迁安置等工作，全力服务项目建设。为保证BL牧场项目建设顺利实施，发挥好党组织的战斗堡垒作用，充分发挥党员的先锋模范带头作用，成立了BL牧场项目建设临时党支部，由党委副书记、镇长任支部书记，成员包括管区书记、项目建设经理、7个村的支部书记，充分发挥党组织的战斗堡垒作用以及党员的先锋模范带头作用，临时党支部每月召开现场会，就项目清障、建设等问题进行现场协调解决。比如迁坟工作，为保障BL牧场、天立学校、樱花小院项目建设和土地储备用地需求，共迁坟1191座，涉及田园综合体内7个村庄，于清明期间利用三天时间全部完成。为就近、方便群众祭祀，C镇在D村新建集体公墓，有效地解决了安葬处置的问题。还有修建道路，田园综合体内新修L市北路、滨河路、皂官至响场路三条道路，全部按照时间节点完成。

（二）企业理念和发展成就得到当地政府的高度认可和评价

BLW小镇项目的建设之所以得到当地政府的大力支持，源于一个重要的方面，就是BLW有限公司的企业理念和BLW小镇的发展成就得到了政府的高度认可和评价。

第一，经过多年的建设和发展，BLW小镇给当地的发展带来了明显的经济效益、社会效益和生态效益，其成就得到了当地政府的高度评价。BLW小镇的案例被列入由山东省住房和城市建设厅编制山东省建设发展研究院承编的《山东特色小镇典型案例》。小镇被列入2019年全省重点工作推进会——新旧动能转换项目落地第二场现场观摩会重点考察项目。小镇在2019年R市文化和旅游工作会议上被当做典型案例。BLW有限公司先后获得山东省“二〇一九年文明诚信民营企业”、R市“二〇一九年经济发展贡献奖”、R市“二〇一八年房地产开发先进企业”、R市“二〇一七年度房地产开发信用等级AAA级企业”、R市北经济开发区“二〇一九年突出贡献奖”、R市北经济开发区“二〇一八年经济发展突出贡献奖”、R市北经济开发区“二〇一五年度先进企业”、W县“二〇一九年财政贡献奖”、W县“二〇一八年度经济发展突出贡献奖”、W县“二〇一八年财源建设功勋奖”、W县“二〇一八年度优秀旅游企业”、W县“二〇一七年度财源建设功勋企业”、W

县“二〇一七年度经济发展贡献奖”、W 县“二〇一七年度创新创业先进企业”、W 县“二〇一五年度先进单位”等荣誉称号，这些荣誉和称号直接佐证了政府对企业和项目的高度评价。

第二，企业的生态理念和小镇的生态文化得到了各级政府的高度认可。中共中央政治局常委、全国人大常委会委员长栗战书，山东省委书记刘家义，山东省委副书记杨东奇等领导曾先后到 BLW 小镇视察，对小镇的建设理念和水平给予了充分肯定。一般到 R 市的政界、商界、学界等各类人士必到的一站就是 BLW 小镇。在和公司董事长的访谈中，徐总也聊到了市政府领导对企业的认可，他以 BLW 小镇上的童话村门卫咖啡厅为例。

> 市领导来到这儿以后发现，这个咖啡厅太好了，R 市没有一个这样的地方，这无论从美学艺术，从建筑设计的理念，包括这个空间生成、这种体验感都达到了一个非常高的高度。市长看了以后说，到市区建个这样的建筑。过了三天，市里的书记又来了，说你上海边儿找个地方给你建个咖啡厅，这说明政府对我们的理念和建设很认可。现在市领导邀请我们建设的海边咖啡厅作品已经设计出来了，双方已经签协议了，争取今年建成。这件作品一切围绕着海展开，我们童话村的咖啡厅定位为家门口的咖啡，那海边的咖啡厅更往前推了一步，这个生活方式不仅仅是家门口，同时是大自然里的咖啡厅。这个童话村咖啡厅让书记考虑要在海边建一个咖啡厅，就说明他认识到了这个东西的价值。这个海边建咖啡厅，它不只是一个建筑作品，也不只是一个艺术作品，我们甚至不思考它的商业价值，我们思考的是这件作品给大家带来的观念的改变，围绕咖啡豆以讲故事的形式给大家普及生命生态知识，对海边那个场域是一个极大提升。（20220110BLWX）

（三）企业的发展得到了当地村庄和农民的认可

BLW 小镇落户当地之前，当地是一个外人无从知晓的比较落后的地方，用企业董事长的话来说，当时就是一片荒山野岭，人们的思想也比较闭塞。但是经过 BLW 小镇十几年来的建设，在企业的带动下，农民各方面都发生了很大的变化，不仅经济收入多了生活好了，思想意识也发生了变化，对此，BLW 小镇董事长徐总很直白地说：

> 周边农民目睹了我们企业的发展及其对他们的影响，耳濡目染，他亲眼看到的这个比那个单纯的宣传还要更有说服力。这个过程中，很多农民成为我们的员工，他们不仅是作为一个旁观者看到，而且他们也是一些亲历者。(202008280BLWX)

正是这样的旁观和亲历，使得当地农民对于企业和小镇从当初的漠然转变为后来的支持，D 村党支部书记吴某说："我们村自从 BLW 来了以后，发展比较迅速。"

> 访谈员（张）：你们村应该是离 BLW 小镇最近的。
>
> 吴书记：对，我们是最近的。
>
> 访谈员（张）：你们村这么好的位置就应该好好利用。
>
> 吴书记：对，确实是得好好利用。
>
> 访谈员（张）：前面有几个村都搬迁了，咱们这个村以后会不会也搬迁？
>
> 吴书记：从 BLW 和我们村整体的规划来说，我们这个村搬迁还是好的。我们愿意 BLW 发展，他要是发展得大的话，我们也受益。

在随后相隔不到一个月的小镇调研中，公司董事长的话进一步证实了上面这位书记的内心想法。

> 有两个村是在咱这个片区内，前几年都搬到楼上去了，一个

C村，一个Y村，三天前D村书记跑我办公室里去，他说看那两个村搬了很羡慕，也想要搬，他们主动想搬。他意识非常高，他说“BLW发展好了我们跟着沾光”。确实是我们发展好了的时候也把周边村庄带动起来。（20220110BLWX）

正是基于以上多方面的条件，才使得BLW有限公司的生态理念和生态文化能够带动周边村庄场域的变迁和农民生态意识的确立，对于这种带动公司董事长徐总有非常深的体会：

我们做的项目对于一个业主、一个游客、一个村庄、一个地区来讲，确实发生了一些带动。就村庄来讲，我感觉老百姓在我们来之前和来之后的确发生了非常大的一个思想观念的转变。其实我们当初选这个地方就是因为这个地方的生态好，但是这里的老百姓觉不出来，老百姓就是在种地，他们甚至向往城市。随着我们来到这个地方，把这个地方的生态重新做了一些提升之后，发生了很多的变化，重大变化是有人来了，人来了呢产业也起来了。这里的老百姓目睹了这个变化，而且在发展过程中，他们很多人不仅仅是一个旁观者，也是一些亲历者，他们参与了小镇的建设，生产方式发生了改变，他们由原来的农民变成了现在的企业工人，即使来牧场种地，他也是拿工资的，他的身份变成了产业工人。生产方式改变了必然影响生活方式，另外他们的村容村貌也发生了很大变化，生活方面得到很大提升。（20220110BLWX）

“企业与社会具有一种共生的关系。企业的长期生存有赖于其对社会的责任，而社会的安宁幸福又依赖于企业的盈利和责任心。”[①] 世界

① ［美］乔治·斯蒂纳、约翰·斯蒂纳：《企业、政府与社会》，张志强、王春香译，华夏出版社2002年版，第138页。

著名管理大师孔茨认为，“企业必须同其所在的社会环境进行联系，对社会环境的变化做出及时反应，成为社区活动的积极参加者。”① BLW小镇与周边村庄共处于同一空间，公司在建设小镇的过程中坚持“产、城、人、文”融合发展，秉承“用艺术振兴乡村”的理念，深度融入乡村振兴，与村庄以及农民结成了共生共融、共同发展的共生关系，企业的生态理念和文化在潜移默化中带动了周边村庄农民生态价值观的养成。

① ［美］哈罗德·孔茨、海因茨·韦里克：《管理学》，经济科学出版社2003年版，第44页。

第五章　多因驱动型农民生态价值观的养成

本章主要是对多因驱动型下农民生态价值观养成的类型进行研究。该种类型里，农民生态价值观的养成不是某一主导因素起作用，而是诸多因素共同作用的结果，属于内外因共促型。就案例方面，该类型选取了山东省 Z 市 B 村，该村从 20 世纪 80 年代到现在历经了由强到乱到重新崛起的过程，经过上级政府的指导支持和村庄自身的发展以及部分企业的支持帮助，该村现在是全国文明村、Z 市美丽乡村示范点。

第一节　案例概况

B 村位于山东省 Z 市 T 市 N 镇。Z 市位于山东省南部，其下辖的 T 市的乡村振兴工作走在全省前列，曾荣获全省乡村振兴战略实绩考核一等县、中国乡村振兴百佳示范县市、山东省休闲农业与乡村旅游示范县、山东省生态循环农业示范县。B 村属城区近郊村，村庄基本上没有空闲院落，更不是“空心村”。全村现有 406 户 1774 人，党员 46 名，村“两委”干部 7 人，耕地面积 813 亩，2020 年村集体经济就已经突破 100 万元。

B 村历史悠久，唐天宝年间（742—756 年），时、苗二姓来此建村，取名时苗铺。明永乐年间（1403—1424 年），又有秦氏迁入。因开染坊常在村北水池打靛，俗称北靛池村。1949 年以沟为界，析立二村，本村居北，故名B村，沟南为南池村。20世纪80年代，B村有“鲁南第一村”的美誉，村办企业——化工原料厂被评为全国乡镇化工百强企业，连续八年创造年利润千万元以上。20世纪90年代末，由于在村务管理上不够公开透明，加之企业管理不善，一个产业兴旺、村民富裕的工业强村变成了人心涣散、矛盾突出的信访“名村”，发展停滞不前。近年来，B村围绕乡村振兴这一主线，突出党建引领，创新民主管理，拓宽发展路径，服务民生需求，探索出了乡村振兴“齐鲁样板”的“B村模式”，实现了由“乱”到“治”的转变，成为远近闻名的“文明村”“和谐村”，获得了众多的荣誉和称号（见表5－1），成为N镇乃至T市的一张亮丽名片。

表5－1　　　　B村部分荣誉称号

国家级	省级	市级	县级
全国文明村	山东省生态文明村 山东省卫生村 山东省生态文明乡村建设先进村 山东省森林村居 全省和谐社区建设示范创建单位 山东省环保先进单位 山东省档案示范村 山东省先进基层党组织 山东省精神文明先进单位 山东省农村先进集体 山东省第四批省级“四型就业社区” 书香之村	Z市基层党建示范点 Z市生态村 Z市十佳美丽乡村 Z市先进村居 Z市先进基层党组织 Z市党员教育现场教学基地 Z市乡村振兴培训基地 Z市廉政建设示范村 Z市经济强村 嘉奖工业产值第一村	T市文明生态村 T市基层党建示范点 T市网格化管理先进社区 T市安全工作先进村 平安T市建设先进单位 T市旅游和服务业先进村 T市文明村庄 城乡社区建设先进单位 文明单位 先进村居 农村党风廉政建设示范村

资料来源：笔者根据对B村的调研资料整理制作。

第二节　多因驱动下B村场域变迁

作为一个曾经的工业强村，B村历经波折，在上级政府、村“两委”、企业和村民的共同努力下，村庄各方面发生了重大变化，成为全国文明村和省市县各级生态（文明）村。

一　政治场域：由人心涣散到民主聚民心

（一）强乱之变

20 世纪 80 年代，B 村是当地有名的“鲁南第一村”，曾被评为 Z 市“工业产值第一村”，其村办企业——化工原料厂被评为全国乡镇化工百强企业，连续八年创造年利润千万元以上。坊间流传的“大牛二牛，B 村玉楼”，就是这个村当时的盛况体现。当时村办企业的发展壮大，大幅增加了村集体收入，村里有钱了，办事也宽裕了，村庄事业有了一定发展，农民也受益。但是后来，由于村“两委”在村务管理方面不够公开透明，导致村民对村务不了解不明白，对村“两委”意见非常大，B 村村民秦某说：“那时候村里的钱怎么花销的老百姓不知道，都有怨言。”20 世纪 90 年代末，由于村企业管理不善，化工原料厂停产倒闭，村里矛盾问题突出，继而引发长期信访，B 村村委委员王某说：“那时候群众整天上访，最高上访到了中纪委。”村班子一度陷入瘫痪，一个工业强村变成了人心涣散、发展停滞不前的乱村。对于当时的情况，年长的村民都有印象，村党支部委员张某说：“那时候，村里乱得简直不像样。”

（二）民主化建设

1. 进行班子建设，加强党建

针对 B 村的困局，N 镇党委在深入调研的基础上，决定从班子建设入手，于 2002 年积极动员粮食系统职工、复退军人秦某回村担任党支部书记，并选出了村“两委”班子。新的村级班子成立后，首要的问题是把班子建设好，把党建做好。B 村党支部书记秦某意识到：“想要重回昨日辉煌，甚至发展得更好，首先要让村支部规范起来，这样村民们才能信得过，人心才能聚起来。”为此，B 村首先从班子讲民主开始，严格落实党员“三会一课”、组织生活会、“28 日党员活动日”等制度，推进组织生活规范化、制度化。村“两委”

都坚持大事商议、小事通气，支委会和专题组织生活会上，大家都各抒己见，有啥说啥，充分发扬民主，在民主议事的基础上吸纳不同的合理意见，最终议定的事情得到村民认可。

与此同时，村党支部还加强了党建，以党建为引领，以新时代文明实践为依托，打造了B村党群服务中心，实施“点亮党徽”活动，打造“红色灯塔”，建设了党建活动室和党建广场，建强了村级红色阵地，让无职党员有事干。每月28日的主题党日，党员既要学政策、又要议村务，在会上当参谋员，提合理化建议，出了门当宣传员，做好群众工作。每年的经济发展、民生事业、平安建设、自身建设“四定”目标，村支部都分解到党员身上，在公开栏公示，让每一名党员都有事做，有存在感、责任感，使无职党员由“站着看”转向“带头干”。同时设立了“党员便民服务室”，由5名村“两委”干部和老党员轮流值班，围绕与群众生产生活息息相关的问题，提供民事代办、政策咨询、法律服务、费用代缴等服务。按照党员自荐、支部推荐、党群联席会议推选、党总支审批的程序，从全村42名党员中选出素质高、能力强、有威望的6名党员街长，分别负责12条街巷的矛盾调解、民事代办、意见征集等工作，积极开展为民服务工作。为无职党员设岗定责发挥党员“正能量”，针对群众的日常需要，建立政策法律宣传岗、治安稳定维护岗、留守儿童关怀岗等6类党员岗位，明确岗位具体职责，由32名无职党员根据自身特长主动申领适合的岗位，并将履职情况作为年度民主评议党员的重要内容，让党员人人有位置、有责任、有作为。

2. 实行村务民主管理

过去B村村务混乱，村民对于村里的收支情况都不知情，很有怨言，新上任的村党支部书记秦某深有感触：

> 上任之初，我们连个党员大会都开不下去，党员和村民都对村务、财务工作意见大。不公开、不透明、不民主，群众心里有疙瘩，干部和群众之间缺乏信任，这是村庄发展的症结所在。（20180324BCQ）

解决问题必须对症下药，党支部认真分析往届教训，决定把还“权”于民、让民做主作为突破口，打破以往村“两委”关门议事、书记个人“说了算”的做法。为此，党支部确立了“公道正派、阳光议事”的治村理念，先后建立健全了一系列民主管理制度，赋予村民知情权、监督权和自主权，赋权重视主体意识的觉醒、自觉行动效能的提高、主人翁意识和权利感的形成，同时弱化公众对权力中心的疏离感，增强对集体问题的关注①，不断提升自我价值感和集体责任感，增强了村民参与村务的动力。

首先，成立村务监督委员会。为了真正取信于民，确保决策事项落实落地，B村建立了由9名群众威信高、民主意识强的老党员、村民小组长、群众代表组成的村务监督委员会，对村中大小事务采取事前参与、事中监督、事后评估的方式进行全程监督，固定每月28日为民主理财日，村里花的每一分钱，都由村务监督小组进行审核。小组里面有会计师、工程造价师，村内修路、修桥等重大工程，他们全程参与价格核算以及工程测量、验收、审计。村务监督小组成员秦某说：

> 每月28日我们都聚在一起查账，跟家里过日子一样，不该花的钱，绝对报不上账。(20180324BCQ)

推行“四议两公开”，即由村“两委”成员、村小组长、全体党员、村务监督委员会全体成员参加的议事票决制，并明确议事范围，规范议事提出、会前告知、会议表决及情况公开等流程，实行村级档案备案制，所有的决议流程、结果都记录备案，每次会议、每项意见建议都有记录、签字，确保每项决策决议都有据可查、有据可依，大事小事摆在桌面上，让党员群众共同商议“办不办”“怎么办”。对

① King C. S., Feltey K. M., Susel B. O., “The Question of Participation: Toward Authentic Public Participation in Public Administration”, *Public Administration Review*, Vol. 58, No. 4, 1998.

此，村党支部书记秦某很有感触，指着档案橱里一摞排放整齐的议事会议记录簿说：

> 别小看这些发黄的记录簿，还真管用！比如，前几年村民王某对村里进行的土地流转不配合。后来找他谈心，了解到是因为村里一直没有给他家划分宅基地，积怨在心。村会计翻阅档案，找到了16年前专门对王某家宅基地的议事记录：王某已购买同村村民一处宅基地，按规定不再划分。会计拿着议事记录簿上门向王某解释，他顿时脸就红了，主动找村里流转土地。(20180324BCQ)

其次，实行“阳光议事七步法”。从2007年开始，村党支部创新实行了“支部提议、两委商议、党委政府审核、党员大会审议、村民议事会决议、决议公开、实施结果公开”的“阳光议事七步法”，对每一步的实施要求、时间、程序、参加人员等进行明确规范，做到规范化管理、流程化操作，最大限度地减少人为干扰因素。建立健全了以民主议事、民主管理、民主监督为核心的管理制度和党务、村务、财务三公开制度，打破了“一言堂”，做到了大家事大家议，村内大小事务都实行民主决策，充分发挥村民在改革中的主体作用，将工作全程“晒”在阳光下。这种方式不仅将决策实施过程“全景式”地展现于党员群众面前，还有效规范了村民参与村级事务的方式，实现了村级事务运行的规范化、制度化，从根本上保障了决策的民主、办事的公开公平、工作的规范运转，真正实现了用制度管人管事管村。

> 任何事情都公开，大事小事摆在桌面上，大家事情大家办，大家事情大家议。B村的大事小事都是通过这样的形式去决策和实施。全体党员、村民代表参会，有什么反对意见就提出，没有反对意见就给村民做好宣传。(20180325BCL)

村务监督委员会主任秦某说：

> 事事公开解开了大伙儿心里多年积攒的疙瘩，心气顺了，村班子凝聚力强了，办什么事成什么事，B 村踏上了发展的“快车道”。(20180324BCQ)

最后，严格落实村级事务目标公示制度，每年把经济发展、民生事业、平安建设、自身建设等目标分解到每一位党员干部，并明确承诺内容、具体措施和完成时限，形成条目台账，在村务公开栏进行公示，定期公开实施进度。严格执行财务管理制度，做到日清月结，公开上栏，每月 28 日为当月财务审核日，村账由监委会审核、签字、盖章后交镇经管站监管，杜绝挪用公款，白条顶库。通过村务财务公示公开和监督机制，让党员群众参与监督村里的每一项决策、每一笔支出，真正给群众一个明白、还干部一身清白，极大地促进了村干部和村级事务规范化管理。这样使村“两委”逐渐取得了群众的信任，调动了党员群众参与村务管理的积极性，涣散的人心重新聚拢，干群关系由原来的“老不信”变为了后来的“一呼百应”，原来“说话没人听、办事没人跟”的村支部重新“硬气”起来，带领村庄发展的信心增强。

> 我们相信村干部，也相信监督小组，他们管钱不会胡来。(20180325BCQ)

近些年来，B 村通过党建引领和民主化管理，逐渐理顺了干群关系，获得了村民的信任和支持，增强了党支部的凝聚力和号召力，调动了广大干群参与村务管理、助推村级发展的积极性，使涣散的人心重新聚拢，村庄管理实现了由“干部说了算”向“大家商量办”、由“关门议事”向“阳光议事”、群众由“百呼不应”向“一呼百应”的转变，村庄发展实现了由“乱”到“治”、由“上访村”“乱子村”向“文明村”“和谐村”的转变。

二 经济场域：走向产业多元化收入多样化

近年来，B 村在政治场域由乱到治转变的基础上，依据美丽乡村科学规划，围绕产业振兴，挖掘工业园区潜力，引进生态农业项目，全面激活农村各类资产、资源和生活要素，经济场域也逐步实现了由穷向富的转变。在经济发展的过程中，B 村一改 20 世纪专注发展工业的思路，根据国家发展形势和村庄优势，立足村庄实际，坚持三产融合发展，充分发挥近郊村区位优势，通过打好工业牌、念好“农”字经、巧搭改革车，全面激活农村各类资产、资源和生活要素，挖潜资源优势，拓宽改革路径，推动经济发展质量变革、效率变革和动力变革，推动经济转型升级。2020 年村集体收入突破百万元，实现了产业兴旺、村强民富，为农民精神文化层面的发展和生态意识的确立奠定了坚实的物质基础。

（一）发展生态农业，实现经济和生态双赢

“在市场经济条件下，土地作为一种资源和重要的生产要素，必然要求合理流动和优化配置。土地承包经营权流转，有利于扩大农民的种植规模，推进适度规模经营；有利于广大农民适应市场的变化，调整和优化农业生产结构；有利于防止或者减少承包地的弃耕抛荒。只有土地承包经营权能够顺畅地流转，才能有效地配置资源，提高农村土地资源的配置效率”。[①] 在 B 村，以前村里的土地都是由村民进行传统的分散耕种经营，由于农业收入低下，很多年轻村民都放弃了土地耕种，选择外出打工，村里的土地要么由老人耕种要么就直接撂荒，造成了土地资源的极大浪费。为此，村“两委”决定把土地进行整体规划，实行规模化产业化经营。实践早已证明，“没有农业生产上的规模集约经营，就不可能走向农业现代化和机械化，农业人口

① 《农民权益保护法律政策读本》编委会：《农村土地》，中国林业出版社 2004 年版，第 55—56 页。

的转移也就会受到制约”,[1] B村村“两委”通过农村合作社对村里的土地进行了统一流转，进行产业化规模化经营，终结了传统的分散化经营模式。B村村支部书记秦某说：

> 近年来，B村在尊重农业发展规律和农民意愿的基础上，鼓励支持多种形式的土地流转，加快耕地向有实力、会管理、善经营的新型经营主体集中，加快产业融合发展。(20180325BCQ)

关于土地流转进行产业化规模化经营，本研究团队访谈了很多村民，他们的看法出奇的一致，都很认可和支持。究其原因，B村这种土地规模化产业化经营，一方面实现了土地资源的优化配置和合理利用，另一方面村民村集体都增加收益，促进了村庄的进一步现代化。

“农业产业化是工商业生产活动在农业生产领域的延伸，其本质特征是：以市场为导向。推动农业生产要素自由流动，实行规模化、专业化、标准化和信息化生产；农业产业化的基本框架是农户、农业龙头企业和农民合作经济组织”。[2] 作为城市近郊区，B村充分发挥区位优势，积极挖掘土地潜力，兼顾产业发展和生态保护，把流转来的土地进行了分类分片经营，在村庄东部发展城市近郊生态观光经济。在村“两委”班子的带领下，全村共整理坑塘、沟渠等土地800亩，整合沟边地头新增土地50亩，坚持党支部领办合作社，整建制流转土地500余亩，成立秋盈果蔬种植专业合作社，引入工商资本2000万元建设高效立体种植示范园，打造集林果采摘、农耕体验、休闲观光为一体的特色园区，有效提高了农产品的附加值，提高了农业效益，使村集体每年增收11万元，并安置200余名本村劳动力就业。此外，N镇政府将本村和南池村两个村的土地整建制流转，引入工商资本8500万元，规划建设了2600余亩的休闲观光生态示范园——春

① 马和平、苏建成：《农村城镇化发展过程中的土地流转》,《中国土地》2003第8期。

② 陈少强：《中国农业产业化研究》，经济科学出版社2009年版，第1页。

泽现代生态休闲观光示范园，按照“三区一场一基地”的规划进行布局，其中“三区”为：800亩的高档苗木培育区、1000亩的优质林果栽培区、200亩的休闲体验娱乐区。园区现在已经成为鲁南地区最大的猕猴桃培育基地，T市最大的优质梨、文冠果培育基地。该园区集林果采摘、生态观光、休闲娱乐为一体，打造了生态经济新品牌，打造了融生态旅游、现代农业等特色产业于一体的农旅综合产业基地，实现了经济发展和生态保护的“双赢”，有效带动了村庄观光农业的发展，每年增加集体收入30多万元，实现了产业的提质增效，解决了400余人就业，人均年增收8000余元。村内的老年人也找到了力所能及的就业岗位，在园区内进行日常田间管理，既锻炼了身体，还按月领上了“工资”，促进了家庭和村庄和谐。村民王某对此很有感触：

> 俺以前既要种地又要照顾卧病在床的丈夫，没办法外出务工。现在好了，自从村里成立了产业园，俺在那里打工，每月都有几千元的收入，现在的生活好着呢。（20180325BCW）

B村党支部书记秦某说：

> 以前我说这个村里的闲人呢，我觉得想要解决问题啊，还是就给他找个工作干。他干惯了自然就好了。那个农村说的话，不冻闲人冻懒人，冷天越忙活起来越热。有活干增加收入还关系和谐。特别是60岁、70岁的上年纪的人，你要赚钱，一天上午给十块，下午十块，20块钱能达到上百人来帮忙干活。我们从这一点我是想接待他们，你哪怕给他五十六十。跟城里人不一样，城里人像你们城市人是吧，像健身房什么跳跳广场舞。农村人他不能闲着，干他一个能干的话，身体还很棒。上年纪的比如说到了70岁，上面有补贴，但是他补贴毕竟有限，还是少，这个不如自己力所能及的在村里打个工，又能锻炼身体，又能充实自

己，还家庭关系和谐。(20180324BCQ)

近年来，B 村又进行了花果童乡项目建设，该项目是由 B 村使用乡村振兴衔接资金，并自筹资金，以本村 T 市秋盈果蔬种植专业合作社为建设主体负责实施，项目建成后形成的资产归 B 村集体所有。项目建设面积 460 余亩，总投资 500 万元。项目规划建设了 3 个现代化采摘大棚，在园区内部建设葡萄采摘长廊、葫芦长廊、猕猴桃长廊等，其中休闲观光生态示范园内的黄晶梨采摘园占地 200 余亩，2014 年开始种植，采摘园采用无公害、有机肥料的栽种方式，是名副其实的绿色有机食品。在其间隔区域分别建设百果园、水上乐园、儿童乐园、农事体验园及婚庆摄影基地，在示范园区东南水塘打造集垂钓、餐饮、娱乐为一体的休闲中心。该项目每年产生的收益用于脱贫享受政策户巩固增收、动态监测户精准帮扶和村公益事业，同时能够为困难群众提供 30 余个就业岗位。

与此同时，B 村还在农业观光示范园南边建设了生态养殖项目。B 村村“两委”带领村民整理沟渠、荒滩新增土地 30 亩，利用废弃养猪场引入上市企业——新希望六和股份有限公司投资，建设了同心利生态养殖繁育场，建设了标准化生态养殖繁育基地，年产仔猪 5 万头，村集体通过收取租金每年增收 7 万余元。而且，B 村坚持生态发展，协调同心利生态养殖繁育场和生态种植园，推行种养结合的循环利用模式，养殖过程中产生的粪便通过处理实现干湿分离，全部用于林果、粮食种植，实现了农业无农药无公害的绿色种植，形成了种植区和养殖区的循环发展模式。

B 村东部以农耕文化引领整个园区的发展，其目标是打造智慧农业园区、农业观光休闲园区、物联网园区、科技成果展示与推广园区，在产业上向高效优质绿色、有机、高产方向迈进，努力打造“滕农一品”，使之成为享誉全国的农业品牌。

（二）盘活闲置资源，发展工业园区经济

B 村曾经是 Z 市“工业产值第一村”，工业基础好，技术工人集聚，后来包括化工原料厂在内的大部分企业停产倒闭。但是产业基础和一批成熟的管理人才、技术工人还在，而且村化工原料厂停产后，留下了300亩闲置厂房和工业用地。对于闲置资源，N镇政府号召，“就地取材”盘活闲置资源促增收，对有老旧厂房、空闲宅基地、废弃学校等闲置土地资源的村，镇上动员各村坚持“一村一策”，通过招商租赁、承包经营、股份合作等方式，让“闲资源”变为“活资产”。在镇政府的号召下，B村结合村里实际情况，充分发挥近郊村区位优势，“就地取材”向闲置资产要效益，确立了盘活利用闲置建设用地上工业项目的路子，在村庄西部盘活老旧化工厂旧厂房和闲置用地300亩，集零为整，成立了B村工业园区，加快传统制造产业高端化、自动化、信息化和智能化转型升级，招引了山东同得利有限公司、联迪路桥公司、华正软接头有限公司等13家企业进驻，这些企业年纳税1100万元，村集体每年收取租金40多万元，吸纳村民600余人就业，实现了“进厂不进城、就业不离家、离土不离乡”。B村工业园的发展壮大了村集体经济实力，解决了村里闲散劳动力的就业难题，村民王某说：“俺以前既要种地又要照顾卧病在床的丈夫，没办法外出务工，生活十分困难。现在好了，自从村里成立了工业园，俺在编织袋厂工作，每月收入都在3000元以上。”

（三）发展置业合作经济，实现集体资产保值增值

2017年年初，村党支部书记秦某参加上级政府组织的“千名支书进党校”培训活动，村“两委”班子到苏浙一带考察学习，受当地农村产权制度改革的启发，决定成立合作社以实现集体资产保值增值，将闲置资产转化为发展村集体经济的“第一桶金”，大力发展租赁经济。

改革之前，村“两委”聘请会计师事务所对村级资产进行评估，确定经营性资产2388万元，然后召开村民代表会议，确定了具有分配资格的人员共1486人，将全村经营性集体资产每10元为1股，共划分为238.8万股。其中，30%作为集体股，分红用于保障村级公益事业支出和村集体固定资产的再投资；70%作为个人股，分配给每一位村民，确保群众普遍受益。

2017 年 5 月份，在扎实做好农村集体产权制度改革各项重点工作的基础上，B 村成功注册成立了由村党支部书记秦某任理事长的 B 村股份经济合作社，成为 T 市首家经过工商登记的村级股份经济合作社。该合作社以加强集体资产经营管理为核心，以资产保值增值、增加农民财产性收入为目的，实行自主经营、独立核算、自负盈亏、民主管理、风险共担、按股分红，在壮大村级优势特色产业、稳定就业、提升村民收入等方面发挥了重要作用，被评为山东省“工友创业园”。

B 村以集体股份经济合作社为基础，先期盘活 5.07 亩闲置建设用地资源，动员股民自愿认筹的方式现金入股，进行置业投资，大力发展物业经济，共 1486 名股民，每人以 500 元现金作为一股，共入股金 73.4 万元，积极争取上级扶持村集体经济发展引导资金，建设钢结构厂房和办公用房对外出租。2018 年初厂房建成即租，一期工程 2600 平方米厂房建成投入使用，并与 T 市鑫福民选煤机械制造有限公司签订租赁合同，当年 4 月股民领到了第一次分红金，每年村里获得租金收益 15 万元，村集体通过分红增加集体收入 9 万元，每位股民每股每年分红 100 元，股民连续 3 年实现分红 22 万元。B 村还将继续采用这种方式，盘活 31 亩闲置场地用于二期、三期置业项目建设，预计建成后村集体每年可增加分红 10 万元，进一步提高村民收入。

> 俺花了 500 元认了合作社的一股置业金，每年分红 100 元，已经分红 3 年，再过 2 年就回本了。（20201205BCQ　一位 74 岁老人）

B 村拿出资金入股办社，成功分红，入股群众 5 年就能收回投资，厂房和土地仍然属于全体股民。村民不仅得到了收益，而且还能有效监督集体资产不流失；集体资产不仅保值增值，村集体还能获得收益，收益又投入到村基础设施建设和为百姓服务上，如此往复形成了良性循环。

本着带动村民和村集体共同创收的原则，B村充分利用村内废旧闲置厂房，积极招引企业，采用出租、出让等方式进行盘活利用，村民个人与村集体按照比例获得收益，不仅让村民的口袋鼓了起来，村集体每年也增收40余万元，有了办实事的实力和底气。股份经济合作社的成立，将集体资产从共同所有转为按股共有，集体资产得到了有效保值增值。通过厂房租赁的方式发展集体经济，B村集体年收入以15%的速度增长，村集体每年拿出收入的50%补贴给村民，村民特别高兴。

> 俺村有了合作社，乡亲们每年就可以分到钱了。之前我种庄稼，除去成本和劳力，赚不了多少钱，去年我以土地和现金入股我们村的合作社，今年什么都不干就轻松领到了700元的分红。(20201205BCQ)

B村坚持在三产融合的基础上，充分发挥村庄资源优势，凭借股份经济合作社、生态农业示范区、工业园区和置业租赁等，盘活了土地、劳动力和集体资产，将村民从土地上解放出来，真正实现了农民变股民、群众变工人，村民人均收益近3万元，全村400多户拥有汽车500多辆，使村民得以家门口就业，幸福感增强。

2020年，B村被认定为山东省第四批省级“四型就业社区”。“四型就业社区”是充分就业、积极创业、智慧就业、标准服务在社区的“大融合”，充分就业是指有效促进社区内劳动年龄人口中有劳动能力和就业愿望的人员基本实现就业；积极创业是指积极支持社区内有创业意愿的城乡劳动者成功自主创业或返乡创业；智慧就业是指基本实现互联网、物联网等智慧化信息手段在社区就业创业服务中的全面应用；标准服务是指全面推行公共就业服务标准在社区的实施落实。该荣誉的获得是对B村经济发展和村民就业的认可，反映了B村在村民就业方面的突出成就。好的就业有好的收入，好的收入有好的生活，正是有这样好的就业环境和氛围，使得 B 村没有闲人懒汉，没有打闹斗殴，形成了人人有工作、人人好生活的和谐稳定的生活氛围。

B 村通过多措并举，农村收入增加的同时，村集体收入也大增，村庄各类工业、农业项目年产值达到 3 亿元，实现税收 1500 多万元，2020 年村集体收入已突破百万元，实现了村庄的产业振兴，为建设产业发展性美丽乡村奠定了坚实的物质基础。

三　生态场域：由脏乱差走向生态宜居

近年来，N 镇政府在打造全域美丽乡村过程中，牢固树立“自然生态、宜居宜业”的建设理念，坚持因地制宜、因村施策，注重挖掘特色、丰富内涵，做到乡土、自然、先进、多样。在此号召下，B 村坚持“发展成果由群众共享”的理念，结合村庄历史文化、民俗风情、自然风光、产业特色等方面，按照村民意愿美化乡村，进行生态宜居美丽乡村建设，不断提升村庄品质，让村民生活环境更加舒畅。

B 村打造了“向阳驿”“古道 B 村”乡村特色文化长廊，整修美化了彰显村名内涵的 B 村河道，建设了 B 村之路党建展厅、党建灯塔、党建广场，这些场所一方面成为美丽宜居乡村的标志性景点，另一方面增强了美丽乡村的文化底蕴。B 村在做景观、做节点、做亮点的同时，围绕“宜居宜业”，不断完善村内基础设施建设，着力实施了“三清七改”“三通六化”，对村庄内外、农户内外、道路内外进行全面清理整治。依托省级美丽乡村示范村创建工程，累计投资 500 余万元实施了雨污分流、污水氧化塘、绿化亮化、公厕建设等工程，重点实施了道路硬化、村庄净化和立面改造、旱厕改造和排污管网改造等工程，实现了“一把扫帚扫到底”，垃圾收集覆盖率和生活垃圾无害化处理达到 100%，实现了“一根管子接到底”，村庄生活污水治理全覆盖，打造了高标准的生活区。B 村 16 条街巷全部硬化、绿化、亮化，并实现“户户通”，村内环境始终保持干净整洁。水、电、气、网、路等设施一应俱全并不断提升，村里进行立面改造 230 户，美化墙面 2.4 万平方米，复铺主干道 1.3 万平方米。至此，村庄实现了硬化、绿化、美化、亮化、净化，村居环境不断优化，村民获得感、幸福感不断提升。

> 现在村里有钱了，路开了，水清了，灯也亮了，也用上燃气了，环境也干净了，现在夏天家里连蚊帐都不用撑，俺 B 村现在的日子，比城里还舒服。(20201205BCW　一位 81 岁老人)

不仅如此，B 村还制定完善了建管并举机制，形成了长效常态管理模式。按照“四定双诺三挂钩”目标管理制定了四项目标，其中民生建设有四项：投资 3 万元对全村进行电网整网，解决村民用电高峰问题；投资 5 万拆除进村路南侧景观墙 200 余米，并重新绿化，栽植冬青球、石楠球 100 余棵；投资 7 万余万元对中心大街南段花圃重建，道路长度 150 米，中心花圃宽 2.5 米，两侧花圃宽各 1 米，栽植女贞、广玉兰、百日红、大叶黄杨、冬青、石楠等苗木 6000 余株；投资约 15 万元继续在自来水及各项保险中给村民补助。在前期工作的基础上，B 村纵深推进人居环境整治工作，实施“美丽庭院”创建，打造宜居家园，投资 20 万元继续做好美丽乡村创建向东延伸，提高了美丽乡村整体风格和水平，投资 5 万元对 B 村工业园区进行提档升级，促进村容村貌整体提升，全面打造了舒适宜居的人居环境，成为省级“美丽乡村示范村”。关于村容村貌方面，B 村村规民约有专门的规定。

> 第六章　村容村貌
>
> 第二十八条　积极开展文明村、卫生村建设，搞好公共环境卫生，加强村容村貌整治，严禁随地乱倒乱堆垃圾、秽物，建房修屋余下的建筑垃圾应及时清理运送到村委会指定的地点，柴草、粪土应定点堆放。要爱护花草树木，严禁破坏花圃，不准在

花池内种菜，发现立即清除，并责令恢复原状，视其破坏程度给予一定的罚款。

第二十九条　人人有责节约水电，爱护公共财产与公共设施，损坏者照价赔偿，维护村庄道路，不得破坏公路和私自占用路面。

第三十条　建房应服从村庄建设规划，经村委会和上级有关部门批准统一安排，不得擅自动工，不准乱搭乱建，不得违反规划或损害四邻利益。对村内违法建筑实行动态监管，及时发现、制止违法建筑行为。

第三十一条　本村举办公益事业，无劳动能力的残疾人不承担筹资筹劳义务。

第三十二条　增强环保意识，维护环境卫生，不准乱贴乱画，垃圾按规定投入垃圾箱。实行门前“三包”制度，每户门前南北长度15米，东西宽度到各街中心止，为本户门前“三包”区域。另外户前和屋后是东西路的户，还要包管院前和屋后部分，长度是13米加上南北路的一半，宽度是东西路的一半。门前“三包”系指包门前卫生、包门前秩序、包门前容貌。门前“三包”情况实行固定、长效管理，定期检查评比。检查评出的门前“三包”先进户，利用广播表扬，年终作为评选文明生态户的重要条件。发现门前“三包”有问题的，书面通知限期整改，逾期不改的，由村委会派人帮助整改，按每工日50元向该户收取劳务费。

四　文化场域：走向乡村特色文化

B村在党建引领下，在产业振兴的同时注重村庄文化建设，围绕文化振兴着力增强文化底蕴提升村庄内涵。对村庄环境、办公场所进行面貌提升，高标准建设了便民服务大厅、文化展厅、文化大院和农家书屋，打造了多功能B村讲堂、B村之路展览馆、“向阳驿”“古道B村”乡村特色文化长廊、宣传文化一条街等服务文化场所，特别是“宣传文化一条街”，结合党史学习教育，以“力量”为主题，建设了习近平新时代中国特色社会主义思想学习教育一条街，内容包括习近平总书记讲述的领袖的故事、历史的故事、奋斗的故事等各类故事，用群众易接受、听得懂的形式和话语，多层次立体化对其进行呈现，推动习近平新时代中国特色社会主义思想“飞入寻常百姓家”、走进群众心里。B 村的文化墙上，宣传的是中国十大英雄模范人物，B 村用这些英雄模范人物的事迹激励村民自强不息，努力奋斗。此外，还为村民建设了 3 处文化健身广场，定期举办各类文化活动，丰富了群众精神生活。大力开展“四德”典型评选，营造浓厚的文明孝善之风，不断提高村民文明素质，筑牢邻里团结互助和睦的良好关系，成立 B 村红白理事会，倡树“喜事新办、丧事简办、厚养薄葬”的新风尚，带动乡风文明，在全村形成了和谐幸福、人人互爱的良好社会氛围。对于村风民俗和邻里关系，B 村村规民约里也有专门的规定。

第五章　村风民俗

第二十一条　提倡社会主义精神文明新风尚，移风易俗，反对封建迷信及其他不文明行为，树立良好的村风民风。

第二十二条　红白喜事提倡喜事新办、丧事从俭，破除陈规旧俗，反对铺张浪费，反对大操大办。建立红白事申报制度，村民红白事发生后，及时报知红白理事会，理事会在尊重事主意见基础上共同研究决定，依照本村《移风易俗村规民约》组织实施，同时填写《村民婚丧嫁娶活动记录表》和签订《操办婚丧事宜承诺书》，是党员干部的一并填写《党员干部红白事申报备案表》。

（一）喜宴原则上不得超过 15 桌，每桌价格不得超过 400 元；酒每桌 2 瓶，每瓶不能超过 30 元；烟每桌四盒，每盒价格不能超过 20 元。

（二）婚嫁用车控制在 6 辆以内，不准使用公车；喜庆彩虹门不得超过 2 个。

（三）治丧除红白理事会成员与本家族人员参与外，原则上不请非本家族成员，特殊情况（单门独户）确需请的，邀请人员不得超过10人，本家族最多一男一女参加。亲戚动客范围，原则上直系亲属三代以内旁系亲属及近姻亲。

（四）白事每桌菜不能超过300元，酒每桌2瓶，每瓶价格不能超过20元，烟每桌2盒，每盒价格不能超过10元。

（五）禁止聘请乐队、喇叭，禁用气炮、仪威。

（六）白事除孝子孝眷外，所有亲戚朋友改成佩戴白花或黑袖章（或仅孝帽、扎腰），取消破大孝。提倡鞠躬、默哀等文明健康的丧葬礼仪。

（七）严格实行火化殡葬制度，禁止用大棺材、埋大坟头，墓穴单穴不大于0.5平方米，双穴不大于0.8平方米，墓碑不高于0.8米。

（八）发现违规超标办理红白事的，立即制止，并对其家庭进行以下惩罚：

1. 取消当年全家人所有利益分配。

2. 红白事上不提供水电等服务。

3. 触及法律的上报有关部门依法处理。

4. 视规模大小，要事主捐资1000—2000元用于村公益基金。

5. 对违规行为制止不力的，村“两委”中的负责人及红白理事会会长各处罚200元。

第二十三条　不请神弄鬼或装神弄鬼，不搞封建迷信活动，不听、不看、不传淫秽书刊、音像，不参加邪教组织。

第二十四条　建立正常的人际关系，不搞宗派活动，反对家族主义。

第二十五条　反对任何形式的家庭暴力，村“两委”有责任预防和制止家庭暴力。

第二十六条　关心关爱未成年人，保护未成年人的合法权益，特别是女童的生存权和受教育的权利。父母不得以任何理由和形式虐待未成年子女。

第二十七条　子女须承担赡养老人义务，不得以任何形式遗弃或虐待老人。子女或其他赡养人不得以任何名义，强迫老年夫妇分开居住、赡养。夫妻应平等对待双方老人。

第八章　邻里关系

第三十五条　在生产、生活过程中，村民应遵循平等、自愿、互惠、互利的原则，发扬社会主义新风尚。村民之间要互尊、互爱、互助、和睦相处。

第三十六条　邻里纠纷，应本着团结友爱的原则平等协商解决，协商不成的可申请村调解委员会调解，也可依法向人民法院起诉，树立依法维权意识，不得以牙还牙，以暴制暴。

B村党支部始终坚持“发展成果由群众共享”的理念，村党支部从群众需求出发，大力兴办民生实事，确保集体收入用在为群众办实事上，让老百姓得到实实在在的好处，增进民生福祉。B村每年都拿出集体一半以上的收入补贴给村民：医保每人补助110元，自来水每方补贴1.5元，卫生费、治安双保、小麦玉米保险村里全部承担，计划生育困难家庭、优抚五保对象还有额外照顾，人均年收益达到200多元。这一系列的举措使得村民满意度大幅提升，连续16年没有上访事件，B村由过去的“上访村”“乱子村”转变为远近闻名的“文明村”“和谐村”。谈起村里的变化，村民袁某高兴地说：

我嫁到这个村子的时候，村里路基本都是土路，当年收入也才几百块钱。现在村里环境大变样，连我家旁边的臭水沟也被改造成了鱼塘，还建立了文化馆、小广场等，我对象现在外出打工，我在家一边照顾孩子一边编织网篮，收入也比以前翻了好几倍。这些年，我们村一年一个样，年年上台阶，村庄越来越美，集体经济越来越强。村民参股合作社每年都能领到分红，大家住得好、钱包鼓，生活很舒适很幸福。房子宽敞明亮，厕所改造一新，出门是干净的马路，学校、医院都很近，环境很好，在镇里办什么事都很方便。现如今，我们农村一点都不比城里差。

村民秦某提及村里的变化时总是难掩心中的兴奋：

近些年，我们村盘活老旧厂房建成工业园区，还建设了集农业种植采摘为一体的农业园，村民每年都能拿到分红，村里的环境也越来越美，让人心情十分舒畅，日子越过越有奔头！

近二十年来，B 村坚持党建引领，聚力三产融合发展，打造生态宜居美丽乡村，建成了优美整洁、生活舒适、村风文明、宜居宜业的新农村，一个“村西工业园、村中美丽宜居乡村、村东生态示范园”的 B 村架构确立，一个“经济强、百姓富、环境美、文明度高”的全国文明村毅然崛起。B 村村民“户户住楼房、家家有汽车、人人有授信、年年有补贴、门口能就业”，实现了生产美、生态美、生活美的“三生三美”幸福生活。对此，去调研的学生有很深的感触：

在村委门口的河流有两个风车交替，还有喷泉，同时村庄里有比较欢快的声音在环绕，很是轻松的生活氛围。这里的村民是真的安居乐业。访谈了很多的叔叔阿姨哥哥姐姐，他们都对村里的环境包括目前的发展非常满意。走在宽敞而有序的街道上，耳边萦绕的是铿锵有力的红歌，目光所及的是传递正能量的标语。入户采访时，看到村民的家里也都收拾得很干净。而且最让人感到诧异的是，在这样一个小乡村，竟然能够做到土地规划，这里说的土地规划并不只是字面意上的土地规划，而是说根据科学知识将村庄土地划分为养殖区、种植区、居民区、产业区，各方面有序发展，各司其职。问及村民时，他们提到村里的塑料产业或是其他的产业并不会对他们的生活造成影响，因为产业区和居住

区离得比较远。总而言之，如果要对此次调研之旅选出一个生态文明示范村的话，那么B村当之无愧。(20201205QSDD)

B村给我的感觉就是《桃花源记》中的“土地平旷，屋舍俨然”，他们的房屋规划得非常整齐，并且全是二层小洋楼，村主街上的风景也修建得非常好。在与村民聊天的时候，也发现了几乎所有的村民对于现在村子的生活非常满意。他们的厕所水厨房水都分管道排放，家家户户天然气暖气通到，并且村里的福利也十分的到位，村领导的能力也很强，风评也特别好，因此村民们的幸福感都非常高。(20201205QSDZ)

在与村民交谈的时候感觉到他们的幸福感确实是挺高的，一位阿姨在向我介绍她家时，脸上洋溢的幸福表情是令我难忘的。这个村子是调研以来我最喜欢的一个村庄，村子整洁干净，村委前的喇叭放着热闹的音乐，整个村子都充满了活力。村子民风淳朴，在调研的过程中遇到了一些奶奶，她们积极地回答着我提出的问题。(20201205QSDC)

B村是全国文明村，一进村就被村里的喷泉吸引，整洁的街道、整齐的房屋，还有村子墙上的一些壁画，这个与之前的村不一样，感觉很和谐。在访谈的过程中也发现，这个村的人幸福指数比较高。当问及垃圾是否愿意扔在垃圾桶里的时候，他们说愿意啊，怎么不愿意扔在垃圾桶里，就是小孩也愿意扔在垃圾桶里，已经养成一个习惯了。(20201205QSDH)

第三节　B村场域变迁中农民惯习的调适与重塑

从过去一个工业见长的经济强村发展为现在一、二、三产业融合发展的美丽乡村，B村经过了几十年的发展转变。在这个转变过程中，经历了由强到乱再到崛起的一波三折，农民的思想和行为也同步经历了由经济为重到生态优先的转变，实现了惯习的重塑。

一　场域变迁引发农民惯习调适

（一）科学的村庄规划和环境治理为农民提供了良好的生态空间

“在社会主义新农村建设中，规划应起到先导作用，通过规划来完善乡村基础设施和公共服务，方便农民的生产和生活，提高农民居住环境的质量；村庄规划还应该促进对地方文脉和乡土文化的保护。应该通过村庄规划这个平台，为社会主义新农村村容村貌的展示创造基础条件。”[①]《中共中央国务院关于推进社会主义新农村建设的若干意见》中指出：加强村庄规划和人居环境治理，社会主义新农村村容整洁的目的，就是以村庄规划为龙头，以治理污染为重点，以“清洁水源、清洁家园、清洁田园”工程为抓手，以“农村废弃物资源化、农业生产清洁化、城乡环保一体化、村庄发展生态化”为主题，科学规划、统一组织、因地制宜、分类指导、深入开展农村环境综合整治，建立农村环境长效管理机制，改善农村环境质量，构建适合农村居民生存与发展的人居环境。[②] B村现在的村庄布局源于村庄的前期规划。B村以产业为支撑，以生态宜居为目标，立足村庄现况和资源优势，立足一、二、三产业融合发展的思路，对村庄进行了科学规划，构建了大生态格局，优化生产、生活、生态布局，提升区域绿色发展质量和宜居质量，增强村民的获得感和幸福感。

从整个村庄的布局图来看，规划超前、科学、合理。整个村庄划分为生活区、农业区和工业区三个部分，村庄西部是现代工业区，中部是新时代生活区，东部是生态农业区。这样将生产区与生活区分开的布局，一方面便于生产管理，避免生活受生产影响；另一方面便于农民家门口就业，实现离土不离乡的生产生活。这一点在调研中有所感受：

---

① 冯健：《乡村重构：模式与创新》，商务印书馆2012年版，第245页。

② 左停：《新农村：村容整洁》，中国农业大学出版社2007年版，第6—7页。

> B 村，和之前的几个村相比较，就调研对象来说，整体的年龄结构要相对年轻一点，在村里走几圈就能看到不少的年轻人，感觉这个村里的年轻人还是比较多的。(20201205QSDH)

在科学合理的规划和建设后，B 村的环境治理更为便捷，特别是生活区的环境整治和基础设施建设更为有的放矢，便于调动农民参与的积极性、主动性。随着村庄治理的现代化和生态化，B 村农民的责任意识和生态意识逐渐增强，在村“两委”和党员的带动下，农民不仅把家里收拾得干净卫生，还积极参与到村庄环境治理中，形成了党员干部带头、村民积极参与的良好氛围，推动了村庄环境治理的常态化和持续化，村庄上上下下共同维护干净优美的生活环境。

B 村通过村庄规划和建设，通过村庄卫生管理和环境治理，极大地改变了村容村貌，改善了人居生态环境，把一个曾经的工业村、乱村打造成了一座生产生活生态“三美”的新时代农村，全国文明村的称号实至名归，与之相伴的是，提升了农民的生态文明素质，促进了农民生态行为践行。

（二）村庄民主管理促进了农民主体意识的觉醒

农村建设的关键在于发挥农民的主体性作用，农民是村庄治理的参与者、监督者、管理者和直接受益者，在村庄建设中应积极引导村民将参与社区治理与保护自身经济利益相结合，推动村庄的发展，在参与村庄治理中实现自身的理想和价值，以农民为主体是新农村建设成功的一个基础性前提。①

B 村村庄治理和发展过程中一个重要的特色是其民主管理。村“两委”处理村内事务严格遵守“阳光议事七步法”制度，明确议什么——与群众相关的重大事项，谁来议——村“两委”、党员、村民，怎么议——支部提议、“两委”商议、党委政府审核、党员大会审议、

---

① 温铁军：《中国新农村建设报告》，福建人民出版社 2010 年版，第 298 页。

村民议事会决议、决议公开、实施结果公开，议的效力——大事能议、议而能决、决而能行、行而有果，逐步建立起领导核心突出、运作程序规范、办事公开透明、工作高效协调的村级事务良性运行格局。在B村，奉行“大家的事情大家议　大家的事情大家办”“坚持党的领导　发展基层协商民主”，让村民当家作主，村级工作干什么、怎么干都让村民来决定，好不好让村民来评判，村民有了话语权，一方面有效地激发了村民的主体意识和责任感，村民实现了由“不关心”到“主人翁”的转变；另一方面也倒逼村干部改进作风，顺应民意办事，做到公开、公平、公正，保障村民权益，为村民服务，接受村民监督，群众满意度达到了90%以上，村级事务管理基本达到“大事能议、议而能决、决而能行、行而有果”的目标，村“两委”关系协调、党群干群信任融洽，经济社会和谐稳定发展。

B村民主管理的另一个重要体现是其村规民约。B村的村规民约非常规范，包括前言和正文。前言中对村规民约进行了严格定位：村规民约是村民自我管理、自我服务、自我教育、自我监督的行为规范，也是党组织领导下自治、法治、德治相结合的现代基层社会治理体系的重要形式。村规民约的基础是务实管用，为了制定出全体村民共同认可、共同遵循的行为准则，B村在严格遵守法律法规的基础上，广泛征集民意，制定出符合本村实际的村规民约，同时B村对村规民约适时地更新调整，让村规民约顺应新时代、新要求，历次修订村规民约都是在征求各方意见后，提交村民会议讨论通过，是真正的集村民智慧、聚群众意见而成。不仅如此，B村还把自2003年以来修订的村规民约集结成册，这是B村近20年民主管理的缩影，是时代的印记和村庄文明的记录。

我们每次换完届都干几件事，其中之一是村民大会修订村规民约，选村民代表，村规民约修订完了之后村民代表要对它做出表决，同意还是不同意。草稿大家都同意了以后，才形成方案。（20201204BCQ）

目前，B 村最新一版村规民约是在 2021 年 5 月 23 日村民会议上通过并发布施行的，该版前言中明确了村规民约的定位、基础和生命力，正文包括总则、村庄事务、集体资源、男女平等、村风民俗、村容村貌、消防安全、邻里关系、社会治安、兵役登记、志愿者服务、违约责任、附则共 13 章内容，全文共 5163 个字。正文首先介绍了村规民约制定的背景和原因：

为全面实施乡村振兴战略，形成良好的村风、民风，推动乡村共治善治，营造安居乐业的社会环境，实现乡村文化振兴，促进农村经济发展，建设新时代中国特色社会主义新农村，使我村永保“全国文明村”称号，依据国家有关法律法规，经全体村民讨论通过，制定以下村规民约。

总则包括三条，分别是：

第一条　旨在贯彻实施《村民委员会组织法》，加强基层民主政治建设，保证在村党支部的领导下实行村民自我管理、自我教育、自我服务，保证村务工作正常运转，促进我村经济发展和社会进步，维护社会安定团结，营造健康向上的村风民风，充分调动广大村民建设新时代中国特色社会主义新农村的积极性。

第二条　坚持以经济建设为中心，认真贯彻党的路线、方针、政策，遵守国家法律、法规，按照民主决策、民主管理和民主监督的原则，实行村民自治，加强村务管理。

第三条　本《村规民约》由村委会实施，村民代表会议监督执行。

以上三条无不体现了 B 村的民主管理。B 村认为，村规民约的生命力在于执行。为了贯彻执行好村规民约，B 村把履行村规民约的情况作为对村民评先树优的依据，对违反村规民约的有相应的处理措施，白纸黑字定下来的规矩有效地约束和规范了村民的行为，让村规民约在群众中有地位、有权威。村“两委”干部带头履行村规民约，成立了村务监督委员会，实行了“阳光议事七步法”，落实了群众的知情权、参与权、表达权和监督权，做到公开、公平、公正，真正实现了让村务在阳光下运行，凝聚了人心，发展了村庄，使村民在潜移默化中提高了道德修养、文明程度。B 村将村规民约视为“治村宝典”，在共治共享中推动了村庄文明和谐发展。

B 村 20 年里始终坚持村级事务管理全过程民主，举旗帜、聚民心，实现了组织、产业、文化、人才和生态的全面振兴，其民主管理增强了村民的主体意识，在乡村振兴中村民勇担主体责任，共建美丽村庄。

（三）生态农业的发展增强了农民生态意识

20 世纪 80 年代，B 村的工业发展得比较好，但是农业没有得到足够的重视，一直延续传统农业的发展思路。相比较于现代农业，传统农业主要以手工劳动为主，靠世代积累流传的经验耕作，机械化、现代化程度很低，其特征在于“技术状况长期保持不变、农民对生产要素的需求长期不变、传统生产要素的需求和供给处于长期均衡状态”。[①] 美国著名经济学家西奥多 · W. 舒尔茨将传统农业定义为“完全以农民世代使用的各种生产要素为基础的农业”[②]。这种传统农业往往生产效率低，收益少，长期进行传统农业耕作的农民的思想意识相对比较保守。要改变这些，必须改变传统的农业生产方式，发展现代农业，因为“发展现代农业，实施传统农业的经济技术改造，是当今世界农业发展的主导潮流。”[③] 现代农业是发达的科学农业，它既包含有高水平的综合生产能力，诸如有现代科技、现代装备、集约化、可持续发展等特征；又包含有现代制度，诸如有现代管理、专业化、社会化、商品化等特征；更重要的特征是农业在国民经济中成为

① 王铁梅：《企业主导下的村庄再造》，博士学位论文，山西大学，2017 年，第 92 页。
② ［美］西奥多 · W. 舒尔茨：《改造传统农业》，梁小民译，商务印书馆 1999 年版，第 4 页。
③ 刘立军：《走出传统农业》，甘肃人民出版社 2008 年版，第 446 页。

具有较强竞争能力的现代产业。[1] 随着时代的发展，发展现代农业成为历史的必然。为此，B 村在征求民意的基础上流转土地，终结了传统的农业生产方式，进行了现代农业的规划和发展。

B 村在村庄的东部引进了生态农业项目，建设了现代农业生态示范园，按照“一棚二基地三区一场”的规划设计进行建设。一棚：即智能温控大棚，主要种植稀有苗木、花卉、水果、蔬菜等，引领精准高效农业发展。二基地：农耕文化体验基地，规划建设农耕工具展览区、农耕生活实践区、乡土童趣乐园区、田园风光游览区四大区域；同心利标准化生态养殖繁育基地，养殖过程全部实现电脑自动控制，由上市企业新希望六和股份有限公司全程进行技术托管，成为 Z 市规范化建设标准最高的养殖繁育基地。三区：苗木培育区，主要培育青檀、杜仲、文冠果等高档绿化苗木；优质林果栽培区，主要栽植黄晶梨、映雪黄梨、猕猴桃等优质特色林果；休闲体验娱乐区，建设市民菜园、百果采摘园、香草园，并设立垂钓、农活体验等休闲娱乐项目。一场，即现代家庭农场，该农场是集特色种植、苗木培育、生态养殖、休闲观光为一体的现代生态农业园，该园的建设和发展，实现了经济发展和生态保护的“双赢”，一方面促进了村集体和农民收入的增加，另一方面开阔了农民的视野，不管是在此耕作的农民还是来此观光采摘的游客，思想意识都受到了很大的影响，生态意识明显增强。

B 村生态农业示范园的建设，不仅是传统农业方式的改变和终结，也不仅是现代生态农业方式的转变，更为重要的是农民的思想观念发生了改变，传统农业生产方式下的小农意识逐渐被开放的现代生态农业生产方式所取代，追求健康安全的绿色种植养殖方式在潜移默化中塑造了农民的生态意识，助推了农民生态价值观的养成。“产业兴旺、生态宜居、乡风文明、治理有效、生活富裕”是 B 村的发展目标，更是 B 村的现实写照。

---

① 郑有贵、李成贵：《中国传统农业向现代农业转变的研究》，经济科学出版社 1997 年版，第 15 页。

二　惯习重塑：农民生态价值观养成

经过多年的发展，B 村农民的生态惯习逐步重塑，实现了与农村场域的契合，在相互契合的过程中，农民的生态意识显著增强，农民的生态价值观得以养成，这可以从对 B 村的调查问卷统计结果中看出来。

（一）生态自然观

生态自然观方面，统计结果显示，超过 80% 的农民认为人与自然是有关系的，而且是和谐的关系，认为二者是对立的只占 7.69%；对于“动植物和人一样具有生存的价值和权利”的看法，超过 90% 的农民是赞同的，不赞同的只有 5.77%；对于“山清水秀才能人杰地灵”观点的看法，98.07% 的农民赞同，另外有 1.92% 的农民不清楚，没有人不赞同；就“人类应该尊重自然保护自然”的观点，100% 的农民都赞同；对于“破坏环境会出现不好的后果”观点的看法，除了 1.92% 的农民说不清，其他农民都赞同，没有人不赞同。由此可见，就生态自然观方面，B 村绝大多数农民达到了很高的认知。

（二）绿色生产观

就耕地方面，B 村种地的农民占到了 67.13%，这说明 B 村很好地保留了耕地，其中包括生态农业区；关于发展经济和保护环境的优先问题，主张先经济后环保的只有 7.69%，主张先环保后经济和二者同时进行的超过了 90%，特别是主张先环保后经济的达到了 44.23%，这说明 B 村大部分农民的环保意识是很强的；正因环保意识强，所以就“不能为了赚钱肆意破坏环境”的看法，有 96.15% 的农民非常赞同，只有 3.85% 的农民不赞同。由此看来，关于发展经济与保护环境的关系问题，B 村农民的意识很明确，即不能为了经济破坏环境，具体落实到生产实践中，B 村的农民也是这么做的，这方面从访谈和实际观察中可以感受到。

（三）绿色生活观

从统计数据来看，在日常生活中，B 村农民已经形成了节俭环保和绿色消费的意识和行为习惯。具体而言，就出行方式来看，有67.13%的农民选择步行或骑自行车这种最节约最环保的出行方式；对于“垃圾不能随便扔”“要节约用水用电”观点的看法，有98.07%的农民赞同，没有人不赞同，只有1.93%的农民不太清楚；对于“买东西最好自己带购物袋”观点的看法，有84.62%的农民赞同；对于“红白喜事不能为了面子铺张浪费”的看法，高达94.23%的农民持赞同态度，只有1.92%的农民不太赞同。通过这些数据可以看出，B村大多数农民在生活方面注重节俭环保。

（四）生态责任观

生态责任观方面，以下六个问题反映出了B村农民的生态责任担当。就“保护环境　人人有责”的看法，有98.07%的农民赞同，只有1.92%的农民不太清楚；村里的环保活动有82.69%的农民愿意参加，不愿意的只有1.92%；在公共洗手间看到有水龙头一直开着的时候，100%的农民选择去关上；当看到有人乱砍滥伐破坏环境时，98.15%的农民会觉得不应该这样，其中90.38%的农民会上前制止；对于政府加强环境污染管控与处罚问题，96.15%的农民支持，另外3.85%也不是不支持，只是根据情况而定；对于村里进行环境整治收费方面，只有5.77%的农民不愿意。

通过以上统计数据可以看出，B村农民的生态自然观、绿色生产观、绿色生活观和生态责任观都比较强。B村农民生态价值观的养成不仅可以从上面的问卷数据分析看出来，从与农民的访谈中也可以感受出来，比如：

访谈员（魏）：如果村里有个污染项目对咱健康有害，您会反对吗？

村民：当然得反对了。

访谈员（魏）：您响应国家的政策保护环境吗？

村民：那当然得响应。

访谈员（魏）：您支持政府加强对环境污染的管控吗？

村民：那当然支持。

访谈员（魏）：您是否愿意接受生态环境方面的宣传？

村民：那当然了。

访谈员（魏）：您觉得先发展经济还是先保护环境？

村民：先保护环境再发展经济啊。

访谈员（魏）：如果环境整治需要咱交钱，咱交吗？

村民：肯定交啊。

访谈员（魏）：如果有人乱砍滥伐咱会制止吗？

村民：制止。

访谈员（魏）：您对村里环境满意吗？

村民：满意，我们这里夏天也没有苍蝇蚊子。

访谈员（魏）：自然环境与您的生活有关系吗？

村民：有啊，苍蝇多了也有污染对吧。

访谈员（魏）：您担心后代人的生活环境会越来越差吗？

村民：不会的，会越来越好的。

访谈员（魏）：村里环保的宣传对你影响大吗？

村民：肯定啊，肯定知道把村里卫生搞好啊。

访谈员（魏）：你们垃圾都扔垃圾桶吗？

村民：为什么不扔啊？都要扔垃圾桶啊，我们这小孩都知道垃圾要扔垃圾桶。

从上面访谈对话中农民的三个“当然”可以感受出他们对生态环保的重视。

第四节　多因驱动：B 村农民生态价值观养成的关键

农村场域相对稳定的社会结构中，各行动主体处于不同的网格节点上，在 B 村的发展过程中，各行动主体相互容纳，形成合力，助推农民生态价值观的养成。其中，T 市政府和 N 镇政府提供政策和资金支持，并协调项目引进和指导，村“两委”作为基层政府和农民的连接点，进行沟通协调，做到上传下达，通过党建引领农民集体行动，农民作为主体积极参与村庄发展，村庄社会组织和入村企业搭建各种平台提供各种资源，由此各行动主体形成了协作合力，农民生态价值观得以养成。

一 上级政府指导支持

20 世纪 90 年代末，B 村村庄管理陷入瘫痪，这引起了 N 镇政府的关注和重视。二十多年来，镇政府从抓村级班子建设开始，加强对 B 村的指导支持，帮助 B 村各方面步入正轨，并就诸多方面进行政策支持和项目招引，以 B 村为村庄发展重点，逐步将 B 村打造成了全国文明村、山东省美丽乡村，为农民生态价值观养成提供了良好的条件和环境。

（一）规划引领，推进美丽乡村建设

近些年来，T 市坚持“生态为基，民生为本”的方针，按照全域推进美丽乡村建设的总体思路，全力推进农村人居环境千村整治。在此指导下，N 镇从本地实际出发，秉持“望得见美景，看得见绿水，留得住文化，记得住乡愁”的美丽乡村建设理念，按照“生产美、产业强”“生态美、环境优”“生活美、家园好”的思路，通过召集会议和制定方案的形式，明确各村的美丽乡村建设的任务，并提出了可供参考借鉴的方式方法，为各村的美丽乡村建设指明了方向。而且，N 镇坚持精准规划，深入挖掘各村地域特点、文化底蕴，着力打造“一村一主题、一区一风貌”的特色美丽乡村。为此，围绕生态、发展、富民的要求，N 镇深度挖掘和利用现有生态资源，大力发展以乡村休闲业态为特色的城市近郊生态观光旅游业，比如在 B 村引入工商资本建设了现代农业生态示范园，该园成为集苗木培育、生态养殖、特色种植、休闲观光为一体的生态农业观光基地。通过发展农业生态观光旅游业，B 村一方面打造出了集产业发展、

生态旅游、观光农业为一体的生态经济新增长点，另一方面使得传统农民转变为职业农民，在农业生态示范园工作的过程中，农民的生态种植、循环经济意识增强。

（二）实施农村党组织带头人培育工程，为 B 村打造坚实的村级班子

为提升村级党组织能力，T 市不断完善村党组织带头人优化提升制度体系。根据《中共山东省委组织部关于实施村党组织带头人队伍整体优化提升行动的工作方案》，T 市市委组织部印发了《村党组织带头人队伍整体优化提升“1 + X”制度》，并下发了《关于建设全市乡村振兴培训基地的通知》，制定了机关干部到村任职、面向社会招聘村书记、乡村振兴培训基地建设等若干配套政策，构建了完善的村党组织带头人队伍选拔、管理、培训、保障等制度体系，持续深化村级班子优化提升工程，深入推进“四定双诺三挂钩”目标管理，扎实开展“千名支书进党校”活动，动态调整村书记，确保村村都有强书记。在具体工作中，树立实干导向，坚持“有为才有位”的原则，抓实目标管理，将一、二、三类班子村书记月基本报酬提高到 1654 元、1323 元、1103 元，选取优秀村书记纳入专业化管理，参照事业编人员标准落实待遇，从优秀村书记中招录公务员和事业编，加大评先树优力度，通过这些举措激发村党组织带头人工作的“内生动力”，持续优化村级带头人队伍。在建设美丽乡村的过程中，N 镇坚持把基层党建作为美丽乡村建设的第一动力，深入实施农村党组织带头人培育工程，加强村级班子建设和制度激励约束，进一步激发村（居）党员干部干事创业的精气神，严格落实镇、党总支、村三级责任制，形成了镇党委政府牵头、班子成员分线作战、党总支承上启下、村级具体实施、群众共同参与的工作格局。对于环境保护，N 镇聚焦制度建设，抓常态保持，制定出台了环境卫生街长负责制、党员义务奉献日、门前“三包”制、月考核验收制等六项制度，实行“一把扫帚扫到底”，纳入村级考核，通过考核倒逼压力传导。通过激励和考评，B 村党支部书记秦某被评为“担当作为好书记”，B 村

被授予乡村振兴培训基地，B村党支部被评为Z市基层党建示范点、T市示范党支部。

（三）加强政策项目资金支持，将B村打造成美丽乡村示范点

在美丽乡村建设中，N镇通过夯实基础、培育特色、分批推进。2018年度“美丽乡村”项目位于N镇中部，涉及B村，为B村的美丽乡村建设提供了政策资金支持。不仅如此，N镇还按照“做特做优产业、做大做亮文化、做美做精村庄”的思路，选中区位优越、交通便利的B村创建省级美丽乡村。在建设中，一方面统筹推进基础工程建设，改善人居环境；另一方面积极推进农村环境景区化建设，突出乡村历史和人文元素，打造“一村一景”新格局。并且，N镇还发挥近邻城区的优势，以B村为重点，建设了全国文明村样板片区，B村成为T市美丽乡村示范村，也是N镇村一体化建设的典型代表。N镇在全镇大力推广B村“五好促五振兴”的先进经验，努力打造融体验式、情景式、互动式于一体的特色教学点，来N镇的省市县各级部门视察、考核、调研、教学和观摩等活动，镇政府大多都会选择在B村进行（见表5－2）。

表5－2　**部分省市县各级部门到B村视察、考核、调研、教学和观摩情况**

单位人员	对象	内容
山东省省政府研究室	B村	调研乡村振兴工作
山东省委党校	B村	调研党建工作
山东省果树研究所	B村	检查指导果树产业发展工作
Z市镇域环境整治提升考核组	B村	镇域环境整治提升考核
Z市县级干部、科级干部进修班	B村	开展现场教学活动
Z市基层干部专科学历班	B村	开展实践教学活动
Z市人大常委会	B村	视察农村集体产权股份制改革工作
Z市乡村振兴局	B村	调研产业发展项目进展情况

续表

单位人员	对象	内容
Z 市农业农村局	B 村	调研现代高效农业发展情况
Z 市乡村振兴局	B 村	调研产业项目
Z 市农建办专家组	B 村	查看现代生态示范园建设情况
Z 市住房和城乡建设局	B 村	调研美丽村居建设情况
T 市市委常委、市委办公室	B 村	调研乡村振兴工作
T 市第一书记讲堂观摩团	B 村	观摩党建引领社会化治理和集体经济发展工作
T 市城乡环卫一体化考核组	B 村	城乡环卫一体化考核
T 市市委副书记、副市长	B 村	调研乡村振兴工作
T 市人大常委会	B 村	调研乡村振兴战略实施情况
T 市市委宣传部	B 村	调研新时代文明实践站文明达标村建设工作
T 市农业农村局	B 村	调研新型农业经营主体涉农项目资金使用情况
T 市林业和草原局	B 村	检查验收“T 市森林村居”创建工作
T 市乡村振兴局	B 村	调研 2022 年乡村振兴产业项目
T 市市委常委	B 村	对党建引领乡村振兴等工作进行现场调研
山亭区委组织部	B 村	调研基层党建工作
宁阳县考察团	B 村	参观美丽乡村建设工作
N 镇	B 村	环境卫生整治现场观摩推进会
N 镇	B 村	创卫现场办公会

资料来源：笔者根据调研组对 B 村的调研资料整理制作。

除镇政府政策支持外，T 市政府定期召开现场观摩会、经验交流会，培树典型、取长补短，激发比学赶超热情，积极组织村干部到全国各地强村寻标对标、学习先进经验，通过现场学习典型经验、亲身感受先进地区发展氛围，进一步夯实责任意识、创新建设理念，高效推进工作落实。B 村股份经济合作社的置业项目就得益于外出考察学习。2017 年，B 村党支部书记秦某通过到苏浙一带考察学习，深受农村产权制度改革的启发，创新发展思路，在 Z 市率先提出了成立农村置业股份合作社的想法并落实。

在美丽乡村建设中，市镇两级都强化财政扶持，对村级项目进行帮扶引导、跟踪问效，破解发展瓶颈。如 B 村观光生态示范园建立后，高压供电成了园区长远发展的制约因素，为此 N 镇党委、政府、镇供电部门积极争取和实施供电项目，全力确保现代农业发展用电。在上级奖补、镇级补贴、村集体投入等多渠道筹资的同时，镇政府动员和激发广大群众出工投劳、捐资捐物，全力抓好垃圾清理、绿化栽植、环境维护等基础工作，全镇上下形成了美丽乡村大家共创、美丽乡村人人共享的浓厚氛围，B 村实现了“三生三美”。

（四）加强环境整治，培育文明乡风，提升农民生态文明素养

为建设宜居宜游、生态优美、富有特色的美丽乡村，N 镇全力推进城乡居住环境、环卫、道路、自来水、公交、供电、卫生厕所改造等城乡环卫一体化工程，极大地提升了农民的生态意识和文明素养。具体工作包括：一是强化资金保障。按照“政府主导、分级负担、全民参与”的原则，该镇建立了“农户（个体经营户）收一点、企事业单位出一点、镇财政补一点”的资金筹措模式，多渠道筹集资金，从根本上保证运行经费。二是完善设施配备。该镇始终坚持把基础设施建设作为工作的着力点和突破点来抓，自 2013 年环卫一体化工作启动实施以来，镇、村累计投资 570 余万元用于完善环卫硬件设施，实现了镇有垃圾压缩中转站、村有垃圾箱、户有垃圾桶、保洁员每人 1 辆垃圾收集车的“四有”目标，环卫设施实现全覆盖。三是抓好队伍建设。明确 4 名专职管理人员，做到组织、人员、地点、经费、制度“五落实”，村级配备了 125 名保洁员，对保洁员实行“统一纳入管理、统一教育培训、统一作业标准、统一发放工资、统一督导考核”。该镇按照“做特做优产业、做大做亮文化、做美做精村庄”的思路，通过实施农村生活垃圾治理、生活污水治理、村容美化亮化、村内道路硬化、农村无害化旱厕改造、建筑立面改造、村内文体设施和特色产业项目建设等一系列工程，使村庄面貌提升、功能完善、宜居宜游。

在美丽乡村建设中，N 镇注重与乡村文明相结合，重点加强思想道德、精神文明和公共文化建设，全面培育文明乡风。一是实施基层公共文化设施完善提升工程，加强农村公共文化供给。该镇各村都建设文化广场，用于村民举办文体活动和文艺演出；建设农家书屋、电子阅览室、文化活动室、图书室，用于村民日常学习和娱乐；建设文化墙，弘扬民间文化，传承民俗民风。二是深入推动“四德工程”，积极挖掘个人品德、家庭美德、职业道德和社会公德领域的典型事迹和先进个人，进行评选表彰，树立道德标杆，大力开展精神文明创建，各村建立“四德榜”和道德大讲堂，建立典型人物动态评选机制，开展“最美共产党员”“最美南沙河人”“好媳妇、好婆婆”等多项评选表彰活动，在群众中培育、树立各类“草根模范”，营造了浓厚的孝善之风。三是深化移风易俗工作，全镇 38 个村全部成立红白理事会，突出“一约四会”，杜绝红白事大操大办的现象，形成了新事新办、崇尚节约的文明新风。

在上级政府的指导和支持下，B 村的美丽乡村建设已经成为 N 镇乃至 T 市的一张名片，是 N 镇美丽乡村建设和乡村振兴的缩影。

二　村级班子的努力作为

为了家乡 B 村的发展，现任村党支部书记秦某主动放弃了在粮食系统的工作，自 2001 年 10 月担任 B 村党支部书记以来，其带领村党支部突出党建引领发展，创新民主管理，挖掘工业园区潜力，引进生态农业项目，服务民生发展需求，赢得了广大村民的认可和支持。

（一）突出党员示范，强化党建引领作用

B 村党支部在带领村庄发展的过程中，坚持党员模范示范作用，加强组织建设，坚持三会一课、民主理财、三务公开三项制度和当好“排头兵”、打破“一言堂”、杜绝“看着办”、群众“说了算”工作四部曲。村“两委”坚持“公道正派、阳光议事”的治村理念，以

建立扩大党员群众民主参与、民主管理、民主监督的制度为抓手，持续推进村级管理规范化，使支部堡垒有了坚实的群众基础、村级发展有了坚强的领导核心。B村大力推行“党建织网”，把“党支部、党小组建在网格中”，积极拓展党员中心户示范、党员街长负责、无职党员设岗定责，让更多的党员干部进网入格，织就了一张“支部引领、党员带头、群众参与”的村庄治理网格。在网格化管理过程中，坚持党建引领，由村党支部书记任网格长，整个村庄划分为七个网格，每个网格配有一名党小组长和一名单元网格员进行日常管理服务。在日常工作中，村党支部明确规定了党员“三单式”服务流程和“五带头五不为”承诺，“三单式”服务流程即“群众点单、支部下单、党员接单”服务流程；“五带头”即带头遵纪守法、带头参与公益事业、带头维护邻里团结、带头支持村级开展工作和带头弘扬社会公德和家庭美德；“五不为”即不违章搭建、不破坏环境卫生、不拖欠集体各项费用、不参与或支持无理上访和不说有损党员干部形象的话。B村还探索实行了“党支部＋合作社（农村经纪人＋农户）＋专业市场”的发展模式，由党支部组织实施，合作社具体经营，专业市场牵线搭桥，将党支部的政治优势和合作社的经济优势整合起来，实现农民致富、集体增收。

（二）创新管理方式，促进村级民主管理

B村管理和发展的一个重要法宝，就是民主管理。“干的每一件事都得让群众来监督”，这是村党支部书记秦某的座右铭。B村民主管理的重要体现在于其管理的规范化、制度化、公开化。在村庄管理过程中村“两委”创新实施了“阳光议事七步法”，按照村支部提议、村“两委”商议、党委政府审核、村党员大会审议、村民议事会决议、决议公开、实施结果公开七个步骤，做到大家的事大家议，村内大小事务都实行民主决策。虽然办事程序复杂了，但是干群互信逐步建立起来；虽然有的提议被否决了，但是干事创业的思想逐步统一起来。整个村庄实现了由“散成沙”到“拧成绳”的转变，村民议事会决议的大事难事办一件成一件，干部的成就感更强了、全体村民干事的劲头更足了。通过阳光议事七步工作法，实现了三个重要转变：由干部说了算到大家商量办、由关门议事到阳光议事、由百呼不应到一呼百应，这一先进做法入选山东省省委组织部《“莱西会议”再出发》典型案例。在B村办公楼有一间专门的档案室，有专人归档管理，里面整齐有序地摆放着不同时期不同类别的档案，有民主议事、三务公开、村务监督等类别，村里的每次会议都有会议记录，而且会议记录也会整理入档，即便过去多少年村庄大大小小的事情都有迹可循，例如多年以前党支部扩大会讨论的低保户问题，这个会议召开的时间、地点、主持人、内容、过程、谁签过字等都有记录，在档案室都可以查到原始会议记录和材料，这不仅体现了B村管理的规范化，更体现了村庄管理的民主化。B村管理民主化的另外一个重要体现是其村规民约的制定和实施。虽然现在大部分村庄都有自己的村规民约，但是要么只是草草制定了几十个字，要么制定了几百个字但只是摆设没有实质性作用。但是B村的村规民约从制定到实施都是从为民办实事的角度出发，在制定的过程中广泛征求民意，通过由各方代表参加的会议不断进行讨论修改完善，制定的内容详细具体，足足五千多字，实施起来有据可循，而且所有村民都监督村规民约的实施，让整个村庄实现了治理制度化，无论是制定还是实施都真正体现了民主。

（三）打造清廉样板，规范村务监督机制

村党支部书记秦某带头推选了9名群众威信高、民主意识强的老党员、老干部进入村务监督委员会，对村中的大小事务采取事前参与、事中监督、事后评估的方式进行全程监督。固定每月28日为民主理财日，村里花的每一分钱都由村务监督委员会进行审核，村内修路、修桥等重大工程，村务监督委员会全程参与，并负责工程验收和审计。严格落实村级事务目标公示制度，每年把经济发展、民生事业、平安建设、自身建设等目标分解到每一位党员干部身上，在村务公开栏进行公示，定期公开实施进度，不让一个干部“偷懒”。通过规范村务监督机制，真正给群众一个明白、还干部一身清白，既调动

了党员群众参与村务管理的积极性，又增强了党支部的凝聚力和号召力。

> 这老百姓选择的村务监督，我们设为9人，从2002年到现在将近20年，雷打不动的，每次换届，都是老百姓选9人。对于全村的收支情况，包括村务工作进行全方面的审核申请，每月28号雷打不动的他们9个人过来，一问一答，了解和掌握收支情况。这个时间一长，老百姓能认可这个班子。(20201205BCQ)

（四）推动民生建设，分享集体发展成果

在B村，村“两委”坚持公开、公平、公正和集体成果大家共享的发展思路进行村庄治理，调研中了解到的一个典型事例也证实了这一点。这个事例就是村前的广场绿地建设，一进入村庄映入眼帘的就是宽敞的入村道路、小亭子、广场以及两旁的绿化，三五成群的老人在亭子里聊天下棋，一副悠然自得的田园生活景象，看到此景调研者无不惊喜，惊喜于农村竟然有如此美景，大家都不由感叹“真不愧为全国文明村”。但是如此美景十年前并没有，据村党支部书记介绍，之前是沿河边建的一些小平房。

> 当时一共有28间，是20世纪90年代一些村民私占违建的，多年疏于管理比较混乱，一方面是私自搭建的，有损村容村貌，另一方面集体资产被部分人私占，这不公平，很多村民心理不平衡有意见。后来，我们村“两委”做各种工作，进行了拆除收归村集体，在村庄整体规划的版图内进行了绿化建设，成了现在这个样子。这样老百姓心里也舒坦了，你看上年纪的人在这个小亭子里看看景聊聊天多好，好的环境看着也舒服。(20180325BCQ)

B村村“两委”始终把村民利益放到第一位，认为集体有了钱就得多为村民办实事，始终坚持“发展成果由村民共享”的理念，使得村民生活环境更加舒畅。B村16条街巷全部硬化、绿化、亮化，实现了“户户通”，村内环境始终保持干净整洁。村集体每年拿出收入的50%补贴给村民，包括基本医疗保险每人补助90元，自来水每人补贴20元，卫生费每人补助24元，治安双保、小麦玉米保险村里全部承担，计划生育困难家庭、优抚五保对象还有额外照顾，平均每名村民每年享受补贴160元以上，村庄成为远近闻名的“文明村”“和谐村”。村党支部书记秦某先后获得Z市优秀复员军人、T市优秀党支部书记、五一劳动奖、五星级村党支部书记等荣誉称号，并当选中共第十三届T市委候补委员。

三　企业帮助带动

B村的生态农业和村庄环境治理都离不开企业（家）的帮助和支持，具体包括以下方面。

（一）新希望六和股份有限公司建设生态养殖项目

新希望六和股份有限公司创立于1998年，并于1998年3月11日在深圳证券交易所上市。公司立足农牧产业、注重稳健发展，业务涉及饲料、养殖、肉制品及金融投资、商贸等，公司业务遍布中国及越南、菲律宾、孟加拉国、印度尼西亚、柬埔寨、斯里兰卡、新加坡、埃及等近20个国家。2019年，公司实现销售收入820.5亿元，控股的分、子公司500余家，员工8.2万人。在2020年《财富》杂志评选的中国企业500强中位列第126位，是全球食品安全倡议（GFSI）中国理事会联席副主席单位，新希望六和股份有限公司董事长刘畅是GFSI（全球食品安全倡议）董事会董事、CGF（全球消费品论坛）全球董事、CGF中国董事会联席主席。公司先后获得农业产业化国家重点龙头企业、全国食品放心企业、中国畜牧饲料行业十大时代企业、全国十大领军饲料企业、主体信用等级AAA、中国肉类食品安全信用体系建设示范项目企业、中国供应链金融最佳供应链平台企业、中国消费市场行业影响力品牌、中国食品企业社会责任“金鼎奖”、最具社会责任上市公司奖、中国民营上市公司社会责任30强、全球食品安全倡议（GFSI）董事会成员、中国企业管理凤凰奖、第四届中国畜牧行业先进企业、中国农业上市公司品牌指数第一、主体评级获联合资信评估有限公司“AAA”信用评级、全球食品安全倡议中国（CFSI）理事会副主席单位、综合实力最具价值品牌企业、推动中国饲料与畜产品安全创新企业特别奖、全国食品安全管理创新二十佳案例、第三届中国畜牧行业先进企业等荣誉称号。

公司以“打造世界级农牧食品企业和美好公司”为愿景，以“为耕者谋利、为食者造福”为使命，着重发挥农业产业化重点龙头企业的辐射带动效应，整合全球资源，打造安全健康的大食品产业链，帮助农民增收致富,[①] 促进社会文明进步。公司力图打造“创建生态和谐的世界级农牧企业”，重视环保投入，建设节约型企业，倡导员工开展环保公益活动，推行循环经济建设，促进当地经济、社会、环境的和谐发展。公司提出“和自然”的文化理念和“预防与节约在先，发展与保护同步，创建生态和谐的世界级农牧企业”的新型发展理念，建立实施了 ISO14001 环境管理体系、GAP 良好农业规范管理体系，全面促进环境保护和资源综合利用，努力消除和避免可能给环境带来的任何不利因素，积极推进企业节能技术改造项目实施，运用科技手段做好资源合理使用和节能减排工作。

在 B 村东部，新希望六和股份有限公司投资建设了同心利生态养殖繁育场，这是一个标准化的生态养殖繁育基地。在基地的建设和发展过程中，新希望六和股份有限公司以循环利用、环境友好为核心理念，不断改进生产管理方式，加强环保和节约，力争实现生态和谐。一是在每个猪舍安装智能水表，控制最佳用水量，从源头上进行用水量的减排，避免水资源浪费；二是粪水分离，对污水进行高效环保功能处理，污水通过厌氧和好氧生化等处理达标后，用于灌溉或回冲循环利用，变废为宝，实现零污染；三是坚持粪污处理无害化、资源

① 曾鑫：《奈达功能对等视角下的企业简介外宣材料英译策略》，博士学位论文，福建师范大学，2018 年，第 25 页。

化、减量化的方针，建立有机肥加工项目，粪污通过高温好氧发酵转化为有机肥进行还田，让废弃物创造价值；四是发展种养结合的高效生态农业，粪污处理后用于农业生产，通过内部循环型绿色经济模式实现零排放。

作为一个追求生态和谐的公司，新希望六和股份有限公司在B村的项目建设和发展，深刻地影响了B村及其村民，一方面在资源节约和环境保护的基础上促进了村集体和农民的收入，另一方面影响了村“两委”班子和农民的思想意识，促进了农民生态意识和循环经济意识的生成。

（二）银行的资金支持

B村在建设和发展过程中，每一个方面都需要资金投入，在村集体资金有限的情况下，多个银行进行了资金支持。在T市农商银行的支持下，B村整建制流转土地800亩，建设了高效立体种植示范园，打造了集林果采摘、农耕体验、休闲观光于一体的特色园区。而且，T市农商银行还结合B村经济股份专业合作社管辖的村集体资产比较规范的实际，积极对接镇经管站和市农业农村局，办理了以村民所持村集体资产股权作辅助抵押的股权抵押贷款业务，为村庄产业发展提供资金支持。不仅如此，B村还与农商银行协调资金20万元建成了党建灯塔。

不仅村庄的建设发展获得了银行的资金支持，农民的创业发展也得到了银行的资金帮助。T市农商银行针对农村致富带头人、青年农民、外出务工返乡创业人员等人才推出了“富民生产贷”“创业担保贷”等信贷产品。2020年，为了解决担保难、手续复杂等原因造成村民贷款困难，村民发展经济受到限制的问题，村“两委”与中国人民银行Z市中支行、T市农商银行对接，推进村企共建，设立了中行和农商行金融服务点，方便群众办理金融业务，实现村民足不出村就可享受全方位的金融服务。同时银行对全村村民进行统一授信，授信后村民不用找人担保，在手机上就能直接申请到5万元以内的贷款。在村里经营一家小餐馆的村民王某通过手机银行免授信贷款4万元，10多分钟资金就到了账，他说：

我经营着一家餐馆，这几年因为家里流动资金有限，银行贷款又比较难，想装修的愿望一直没能实现。现在好了，不用找担保人十多分钟就申请到了银行贷款。现在餐馆的装修好了，顾客也多了，我的生意也越来越红火了。(20201205BCW)

不仅如此，中国人民银行Z市中心支行、T市支行相关负责人还多次到B村调研乡村振兴普惠金融样板村建设，及时了解问题助力乡村振兴。

（三）企业家的反哺助力

T市大成建筑装饰工程有限公司的总经理秦某是一名80后，在不到30岁时就身家千万，在成就自己人生精彩的同时，致力于家乡的公益事业，助推B村的发展。秦某15岁辍学后从事建筑行业，多年以后，凭借其在建筑行业摸爬滚打的经验和人脉资源，在B村桥头开了个小门头，经营铝合金门窗，同时还承接装修和土建工程的活，很快就为自己积累下了几十万的财富，成为村里年轻人的榜样。后来又承包了T市多个楼盘的土建工程，手下管理了几十甚至上百个工人，生意做得风生水起。2010年，秦某跟随B村村干部到华西村参观，当看到“家有黄金数吨，一天也只能吃三顿；豪华房子独占鳌头，一人也只占一个床位”这句话时，很受触动，为了让村民都过上快乐幸福的生活，秦某先后为B村文体广场捐赠土建实物3万余元，为村级修路捐资1万元，并为村里水塔安装6000余元射灯，为村里文化广场购买了投影仪和音响设备。同时，还帮助困难村民偿还5万多元的信用贷款，为素不相识的白血病病人捐款。他的这种精神和行为，打动了村民，促进了村庄的发展。

B村历经多年的发展，正是在上级政府、村“两委”和企业等各方面的共同努力下，立足实际、科学规划、突出特色，打造了宜居宜业的美丽乡村，让农民在良好的场域中实现了生态价值观的养成。

第六章　农民生态价值观的养成逻辑

农民生态价值观的养成有其特定逻辑，本章在对前面四种类型的农民生态价值观养成实践分析的基础上，从“场域—惯习”的视角，总结出农民生态价值观的养成逻辑，以更好地为农民生态价值观培育路径提供思路和导向。

第一节　农村场域与农民惯习

一　农村场域：农民生态价值观养成的实践空间

“场域”是一个极具内涵的社会学概念，同时体现了环境的结构和关系特征。对于农民来说，农村就是一个具有结构和关系特征的典型的场域，[1] 农民生态价值观就是在农村场域中生成的一种惯习。依据布迪厄的场域概念阐释，农村场域不是一个实体概念，它指代的不是一个单纯的地理区域，而是一个研究过程中的功能型概念，是一个充满意义和价值的世界。具体而言，农村场域可以理解为农村空间中不同行动者（基层政府、村“两委”、村级自治组织、农民、企业等）依据特定的资本形式进行互动形成的客观关系网络构型，这种客观关系常常表现为支配与服从、竞争与合作等关系。

（一）农村场域的构成要素

相对于城市等其他场域，农村场域有其特定的构成要素，是在基

---

① 莫丽霞：《村落视角的性别偏好研究——场域与理性和惯习的建构机制》，中国人口出版社 2005 年版，第 219 页。

层政府、村“两委”、农民、村级自治组织、企业等主体间构成的通过农村生产生活形成的客观关系网络，该网络由行动者、惯习、资本和行动构成。在农村场域中，各行动主体拥有自己独特的资本。基层政府作为行政主体，是国家政权在基层的代表，拥有天然的权力资本优势，[①] 同时又因提供财政拨款拥有一定的经济资本；村两委作为连接上级政府和村民的桥梁，拥有权力资本和社会资本；作为农村主体的农民具有社会资本的优势；村级自治组织具有一定的社会资本；企业具有一定的经济资本优势。根据布迪厄的“场域—惯习”理论，农村场域并不仅存在于村委会、农民等主体要素，更重要的是依存于各主体要素之间的关系及主体与场域空间的适切性。上述行动主体在利益诉求、现实关切、价值取向、行为惯习等方面存在一定差异，这种差异在特定情境下可能会使行动主体间产生一定摩擦或者矛盾，导致各方的博弈。各主体之间会进行策略性的互动，这种互动是通过惯习激发的实践体现的，包含着基层政府及村干部的管理策略和农民的接受或反对策略等。各方博弈的结果取决于各行动主体在场域中的位置和可调用的资本。为了避免矛盾的产生，必须整合场域内的各种资本，协调各行动主体的利益诉求，加强场域内的互动沟通，形成良好的合作关系网络，推动农民惯习与农村场域的契合，继而利于农民生态价值观的养成。

（二）农村场域的构成部分

布迪厄认为，“在高度分化的社会里，社会世界是由大量具有相对自主性的社会小世界构成的，这些社会小世界就是具有自身逻辑和必然性的客观关系的空间。”[②] 也就是说，场域是由多个小场域构成的。农村场域涵盖多个子场域，具体可以分为政治子场域、经济子场域、文化子场域、社会子场域、生态子场域等，每个子场域都有自己

① 孙萍：《中国社区治理的发展路径：党政主导下的多元共治》，《政治学研究》2018年第1期。

② ［法］皮埃尔·布迪厄、［美］华康德：《实践与反思——反思社会学导引》，李猛、李康译，中央编译出版社1998年版，第134页。

的运行逻辑和价值理念，就其价值诉求而言，政治子场域追求公平正义法治，经济子场域注重效率和利益最大化，文化子场域关注村情民俗文明，社会子场域强调人际人情关系，生态子场域注重绿色人居环境，这些子场域在不同层面上影响着农民生态价值观的养成。每个子场域都有自己特定的逻辑，但是作为农村这个大场域中的各个子场域，它们相互之间并不是完全独立存在的，而是相互影响的，共同存在于农民的日常生产生活实践中。每个场域中的行动者会有相同的惯习，也会有自己特定的惯习，不同的行动者拥有特定的资本和利益，他们会依据自己的资本和利益在场域中凭借惯习采取行动策略进行以争夺资源和利益为目标的互动与博弈。场域具有明显的同质性，所谓同质性是指所有成员共享大致相似的生活方式，经历相同的社会轨迹，因而具有大致相似的心智结构。[①] 农村场域中的同类行动者因其生活在同一地域，在长期的社会交往中形成了共同的风俗习惯、生活规则和行为意识，由此形成了大致相同的惯习，当然不同行动者个体因其拥有的资本和利益诉求不同，相互间也会呈现出惯习的差异性。

（三）农村场域的特点

作为场域的一种，农村场域具有一般场域所具有的共性，同时又具有自身的特性，具体而言，农村场域的特点有以下三个方面：第一，关系性。布迪厄指出，“场域由附着于某种权力（或资本）形式的各种位置间的一系列客观历史关系所构成”[②]。农村场域由行动者、行动者惯习、行动者资本以及行动实践构成，涵盖政治子场域、经济子场域、文化子场域、社会子场域和生态子场域等多个子场域，但不是各构成部分和要素各自存在，而是相互关联相互影响的关系性存在，而且农村场域内的行动主体之间存在各种关系样态。第二，动态性。农村场域不是一个地理地域概念，而是一个多元主体共同生产生

① 莫丽霞：《村落视角的性别偏好研究——场域与理性和惯习的建构机制》，中国人口出版社 2005 年版，第 201 页。

② ［法］皮埃尔·布迪厄、［美］华康德：《实践与反思——反思社会学导引》，李猛、李康译，中央编译出版社 1998 年版，第 17 页。

活的互动关系网络空间，在这个空间中主体行动引发社会结构、客观环境和关系形态都处于变化之中，都不是一个静态的存在，而是充满了实践并由实践不断推动发展的动态性存在。第三，相对独立性。基于多年来的城乡二元对立性影响，农村被其特有的自然条件、生产方式、乡土文化等因素形塑为不同于城市的特殊场域。相对于城市等其他场域，农村场域是一个相对独立的社会空间，有其特定的行动主体、社会结构、实践逻辑、关系网络和环境样态，虽然在城乡融合的新时期，农村和城市在某些方面呈现出一定的共通性，但是二者的差异依然很大，多年来形成的样态不会立刻完全改变。

二　农民惯习：农民生态价值观的性情倾向系统

（一）农民惯习的内涵

惯习"由'积淀'于个人身体内的一系列历史的关系所构成，其形式是知觉、评判和行动的各种身心图式。"[①] 作为一种已经被形塑了的心智结构，惯习是通过将社会和历史建构的感知、评判和行动图式深刻地内化于个体的心智之中而生成的性情倾向系统。[②] 所谓农民惯习，是指农民在长期的农村生产生活中，通过将外在的客观环境和条件内化于心从而形成的性情倾向系统。以农民生态价值观为例，该惯习所涵盖的图式系统中，知觉图式强调农民对生态价值与生态价值关系的感知，主要反映在生态与生态价值知识方面，如：生态是有价值的；评价图式是基于前期知识的基础上对生态价值与生态价值关系的评价，如人与自然是平等的；行动图式是农民在认知和评价的基础上形成的行为倾向，如尊重自然、顺应自然、保护自然等，该图式系统构成了农村场域中农民生态价值观养成的依据。

（二）农民惯习的双重建构

农民惯习的生成，是指农民在日常生产生活中依据社会建构的图

① ［法］皮埃尔·布迪厄、［美］华康德：《实践与反思——反思社会学导引》，李猛、李康译，中央编译出版社1998年版，第17页。

② 吴俊：《"场域—惯习"视角下大学生学习实践研究》，博士学位论文，南开大学，2013年，第52页。

式范畴形塑自身的认知结构，进而将这一认知结构内化于自身的心智中继而生成一整套相对持久稳定的性情倾向系统的过程。[①] 农民惯习是农民个体性建构和农村社会性建构的统一，既是在农民个体内部建构和生成的，也是在农村场域中建构和生成的。正是这种"外在结构内在化"和"内在结构外在化"的双向运作下，在农村社会性因素与农民个体性因素的交互建构中，[②] 农民的惯习才得以生成或重塑。农民惯习的双向运作逻辑，意味着农民生态价值观养成是一种"结构的建构主义"和"建构的结构主义"共同作用的产物。农民惯习是外在客观结构形塑和内化的结果和产物，一旦形成便会对农民的思维和行动起着稳定持久的作用，但是如果外在客观世界发生改变，农民也会自觉或不自觉地对外在内化的惯习进行调整，从而适应外部世界，满足自己的利益需求。对于同一农村场域的农民而言，因其相同的客观条件使得该群体的惯习具有一定的同质性，但是又因其不同的资本、利益诉求和生产生活经历使得该群体的惯习具有一定的异质性。

（三）农民惯习的特点

1. 稳定持久性

作为外在客观环境内化于心的惯习，一旦形成就会变得稳定持久。因为对于行动者来说，"初始经验必然是优先的、更为重要的；因此构建惯习的性情倾向系统也就具有相对的封闭性。"[③] 惯习"是每个个体由于其生存的客观条件和社会经历而通常以无意识的方式内在化并纳入自身的，具有持久性。这是因为即使这些禀性在我们的经历中可以改变，它们也深深地扎根在我们身上，并倾向于抗拒变化，

① 吴俊：《"场域—惯习"视角下大学生学习实践研究》，博士学位论文，南开大学，2013年，第55页。

② 吴俊：《"场域—惯习"视角下大学生学习实践研究》，博士学位论文，南开大学，2013年，第54页。

③ ［法］皮埃尔·布迪厄、［美］华康德：《实践与反思——反思社会学导引》，李猛、李康译，中央编译出版社1998年版，第179页。

这样就在人的生命中显示出某种连续性”。[1] 惯习是一种先验的前反思模式，是已经沉淀成生存心态的、长期反复的个人和群体特定行为方式，是已经构成内在的心态结构的生存经验，是构成思维和行为模式的、具有持久效应的禀性系统。[2] 这意味着农民惯习一经生成，便具有稳定性，可以持久稳定地影响农民的行为。比如在自然经济状态下形成的小农意识，历经多年的积淀，在市场经济的今天，其在有些偏僻的农村依然存在。

2. 滞后性

作为一种性情倾向系统，农民惯习是在过去社会历史关系中生成的，具有过去历史的痕迹。面对场域的变化，惯习也会相应地发生变化，性情倾向系统也会一直做出修正，但这种改变从来都不是激进的、根本性的，因为惯习的运行建立在以前状态的前提下。[3] 在农村场域突然发生变革或巨变时，农民惯习的稳定性使得它不会随着外部客观环境的变革而立刻发生改变，这个时候农民在变革了的农村场域内继续沿袭已有的惯习，由此就产生了“惯习滞后效应”。农民惯习的滞后性使得旧有惯习与新场域不合拍，受旧有惯习的影响，农民在参与新场域实践活动时会显得格格不入，出现不适感受，由此会出现问题和矛盾，比如农民对于村庄环境治理的不配合甚至破坏环境的行为等，这在一定程度上影响甚至阻碍了村庄环境治理，容易导致农村场域内的主体博弈与结构变化。

3. 建构性

在布迪厄看来，“惯习”虽具有先天的因素，却又不完全是先天的，它具有生成性、建构性，甚至带有某种意义上的创造性能力。惯习的这一特点使得它不同于习惯，“习惯”是传统传袭而来的，不需

---

① ［法］菲利普·柯尔库夫：《新社会学》，钱翰译，社会科学文献出版社 2000 年版，第 36 页。

② 高宣扬：《布迪厄的社会理论》，同济大学出版社 2004 年版，第 115 页。

③ Pierre Bourdieu, *Pascalian Meditations*, Translated by Richard Nice, Stanford California: Stanford University Press, 2000, pp. 160 – 161.

要能动性和创造性，而惯习却具有一种能动性，即不断创造自己的新本质的特性。[1] 尽管惯习具有稳定性和持续性，但是作为历史的、客观的、集体的产物，农民惯习是在农村场域中形塑生成的，场域变迁影响着场域内行动者的感知、认识和行动。农民惯习是外在场域的历史条件和社会结构内化于心形成的认知、评判和行动图式，是一种开放性的性情倾向系统，这种生成性和开放性使得惯习外化为行动并影响场域，农村场域的变迁会引起农民对自身惯习的意识觉醒和反思，会基于场域情境在农村新场域内与客观结构的实践交互中不断进行惯习的调适，继而形成新的惯习，实现与场域的契合，这体现了农民惯习的建构性功能和特点，这种建构性功能能够使农民的思维和行为适应农村场域。

三　农村场域与农民惯习相互形塑

关系主义是“场域—惯习”理论始终坚持的一种思维方式。布迪厄认为，“惯习是通过体现于身体而实现的集体的个人化，或者是经由社会化而获致的生物性个人的‘集体化’”。[2] 作为一套性情倾向系统，惯习通过个人的社会化而实现社会结构的内化，这种内在化的社会结构，在特定场域内的主体身上表现为一致的系统反应，这种反应是主体应对场域要求而做出的可预见和有规律性的集体行动。[3] 由此可见，惯习与场域有着非常强的关联性。布迪厄认为，“惯习和场域之间的关联有两种作用方式。一方面，这是一种制约关系：场域形塑着惯习，惯习成了某个场域（或一系列彼此交织的场域，它们彼此交隔或歧异的程度，正是惯习的内在分离甚至是土崩瓦解的根源）固有的必然属性体现在身体上的产物。另一方面，这又是一种知识的关

---

① Pierre Bourdieu, *Sociology in Question*, London: Sage Publications Ltd, 1993, p. 232.

② ［法］皮埃尔·布迪厄、［美］华康德：《实践与反思——反思社会学导引》，李猛、李康译，中央编译出版社1998年版，第19页。

③ 吴洪富：《大学场域变迁中的教学与科研关系——一项关于教师行动的研究》，教育科学出版社2014年版，第40页。

系，或者说是认知建构的关系。惯习有助于把场域建构成一个充满意义的世界，一个被赋予了感觉和价值，值得你去投入、去尽力的世界。”① 因此，场域与惯习是相互依存、相互成就的，一方面场域形塑了惯习，驱动惯习的维持或改变，另一方面，惯习成就了场域，使得场域有价值有意义。就农村场域与农民惯习的关系而言，亦是如此，二者始终处于动态的交互建构中，相互之间存在“本体论的对应关系”，农村场域形塑着农民惯习，农民惯习生成了农村场域固有的必然属性，是由感知图式、评判图式和行动图式构成的性情倾向系统，作为某种思维方式和价值观念以潜意识状态引导惯习主体的行动，构成场域内的实践，农民惯习通过外化为行动影响场域的社会结构和关系网络，使得农村场域成为有内涵的存在，为场域增添内容与活力，将农村场域建构成一个充满意义的世界。在农村场域中，农民获得了关于生态价值的认知，形成附载了场域社会性结构的图式系统即惯习，并在这种惯习的引领下进行各种实践活动。农村场域与农民惯习之间的关系不能简单地等同于个人与社会、主观与客观的关系，而是建立在实践基础上的农村客观关系结构与农民性情倾向系统之间的交互建构相互融合的动态关系。

第二节　农民生态价值观何以养成

农民生态价值观何以养成是本书研究的重点问题之一。该部分依托布迪厄的社会实践理论，通过对前面几个典型案例的深入剖析，总结出农民生态价值观养成的过程和逻辑。

一　农村场域变迁引发农民惯习不适

基于布迪厄的社会实践理论，农村场域和农民惯习的本体论对应

① ［法］皮埃尔·布迪厄、［美］华康德：《实践与反思——反思社会学导引》，李猛、李康译，中央编译出版社1998年版，第172页。

关系呈现出两种情况：合拍契合与不合拍不契合。

当惯习遭遇的客观条件就是产生它的那些客观条件，或者类似于那些客观条件时，惯习才能很好地适应那个场域而无须自觉地追求目标明确的调适，这时惯习的效应和场域的效应是彼此重合的，[①] 也就是说，惯习与场域是契合的，因为行动者生活的世界和形塑他们惯习的那个世界并不存在根本的不同，在位置和性情倾向之间就会存在一致。[②] 当农村场域与农民惯习交互建构并稳定下来后，农村场域与农民惯习之间往往会呈现出直接对应或相互一致，这时二者便是一种"本体论意义上的契合关系"，在这种契合关系下，农民惯习与农民场域是相互匹配的，农民由此产生一种"如鱼得水的灵动自在"，"就像在自己家里"的感觉，[③] 由此产生了舒适感。对于这一"本体论契合关系"，布迪厄曾评价道，"只要行动者以某种主观性——即客观性的无中介地内化——为基础展开行动，他们就总是只能充当'以结构为真正主体的那些行动的表面主体'"。[④] 但是这种契合并不是一直存在下去的。

惯习与场域除了相互契合，"也存在一些情况，惯习和场域之间并不吻合。在这些情况里，除非你考虑到惯习和它特有的惯性、特有的滞后现象，否则其中的行为就不可理解。"[⑤] 由此可知，惯习的惯性和滞后性使得惯习与场域存在不契合的现象。

作为一种社会空间和关系网络，农村场域是处于动态变化中的。根据"场域—惯习"理论，场域与惯习是互构的，当场域发生变化

---

① 胡杰容：《从收容到救助的制度变迁过程研究——场域与惯习的视角》，法律出版社 2013 年版，第 198 页。

② 胡杰容：《从收容到救助的制度变迁过程研究——场域与惯习的视角》，法律出版社 2013 年版，第 196 页。

③ Pierre Bourdieu, *Pascalian Meditations*, Translated by Richard Nice, Stanford California: Stanford University Press, 2000, p. 147.

④ ［法］皮埃尔·布迪厄、［美］华康德：《实践与反思——反思社会学导引》，李猛、李康译，中央编译出版社 1998 年版，第 52 页。

⑤ ［法］皮埃尔·布迪厄、［美］华康德：《实践与反思——反思社会学导引》，李猛、李康译，中央编译出版社 1998 年版，第 175 页。

时，惯习也会相应地发生变化，性情倾向系统也会一直做出修正，但这种改变从来都不是激进的、根本性的，因为惯习的运行建立在以前状态的前提上，[①] 当农村场域发生改变形成新的场域时，农民生产生活的环境和社会关系都发生了改变，生成于旧场域的农民惯习因其稳定性、持续性和滞后性，会使得它在新的场域中持续存在并发挥作用。相较于场域的变化，惯习的变化具有一定的滞后性，这就会使得二者不同步，二者就会由原来的协调变为不协调。作为一种已经被形塑了的性情倾向系统，惯习是通过将社会和历史建构的感知、评判和行动图式深刻地内化于个体的心智之中而生成的。[②] 由于生成农民惯习的旧场域已被新场域所替代，作为过去历史的主观反映的农民惯习，因其特有的惯性和滞后性导致其未跟上场域变迁的节奏并做出相应的改变，由此导致农民惯习与农村新场域不合拍不契合，引发农民不适。

关于惯习与场域的不契合，有学者称为错位，错位通常有两种类型：同一场域的纵向错位和不同场域的横向错位。纵向错位，即在同一个场域内，场域发生了变迁，但惯习因其特有的惯性和滞后性导致其未跟上场域变迁的节奏做出相应的改变，由此导致旧惯习与新场域的不合拍，产生了二者的错位。横向错位，即同一惯习从一个场域到另一个场域，比如由农村场域到城市场域的农民惯习，因惯习所处的此场域非惯习当初生成的彼场域，由此产生了“水土不服”，使得惯习与新场域发生了错位。本书研究的是置身于农村场域的农民惯习，很显然二者的不契合是一种纵向错位。农民旧惯习与农村新场域的不合拍程度是有差异的，这主要源于农村场域的变化程度。当农民置身其中的农村新场域与其惯习生成之时的旧场域之间的差异不大或者差异产生的时间比较长时，农民受的刺激比较小，这时农民惯习与农村

---

① Pierre Bourdieu, *Pascalian Meditations*, Translated by Richard Nice, Stanford California: Stanford University Press, 2000, pp. 160 - 161.

② 吴俊：《“场域—惯习”视角下大学生学习实践研究》，博士学位论文，南开大学，2013 年，第 54 页。

场域的不合拍程度比较小。反之，当农村场域发生巨变或急剧变化时，农民置身其中的农村新场域与其惯习生成之时的旧场域之间的差异很大，农民受的刺激就会比较大，这时农民惯习与农村场域的不合拍程度比较大，农民惯习与农村场域的不合拍程度会直接影响农民的行为取向。

二　农民的主体性存在与策略性行动

布迪厄的社会实践理论强调场域与惯习的互构，一方面看到了场域对行动者惯习的形塑，另一方面认识到了行动者并不是被动地受场域影响，强调行动者个体的主体性存在和策略性行动。作为“一套反复灌输的性情倾向系统”，惯习按照所生成的实践建构其原则，经由惯习，行动者对情境如何发展作出有意义的回应。[①] 当农民所处的农村场域与自身惯习不契合时，农民不再是一种“如鱼得水的灵动自在”，而是产生了不适感，这种不适感刺激了农民，使农民发挥其主体性和能动性，依据场域情境和自身惯习采取相应的策略性行动，以跳脱出那种不适感。但是，对于变迁了的农村新场域的空间适应和心理融入需要一定的时间和过程。作为农村场域的行动主体，农民存在个体差异性，在外在政策制度的强制性规范约束和个体内在的主观认知、评判和行动图式的影响下，不同农民对于变迁的场域的认知是不同的，对于场域的适应程度是不一样的，部分农民会顺应场域的变迁，主动调适自己的惯习，很快适应新场域；部分农民会固守旧有的惯习，明显表现出惯习相对于场域变迁的滞后性，需经由较长时间的博弈被动进行惯习的调适。

（一）顺应场域变化，主动调适惯习

对于过去历经农村场域多年形塑而形成的农民惯习，深居于农民身心之中，以其特有的稳定性持续地影响着农民的日常生产生活。但

---

① 胡杰容：《从收容到救助的制度变迁过程研究——场域与惯习的视角》，法律出版社 2013 年版，第 184 页。

是作为一种开放的性情倾向系统，农民惯习不是一成不变的，它会“不断地随经验而变，从而在这些经验的影响下不断地强化，或是调整自己的结构”①。当农民惯习与农村场域不合拍的程度较小时，农民由农村场域变迁带来的不适感比较弱，面对已发生结构性变迁的农村场域的客观挑战所带来的不适，农民个体会通过调动能动性进行思考，发挥心智结构的能量，以一种开放、灵活的心态观察场域的变化，依据自身拥有的资本进行行动策略的调整，在农民惯习的建构性特性作用下，主动地进行惯习的调适，从而在自身惯习与农村新场域之间生成一种新的契合。比如很多农村的环境整治使得场域发生了变化，这种外在的客观变化逐步影响了农民的思想观念和行为取向，思想观念方面意识到环境保护的重要性和意义，比如可以为自己和他人提供良好的生活环境，益于大家的身体健康，行为方面从过去的不环保不作为转变为自觉主动地参与环保。调研中发现，很多农民不仅把自己家里打扫得干干净净，还积极主动地维护村庄公共环境卫生，这样的行为进一步促进了村庄的生态优化，二者形成了良性循环，实现了农村场域与农民惯习的互构。在这个互构的过程中，农民惯习不断调适直至达到重塑，这种重塑是经由农村场域的客观结构对农民性情倾向系统的强化、调适来实现的，通过重塑生成了新的惯习，实现了农民新惯习与农村新场域的新一轮契合。每个场域都有其独特的关系网络和实践逻辑，对于同一场域的行动者而言，因其长期共处于相同的社会环境中形成了相似的惯习。农村是一个相对封闭、独立、稳定的场域，置身于其中的农民有着相似的生产生活经历，从而形成了极为相似的性情倾向，比如相似的生活追求、生活习惯、社会关系、审美趣味、文体娱乐方式等，这些都使得农民在生态利益诉求和生态价值取向等层面的差异性不大，所以在面临农村场域变迁的时候，大部分农民的性情倾向和行为选择是一样的，表现出同质性。

---

① ［法］皮埃尔·布迪厄、［美］华康德：《实践与反思——反思社会学导论》，李猛、李康译，中央编译出版社1998年版，第178页。

（二）消极应付甚至反抗，惯习被动调适

布迪厄指出，当惯习遭遇到迥异于其生成场域的场域时，惯习作为实践及表象的生成原则和结构化原则便会受到挑战，甚至完全失效，当主客观结构间的常规性相互适应受到严重干扰时，危机就发生了，[①] 由此导致惯习与场域的严重不合拍不契合。农村场域发生急剧改变时，新旧场域的日常生活结构和图式的差异性会比较大，由过去农村环境关系所形塑的农民惯习因其惯性未来得及改变，旧惯习依然作为一种稳定的性情倾向系统继续影响着农民的思想和行为，这时候农民就会表现出旧惯习与巨变后形成的新场域之间的不适，这种不适又进一步约束了行为主体的思维方式和行为取向。当然，这里存在个体差异，有的人适应很快，有的人适应很慢，适应快的人不适感很弱，很快就转化为适应，甚至如鱼得水，适应慢的人会产生很强的不适感，在这种不适感情境下，部分农民会自主采取相应的策略，依据原有惯习进行行为实践，针对农村场域的变迁形势采取质疑、观望、漠然、拖延等策略。

大部分农村在环境整治的初期都是由上级政府和村“两委”推进的，通常情况是由上级政府出资或上级政府和村集体共同出资、村“两委”和党员带头行动、雇村民进行建设，这期间农民参与得很少，长此以往农民便觉得村庄环境整治是政府的事情，跟自己无关，不但自己不行动，还形成了对政府的依赖心理，甚至有时候涉及个人利益时会对政府和村“两委”产生怨言。党的十九大报告指出要“坚持农民在乡村振兴中的主体地位”[②]。《农村人居环境整治三年行动方案》和《农村人居环境整治提升五年行动方案（2021—2025年）》都特别强调农民的主体性，因为农民是农村的主体，但是很多农村人居环境整治出现了“政府在做、农民在看”的现象，农民的

---

① ［法］皮埃尔·布迪厄、［美］华康德：《实践与反思——反思社会学导引》，李猛、李康译，中央编译出版社 1998 年版，第 177 页。

② 习近平：《决胜全面建成小康社会　夺取新时代中国特色社会主义伟大胜利——在中国共产党第十九次全国代表大会上的报告》，《人民日报》2017 年 10 月 28 日。

主体性、积极性没有被激发出来，农村人居环境整治的效果大受影响，农民是被动地接受，而且农村人居环境整治与改善不是一蹴而就的，是一项复杂的长期工作，整治成果的维护需要可持续，这就更加需要农民的积极参与。但是实际情况却是忽视了农民的主体性，这是农民参与的主动性和积极性不高的一个重要原因。这种情况使得农民与环境整治产生了疏离感，农民没有意识到农村好的生态环境是为农民提供的，需要农民共建共享。而且因为这种疏离感对于农民融入农村新场域产生了消极影响，导致农民对于旧有惯习难以进行积极的调适，比如自家门口柴草堆积现象，农村在环境整治过程中劝导农民把自家门口或房前屋后的柴草进行清理，村“两委”统一布置花草种植，这一劝导在部分农民那里顺利完成，但也有部分农民不理解，觉得这样处理柴草没地方放，放院子里太占地方，放场里又离家太远不方便，基于这样的考虑就一直未行动，依然堆放杂物，这就使得村“两委”的工作难以开展，影响环境整治。

旧惯习在农村新场域中的延续，可能会使得农民具体行为实践与现存生产生活空间脱节与不合拍，会产生矛盾甚至冲突。比如在 R 市 X 一村的山林防护中出现的问题，过去该村的山林被各家各户占为己有，后来被村“两委”收归集体，在这个收归过程中就遇到了问题，部分农民多年来形成的私有意识一时改变不过来，认为那些山林是自己的，对于原先自己的那片范围内的树木任意砍伐，对于村里的管理不服。为此，村“两委”和该部分农民进行了长达近一个月的沟通和博弈，村党支部书记依据国家相关政策利用掌握的权力资本对该部分农民进行管理，而该部分农民利用自己拥有的过去对山场占有的经济资本进行抗争，但是后者的经济资本已经收归村集体所有，已经不是个人资本了，最后该部分农民思虑再三，认识到自己的行为是不当的，权衡了自己的利益得失后作出了相应的策略调整，后来也逐步认可了村支部书记的做法，二者的博弈到此结束。

现实中，就农民的不合法不合理的抗争行为，基层政府和村“两委”通常依托具有强制力和约束力的国家法规政策和村庄规章对其进行管控与规制，农民的行为在制度规范下被动改变，比如很多村庄的垃圾处理，村里都专门设立了固定的垃圾桶点并就此进行宣传，让农民将垃圾放到垃圾桶里。但是刚开始时很多农民根本不理会，还是习惯性地将垃圾随意往小沟里草丛里乱倒，后来有些村庄为此制定了惩罚措施，对垃圾乱扔乱倒的进行罚款，这种强制性的惩罚一出台立马引起了农民的注意，部分人赞同部分人反对，但是经过一段时间的执行后，效果显现出来，村里大部分人都会将垃圾倒进垃圾桶里。但是农民这时的行为并不是自觉的，而是在村庄强制性管理规定约束下的一种被动行为，尽管这种管制的效果立马显现，但难以保持长久，要想保持长久需要村民内心的认可，形成自觉行为，因此类似问题解决的关键在于将这些制度规范内化为农民的思想意识，形成一种稳定的性情倾向，再外化为自律的行为。就此问题，D 村两委成员李某深有体会：

> 刚开始是这种硬性的规定起作用，经过一段时间后，老百姓慢慢成习惯了，这个事情不再是硬性要求了，老百姓意识改变了，现在基本上没有人乱扔乱倒垃圾了，有时候自家附近的垃圾桶满了，村民就会跑到远一些的垃圾桶里倒，他觉得就应该这样。

对此问题，农民王某谈了自己的看法：

> 以前垃圾都是大街上水沟里随便倒，后来村里固定了垃圾点，刚开始还不适应，不过现在都知道把垃圾倒垃圾桶里了，而且不仅大街上收拾得干净了，现在都把自己家里也收拾得比以前干净了，如果收拾不干净觉得很不好意思。

从上述事例可以看出，在适当的制度政策、村“两委”引导以及农民自身在适宜的客观环境中进行的反思下，农民的思想观念会转变，农民惯习最终能够做出适当的调适。

三　外塑内生下的惯习更迭：农民生态价值观养成

作为一种稳定持续而又可转换的性情倾向系统，惯习来自场域中行动主体长期的实践活动，“随着个人不断接触某些社会状况（这种接触的结果也因此日积月累），个人也就逐渐被灌输进一整套性情倾向。这种性情倾向较为持久，也可转换，将现在社会环境的必然性予以内化，并在有机体内部打上经过调整定型的惯性及外在现实的约束的烙印。”① 场域通过域内的社会结构和关系网络作用于其中的行动者，行动者运用其自身的能动性和创造性将场域的客观环境内化于心，经过一定的积淀，形成相应的知觉、评判和行动图式，并逐步将该图式转化为一种稳定的性情倾向系统即惯习。

惯习的建构性及其与场域的互构性使得它能够随着场域的变迁而变迁，具体体现为在新的场域内客观结构与主体实践在交互中产生旧有惯习的自我调适。通过前面四种类型的案例可以看出，以往农民生产生活的农村场域在其子场域变迁的影响下发生了变化。“作为外在结构内化的结果，惯习以某种大体上连贯一致的系统方式对场域的要求作出回应。”② 在农村场域变迁的情境下，农民惯习的稳定性和滞后性使得其改变慢于场域的变迁，由此产生了二者的脱节不合拍和农民的不适，进而刺激农民作出反应。基于外在场域的规范和内在心智的反思，在现实中农民通常采取的策略是：为了自身的发展主动或被动地进行惯习的调适，在场域的影响和惯习的调适过程中，农民的思想观念、价值认知、思维方式、行为取向等都逐步发生了改变，在该场域内的农民在历史和现实的双重作用下建构了对生态价值的认知，比如农村里很多旧的不够节俭环保的习俗，比如丧葬礼俗等，在农村场域外塑和农民思想意识内生下得到了明显改变，取而代之的是文明礼俗环保风俗。惯习伴随场域

---

① ［法］皮埃尔·布迪厄、［美］华康德：《实践与反思——反思社会学导引》，李猛、李康译，中央编译出版社1998年版，第13页。

② ［法］皮埃尔·布迪厄、［美］华康德：《实践与反思——反思社会学导引》，李猛、李康译，中央编译出版社1998年版，第19页。

的变迁不断调适的过程就是惯习的重塑过程，亦即农民生态价值观的养成过程。下面是调研中对 H 村党支部书记访谈的记录。

韩书记：早些时候，村民的环保意识比较弱，垃圾随便扔随便倒，在这街道两旁的草丛里经常发现垃圾，保洁人员每天打扫好几遍还是会有。更厉害的是，村里刚放置垃圾桶的时候，白天放上晚上就没有了。

访谈员（秦）：被拿走了？

韩书记：嗯嗯，被有些村民拿回家装粮食了。

访谈员（秦）：那后来这个事怎么解决的呢？

韩书记：我们也会用大喇叭宣传环境保护，让大家注意卫生，但那些年效果不是很明显。后来我们采用了奖惩办法，定期对村民家里家外环境卫生进行检查评比，做得好的就有奖励，做得不好的就惩罚，这个办法效果比以前好多了。

访谈员（秦）：那现在村民的环保意识怎么样？

韩书记：现在好多了，家家户户都很重视卫生，现在村里垃圾乱扔乱倒的几乎没有了，也不用大喇叭天天吆喝了。

访谈员（秦）：现在村民这方面是不是都很自觉了？

韩书记：嗯嗯，慢慢地大家也感受到环境好的好处了，起码心里舒坦了也更健康了，就更加认识到保护环境的重要性了。再比如说丧葬礼俗问题。我们现在都倡导绿色丧葬，村里专门建了公墓，每到上坟祭奠的日子，大家都很自觉地遵从绿色礼俗了。

访谈员（秦）：以前是怎样的？

韩书记：以前在我们这边，多少辈人形成流传下来的丧葬风俗很讲排面，现在来看太铺张浪费了，要宴请、要鼓手、要扎纸人烧纸等等，祭奠的日子家家户户都烧纸，既浪费了钱还造成了污染，又给防火造成了很大压力。后来镇上统一要求禁止烧纸，但多年的习俗很难一下改变，有些村民就会想方设法偷偷地烧纸钱，比如挑早上和傍晚，这个时间里一般防火人员还没上班或下班了，村“两委”和党员每次都会对村民做工作，但是有些村民听有些村民就是不听。后来在坟地安了监控，告诉村民一烧纸钱就会被发现，就会受处罚，这取得了明显效果。还有，这些年周边村庄坟地在山上的，因为烧纸钱引起火灾，这对老百姓触动很大，镇上和村里都会就这样的事例进行宣传，慢慢地村民思想观念也变了，对于我们的宣传也开始认同。所以现在村里的丧葬仪式都很简朴，村里专门成立了红白喜事理事会，谁家有红白喜事都由理事会张罗，这确实比以前文明节俭了很多。

从上述资料中可以看出，农民在外在场域的宣传规范和内在意识的反思实践中不断对惯习进行调适。农民在农村场域里长期的生产生活实践中生成的由感知、评价和行动图式构成的生态性情倾向系统，[①] 会在农民身体和心智两个维度上发展出一种相对稳定而又持久的生态感知模式、评价模式和行动模式，从而使其产生相应的生态价值取向和生态行为，拥有适应场域变化的能力。正如布迪厄所言，“我们很难控制惯习的第一倾向，而反观的分析则使我们了解到：正是我们赋予了环境以控制我们的部分能力，这种反观的分析使我们得以改变我们对环境的理解，并因而改变我们对环境的反应。”[②] 对农民来说，很难改变其所置身的农村场域，面对场域的变迁往往也是无力阻挡，从“场域—惯习”理论来看，农村场域与农民惯习存在本体论的对应关系，农村场域是农民惯习的生成空间，农村场域的变迁必然会对农民及其惯习产生影响，农民惯习要想与农村场域形成“如鱼在水”的状态，那么只能进行调适。

空间不仅是生产和交往活动的场所，它既能被空间中的关系所塑造，也重塑空间中的关系。作为农民生产生活和交往的空间，农村场域的变迁使得各方面发生了很大变化，比如村庄生态环境大为改观，

① 吴俊：《“场域—惯习”视角下大学生学习实践研究》，博士学位论文，南开大学，2013 年，第 54 页。

② ［法］皮埃尔·布迪厄：《文化资本与社会炼金术》，包亚明译，上海人民出版社 1997 年版，第 183—184 页。

村容村貌焕然一新，这一方面为农民创造了更加宜居、舒适、便捷、健康的生活环境，另一方面也推动了村庄各种关系的融洽，促进了农民参与村庄治理的积极性和村庄治理认同感的提升。农村场域的变迁不仅仅是生产生活环境的改造完善，也是农村公共空间和社会秩序的调整与重构，是空间结构与社会关系的双重改造。农民惯习的调适是依据农村场域的这些变迁进行的。在农民惯习调适的过程中，通过各类资本的交互、多维场域的交叠和惯习行为的重塑，农民生产生活呈现出一种新的样态，在变迁后的场域中形成了新的生态规范，这种规范得到了各行动主体的认同和共同遵守，并内化于心外化于行，经过一定时间的积淀发生了惯习的更迭形成了新的惯习，这种新的惯习继而又影响农村场域，促进农村场域生态化的进一步发展，如此一来，农村场域与农民惯习达到了本体契合。

由此可见，农民惯习的调适与更迭是农民个体性建构和农村社会性建构的统一，正是在这种“外在结构内在化”和“内在结构外在化”的双向运作下，在农村社会性因素与农民个体性因素的交互建构中，农民的生态价值观才得以生成。[①] 可以说，农民生态价值观的生成，是农民在农村场域中依据社会建构的图式范畴形塑自身的生态认知结构，进而将这一认知结构内化于自身心智之中，继而生成一套相对稳定而又持久的性情倾向系统的过程。[②] 农民惯习形塑的双向运作逻辑，意味着农民生态价值的观养成是一种“结构的建构主义”和“建构的结构主义”共同作用的产物。农村场域与农民惯习之间的交互建构和运作构成了农民生态价值观养成实践的生成动力机制。农民生态价值观养成是在农村场域与农民惯习共同作用的基础上由社会性变量与个体性变量双向运作交互建构的产物。农村场域与农民惯习彼此之间的互构形成了农民生态价值观的养成逻辑。

---

① 吴俊：《“场域—惯习”视角下大学生学习实践研究》，博士学位论文，南开大学，2013 年，第 54 页。

② 吴俊：《“场域—惯习”视角下大学生学习实践研究》，博士学位论文，南开大学，2013 年，第 54 页。

第七章　农民生态价值观的培育路径

作为“社会化了的主观性”①，惯习是外在客观环境内化形成的一种性情倾向系统，是社会性和个体性的统一，是“历史经验与实时创造性一体的‘主动中的被动’和‘被动中的主动’，是社会客观制约性条件和行动者主观的内在化创造精神力量的综合结果。”② 作为惯习的农民生态价值观的养成既源于农村场域，受农村场域潜移默化的制约和影响，又来自农民的内心，是农民个体经验的累积和思想意识发展的结果，农村场域是农民生态价值观孕育的温床，农民的主观能动性是农民生态价值观养成的内生动力。因此，农民生态价值观是农村场域的社会性建构与农民的主体性建构的统一，既是在农民个体内部建构和生成的，也是在农村场域建构和生成的。正是在这种“外在结构内在化”和“内在结构外在化”的双向运作下，在农村社会性因素与农民个体性因素的交互建构中，农民生态价值观才得以养成。农民生态价值观养成的双向运作逻辑意味着农民生态价值观培育是一种“结构的建构主义”和“建构的结构主义”共同作用的实践。作为一种实践活动，农民生态价值观培育具有双重存在性，“既在事物中，也在心智中；既在场域中，也在惯习中；既在行动者之外，也在行动者之内”。③ 因此，农民生态

---

① ［法］皮埃尔·布迪厄、［美］华康德：《实践与反思——反思社会学导引》，李猛、李康译，中央编译出版社1998年版，第170页。

② 高宣扬：《布迪厄的社会理论》，同济大学出版社2004年版，作者自序第3—4页。

③ ［法］皮埃尔·布迪厄、［美］华康德：《实践与反思——反思社会学导引》，李猛、李康译，中央编译出版社1998年版，第172页。

价值观培育需要农村场域和农民心智的双重建构。本章在案例微观缩影的现实分析基础上，依据农民生态价值观养成逻辑，从农村场域和农民主体两个层面进行农民生态价值观培育路径的建构。

第一节　构建农村新场域　实现农民生态价值观的社会性建构

“场域—惯习”理论的基本关切是场域和惯习的关系，“场域形塑着惯习，惯习成了某个场域（或一系列彼此交织的场域，它们彼此交隔或歧异的程度，正是惯习的内在分离甚至是土崩瓦解的根源）固有的属性体现在身体上的产物”。[①] “可以把场域设想为一个空间，在这个空间里，场域的效果得以发挥，并且，由于这种效果的存在，对任何与这个空间有所关联的对象，都不能仅凭所研究对象的内在性质予以解释。”[②] “场域才是基本性的，必须作为研究操作的焦点。”[③] 由此可见，农民生态价值观是农村场域形塑的产物，是经由农村场域的客观结构对农民性情倾向系统的调适、重塑来实现的。因此，农民生态价值观培育首先需要构建相契合的农村场域，因为“当惯习遭遇了产生它的那个社会世界时，正像是‘如鱼得水’，得心应手：它感觉不到世间的阻力与重负，理所当然地把世界看成是属于自己的世界。”[④] 通过农村场域的重构，为农民提供生态价值观培育的社会空间，实现农民生态价值观培育的社会性建构。如前所述，农村场域是由经济、政治、文化和社会等子场域构成的，因此农村场域的构建依赖于各子场域的构建。

---

① ［法］皮埃尔·布迪厄、［美］华康德：《实践与反思——反思社会学导引》，李猛、李康译，中央编译出版社 1998 年版，第 171—172 页。

② ［法］皮埃尔·布迪厄、［美］华康德：《实践与反思——反思社会学导引》，李猛、李康译，中央编译出版社 1998 年版，第 138 页。

③ ［法］皮埃尔·布迪厄、［美］华康德：《实践与反思——反思社会学导引》，李猛、李康译，中央编译出版社 1998 年版，第 146 页。

④ ［法］皮埃尔·布迪厄、［美］华康德：《实践与反思——反思社会学导引》，李猛、李康译，中央编译出版社 1998 年版，第 172 页。

一　构建制度化民主化政治场域

农村政治场域是农民所处的政治环境和政治关系，主要从制度建设、党组织建设和农民自治组织建设三个方面进行构建。

（一）完善顶层设计，加强制度建设

国家是生态价值观培育的主导力量，要通过顶层设计和制度建设，调动多种资源要素，协调各方利益，推动生态价值观融入具体的法规政策，不断唤醒农民的生态意识，推动农民生态实践养成。惯习是生成策略的原则，行动者以这些原则为依据去应付未被预知、不断变化的各种情境，[①] 它既显示着社会结构对个体行为系统的影响，是外在结构内化的结果；同时，作为一种社会性变量而存在，植根于制度并在历史中所建构生成。[②] “制度是稳定的、受珍重的和周期性发生的行为模式”[③]，“制度是行为规则，并由此而成为一种引导人们行动的手段。因此，制度使他人的行为变得更可预见。它们为社会交往提供一种确定的结构。”[④] 制度对于人的观念和行为具有重要的思想引领和导向规范作用，习近平总书记强调，“保护生态环境必须依靠制度、依靠法治。只有实行最严格的制度、最严密的法治，才能为生态文明建设提供可靠保障。”[⑤] 作为生态文明建设的价值导向，生态价值观培育也必须由制度做保障，要制定实施有关环境保护的法律法规和政策制度，这些制度既体现生态价值观又促进生态价值观的培育和养成。同时，要健全农村生态环保

---

① ［法］皮埃尔·布迪厄、［美］华康德：《实践与反思——反思社会学导引》，李猛、李康译，中央编译出版社2004年版，第127页。

② ［法］皮埃尔·布迪厄、［美］华康德：《实践与反思——反思社会学导引》，李猛、李康译，中央编译出版社2004年版，第130页。

③ ［美］塞缪尔·P. 亨廷顿：《变化社会中的政治秩序》，王冠华、刘为等译，生活·读书·新知三联书店1989年版，第12页。

④ ［德］柯武刚、史漫飞：《制度经济学：社会秩序与公共政策》，韩朝华译，商务印书馆2000年版，第112—113页。

⑤ 中共中央文献研究室：《习近平关于全面建成小康社会论述摘编》，中央文献出版社2016年版，第168—169页。

的参与机制、激励机制、监督机制和考核机制，理顺农村生态环境保护体制，厘清相关职能部门的职责，增强环境保护效能。对此，习近平总书记曾指出，“山水林田湖是一个生命共同体，人的命脉在田，田的命脉在水，水的命脉在山，山的命脉在土，土的命脉在树。用途管制和生态修复必须遵循自然规律，如果种树的只管种树、治水的只管治水、护田的单纯护田，很容易顾此失彼，最终造成生态的系统性破坏。由一个部门负责领土范围内所有国土空间用途管制职责，对山水林田湖进行统一保护、统一修复是十分必要的。”[①] 该论述有利于明确农村生态环保职能部门及其责任，有利于推动农村环境保护和治理，为农民生态价值观培育创造良好的氛围。通过制定相关的环境法律法规、政策、规划等有效的制度体系，使农民在外在制度的刚性约束下规范自己的行为，并在日常生活实践中逐渐将制度内化于心，形成一种自觉的意识觉醒和价值认同，最终有助于生态价值观的养成。

（二）加强基层党组织建设，实施村庄有效治理

在农村环境治理和农民生态价值观的培育中，农村基层党组织发挥着凝聚民心、整合资源的重要作用。因此，需要加强农村基层党组织建设，增强其引领农民确立生态意识践行生态价值观的号召力和凝聚力。首先，要加强农村基层党组织建设，创新组织设置和活动方式，持续整顿软弱涣散的村党组织，稳妥有序开展不合格党员处置工作，[②] 实施农村带头人队伍整体优化提升行动，注重吸引高校毕业生、农民工、机关企事业单位优秀党员干部到村任职，选优配强村党组织书记，[③] 同时打造团结一致的党支部，村庄治理中村级重大事项决策实行“四议两公开”，建立“一事一议”的民主决策机制，做到党

---

① 中共中央文献研究室：《习近平关于全面深化改革论述摘编》，中央文献出版社2014年版，第109页。

② 《中共中央　国务院关于实施乡村振兴战略的意见》（2018年1月2日），《中华人民共和国国务院公报》2018年2月20日。

③ 《中共中央　国务院关于实施乡村振兴战略的意见》（2018年1月2日）《中华人民共和国国务院公报》2018年2月20日。

务、村务等公开、透明，保障农民的知情权、参与权、表达权和监督权，切实维护农民的权益。其次，要发挥好基层党组织的领导作用，增强党建引领，强化党员责任担当意识。中共中央办公厅、国务院办公厅印发的《关于构建现代环境治理体系的指导意见》中，将坚持党的领导、深化党建引领作为构建现代环境治理体系的特色标志和显著优势。在农村政治场域建构中要发挥这一优势，充分发挥农村基层党组织的领导作用和党员的先锋模范作用，强化党员标杆意识和率先示范作用，引导村集体经济组织、农民合作社、村民等全程参与农村人居环境相关规划、建设、运营和管理，组织动员农民自觉改善农村人居环境，[①] 推进农村生态环境治理，形成绿色生产生活方式。再次，顺应村庄发展规律和演变趋势，推进实用性村庄规划编制实施，做到生产生活空间合理分离，优化村庄功能布局。[②] 制定实施村规民约，将农村环境卫生保护等要求纳入村规民约，明确农民维护公共环境卫生的责任，比如：庭院内部、房前屋后环境整治由农户自己负责；村内公共空间整治以村民自治组织或村集体经济组织为主，主要由农民投工投劳解决等。[③] 对破坏人居环境行为加强批评教育和约束管理，引导农民自我管理、自我教育、自我服务、自我监督。[④] 最后，整合农村中各类资源要素，整合各方主体形成农村生态治理的合力，鼓励农村集体经济组织通过依法盘活集体经营性建设用地、空闲农房及宅基地等途径，多渠道筹措资金用于农村人居环境整治，营造清洁有

---

① 中国经济网：《农村人居环境整治提升五年行动方案（2021—2025 年）》（2021 年 12 月 5 日），https：//baijiahao. baidu. com/s? id = 1718304384229203066&wfr = spider&for = pc，2021 年 12 月 7 日。

② 中华人民共和国中央人民政府网：《农村人居环境整治三年行动方案》（2018 年 2 月 5 日），http：//www. gov. cn/gongbao/content/2018/content_ 5266237. htm.

③ 中国经济网：《农村人居环境整治提升五年行动方案（2021—2025 年）》（2021 年 12 月 5 日），https：//baijiahao. baidu. com/s? id = 1718304384229203066&wfr = spider&for = pc，2021 年 12 月 7 日。

④ 中国经济网：《农村人居环境整治提升五年行动方案（2021—2025 年）》（2021 年 12 月 5 日），https：//baijiahao. baidu. com/s? id = 1718304384229203066&wfr = spider&for = pc，2021 年 12 月 7 日。

序、健康宜居的生产生活环境,[1] 为农民生态价值观养成提供良好的生态环境。

（三）加强农村自治组织建设，凸显农民主体地位

农民是农村的主体，农民生态价值观的培育需要农民的积极参与，凸显农民的主体性，激发农民生态价值观培育的内生动力。为此，要坚持以自治为基，加强农村群众性自治组织建设，健全和创新村党组织领导的充满活力的村民自治机制，依托村民会议、村民代表会议、村民议事会、村民理事会、村民监事会等,[2] 建立政府、村集体、村民等各方共谋、共建、共管、共评、共享机制，动员村民投身美丽家园建设，保障村民的决策权、参与权、监督权,[3] 形成民事民议、民事民办、民事民管的多层次基层协商格局,[4] 引导农民积极参与。通过前述案例可以看出，H 村红白理事会对于约束农民红白喜事大操大办、铺张浪费行为、推动丧葬节俭等起到了重要作用，这不仅是农民行为的改变，更是在无形中改变了农民的思想观念，使农民逐渐认识到红白喜事节俭的必要性。在农村环境治理中，要尊重农民意愿，问需于民，突出农民主体地位，激发农民生态价值观培育的内生动力，提升农民环境保护的自觉性、主动性和积极性，在生态保护实践中强化环保意识，实现农民生态价值观的养成。

二　构建生态产业化经济场域

布迪厄指出，“分析行动者的惯习，他们获得性情倾向系统的方

---

① 中国经济网：《农村人居环境整治提升五年行动方案（2021—2025 年）》（2021 年 12 月 5 日），https://baijiahao.baidu.com/s?id=1718304384229203066&wfr=spider&for=pc，2021 年 12 月 7 日。

② 《中共中央　国务院关于实施乡村振兴战略的意见》（2018 年 1 月 2 日），《中华人民共和国国务院公报》2018 年 2 月 20 日。

③ 中华人民共和国中央人民政府网：《农村人居环境整治三年行动方案》（2018 年 2 月 5 日），http://www.gov.cn/gongbao/content/2018/content_5266237.htm，2021 年 4 月 11 日。

④ 《中共中央　国务院关于实施乡村振兴战略的意见》（2018 年 1 月 2 日），《中华人民共和国国务院公报》2018 年 2 月 20 日。

式，也就是通过将决定性的社会类型即经济状况进行内化。"[①] 马克思恩格斯曾强调，"发展着自己的物质生产和物质交往的人们，在改变自己的这个现实的同时也改变着自己的思维和思维的产物"。[②] "人们是自己的观念、思想等等的生产者，但……他们受自己的生产力和与之相适应的交往的一定发展……所制约。"[③] 因此农民生态价值观养成需要相适应的农村经济场域。场域是由"独立于个人意识和个人意志"而存在的客观关系构成的系统。[④] 农村经济场域是指农村中农民所处的经济环境和经济关系。物质决定意识，农村经济场域的发展情况对于农民生态价值观的养成和践行起着决定性和基础性作用。在农村生产中会产生多种社会关系，比如雇佣关系、竞争与合作关系等，这些既是经济场域的产物，也是经济场域的构成要素，这些影响农民的思想和行为，是农民生态价值观养成的经济基础。

（一）发展生态农业

农业生产是与自然关系最为直接的活动，农业生态系统和农业生产系统是农民生态价值观养成的直接来源。在中国大部分农村的传统农业发展过程中，化肥农药的用量比较大，造成了土壤的污染和农产品的非环保化。为此，需要转变这种农业生产方式，保护耕地资源，发展绿色农业、循环经济，实现农业的生态化。生态农业兼顾经济发展和环境保护，破解了二者不可兼得的悖论，正如习近平总书记所说，"我们既要绿水青山，也要金山银山。宁要绿水青山，不要金山银山，而且绿水青山就是金山银山。"[⑤] "保护生态环境就是保护生产力、改善生态环境就是发展生产力。"[⑥] 习近平生态文明思想内含绿

---

① L. Wacquant, "The Structure and Logic of Bourdieu's Society", *In An Invitation to Reflexive Sociology*, P. Bourdieu & L. Wacquant (eds), Cambridge: polity, 1992, pp. 104 - 107.

② 《马克思恩格斯选集》（第1卷），人民出版社2012年版，第152页。

③ 《马克思恩格斯选集》（第1卷），人民出版社2012年版，第152页。

④ ［法］皮埃尔·布迪厄、［美］华康德：《实践与反思——反思社会学导引》，李猛、李康译，中央编译出版社2004年版，第172页。

⑤ 习近平：《弘扬人民友谊共同建设"丝绸之路经济带"》，《人民日报》2013年9月8日。

⑥ 《习近平总书记系列重要讲话读本》，学习出版社2016年版，第234页。

水青山就是金山银山的绿色发展观，强调绿水青山既是自然财富、生态财富，又是社会财富、经济财富；保护生态环境就是保护自然价值和增值自然资本，就是保护经济社会发展潜力和后劲，使绿水青山持续发挥生态效益和经济社会效益。[①] 由此可见，良好的生态蕴藏着巨大的生产力，生态环保与经济发展是不矛盾的，二者具有内在的一致性。

针对农业绿色发展，要注重资源保护与节约利用、推进农业清洁生产，加强农业面源污染防治力度，严格控制农药、化肥的使用量，减少土壤污染，提高食品安全。[②] “循环经济是以资源的循环利用为核心，以保护环境为前提，以自然资源、经济、社会协调发展为目的的新型经济增长模式。”[③] 在农业发展中，可以进行种植业与养殖业的资源循环。农业的生态化不仅体现在生产环节上，还体现在其生产效益和生态效应上，农产品的绿色有机对于农民的生态认知起着重要的作用，绿色农产品的市场需求和良好反馈能让农民认识到其价值所在，激发农民生态农业生产的积极性，并使得农民逐步转变思想观念，从单纯的外在经济利益诉求转换为对内在价值的认同。

（二）发展特色生态产业，推进一、二、三产业融合

习近平总书记指出：“产业兴旺，是解决农村一切问题的前提”[④]。产业兴旺是农村经济场域的基础与活力所在，关乎农村经济发展和农民收入，也关乎农民的生态意识和行为取向。所以，要发展好农村产业，促进农村经济和农民收入多元化，拓宽农民增收渠道，增加农民收入，富裕农民生活。富足的物质生活使得农民不用为生存问题奔波劳碌，可以有较多的时间关注精神生活。恩格斯曾指出：“人们首先必须吃、喝、住、穿，然后才能从事政治、科学、艺术、

① 俞海、张强：《深刻把握美丽中国建设的根本遵循》，《人民日报》2022 年 6 月 1 日第 9 版。

② 吴明红等：《中国生态文明建设发展报告 2016》，北京大学出版社 2019 年版，第 77 页。

③ 薛晓源、李慧斌：《生态文明前沿报告》，华东师范大学出版社 2006 年版，第 200 页。

④ 《国务院印发关于促进乡村振兴的指导意见》，《人民日报》2019 年 6 月 29 日第 4 版。

宗教等等。"[1] 也就是说，"没有一定的物质保障，人们是不可能关注温饱之外的……较高层次的目标的"[2]。因此，作为一种精神层面的存在，农民生态价值观的培育有一个重要前提，就是关注和满足农民的物质需求，只有物质需求得到满足后农民才会关注精神层面的需求。因此必须大力发展农村特色产业，实现产业融合与兴旺，为农民生态价值观养成提供物质保障。

随着社会的发展，农村中的产业越来越多元化。但是中国的农村千千万万，差别非常大。因此，国家倡导因地制宜，实施"一村一品"战略。为此各个农村要结合本村实际，依据自身优势和特色，发展特色产业、探索新兴产业，打造利于环境保护的生态产业。比如传统村落可以挖掘传统特色，探索"传统 + 文创""传统 + 旅游"的发展模式，生态环境良好的农村可以发挥生态优势，探索"采摘、游玩、住宿"一条龙式的生态旅游业和康养服务业开发和建设；交通便捷的农村可以依托地理优势，探索物流业、电商业、商旅服务业、商品贸易等产业发展，还可以培育山水文化、石文化、茶文化、花文化等特色文化产业。与此同时，以农业为基础，以特色产业为依托，大力开发农业多种功能，实施农产品加工业提升，延长产业链、提升价值链、完善利益链，[3] 加强产业融合，推进产业联动，发展多种形式的"产业 +"模式，形成复合型产业结合体，逐步实现产业升级，构建"农村一、二、三产业融合发展利益联结机制，让农民更多分享产业增值收益"[4]，提升农民生活水平。

（三）创建合作平台，打造绿色经济发展共同体

随着现代化和城镇化的不断推进，很多农村中青年劳动力都流

---

① 《马克思恩格斯选集》（第 3 卷），人民出版社 2012 年版，第 1002 页。

② 李贵成：《民工荒视域下的新生代农民工价值观研究》，科学出版社 2016 年版，第 176 页。

③ 《中共中央　国务院关于实施乡村振兴战略的意见》（2018 年 1 月 2 日），《中华人民共和国国务院公报》2018 年 2 月 20 日。

④ 《中共中央国务院关于坚持农业农村优先发展做好"三农"工作的若干意见》，《人民日报》2019 年 2 月 19 日。

向了城市，村里留下来的都是年纪大的老人，这样的情况影响农村的经济发展，特别是农业发展，有些村庄的耕地依靠老人进行原始的分散耕种，生产效率非常低，有些村庄的耕地直接被撂荒，山林无人管理，造成了农业资源的闲置和浪费。为此，政府要与乡村振兴战略相结合，统筹规划，加大对农村农业发展的政策倾斜，进行项目和资金的扶持，因地制宜，尊重农民意愿采取相应的土地流转政策，盘活农村土地，进行集中经营，发展具有当地特色的优势农业，如采摘农业、观光农业等生态农业，借助国家各级政府农业扶持政策和项目，打造低污染、绿色环保的现代农业生产体系。各村可以建立与本村村情相契合的专业合作社，通过合作社实现村庄农业发展的产业化、集约化、高效化和生态化，打造经济发展共同体，实现村庄共同富裕。

经济场域是经济环境和经济关系的结合体。农村生态产业的发展以尊重自然保护环境为前提，将生态价值理念融入生产过程，一方面实现了环境的保护和产品的生态化，另一方面这种生产方式的生态化会影响农民的日常生活，推动农民生活方式的绿色化。马克思就生产方式与生活方式关系作出如下阐述，“人们用以生产自己的生活资料的方式，首先取决于他们已有的和需要再生产的生活资料本身的特性。这种生产方式不应当只从它是个人肉体存在的再生产这方面加以考察。更确切地说，它是这些个人的一定的活动方式，是他们表现自己生命的一定方式、他们的一定的生活方式”①。“他们是什么样的，这同他们的生产是一致的——既和他们生产什么一致，又和他们怎样生产一致。”② 这说明生产情况和经济发展程度决定了人们的生活状态，生产生活的状态既是人们思想观念的外在体现，也是思想观念形成的基础和来源。就农村经济场域而言，其发展程度如何直接影响农民生态价值观的养成，通过农村经济场域的构建，可以提高农村经济发展水平，满足农民利益需求，提高

① 《马克思恩格斯选集》（第1卷），人民出版社2012年版，第147页。
② 《马克思恩格斯选集》（第1卷），人民出版社2012年版，第147页。

农民生态理性认知能力，为农民生态价值观养成奠定基础提供保障。

三　构建文明和谐生态文化场域

文化是一种潜移默化的力量，它能够在无形中熏陶和感染人，促进人的思想观念的确立或改变，继而影响人的行动。作为文化的一种，生态文化能够促使人确立生态意识和观念。因此，农民生态价值观培育需要打造具有生态特色的文化环境，营造生态文化氛围，增强农民生态文明素养，为此要构建农村生态文化场域。农村生态文化场域是指农村中由观念、风俗习惯、民俗习俗、乡规民约等方面依托特定的平台载体影响农民的生态文化环境和关系网络。农村生态文化场域的构建可以从生态文化空间、生态文化礼俗和生态文化活动等方面进行。

（一）加强基础设施建设，打造生态文化空间

生态文化影响农民的生态意识和思想，但其作用发挥需要借助一定的载体即文化基础设施和平台。“基础设施是指为社会生产和居民生活提供公共服务的物质工程设施。”[①] 完善的基础设施是农民进行生产生活的必要条件，也是农村人居环境改善的首要措施。[②] 第一，建设各类文化场所，如综合性文化服务中心、文化活动室、文化大院、文化广场、便民服务大厅、农家书屋、图书馆、电子阅览室、文体活动室、乡村大舞台、新时代文明实践站等，有条件的村庄可以结合自己的特色打造文化艺术展厅平台，比如古村落可以建村史馆、历史文化馆，将传统文化与村史传承进行一体化发掘，建立村情民俗展馆，传递乡愁记忆。现代村庄可以建设文化创意中心、山水文化景观台等，打造自成特色的村庄文化平台。这些文化场所在为农民提供休闲娱乐的同时，也让农民在闲暇之余接受生态文化与文明的熏陶。第二，打造一些宣传栏、宣传墙、标语、广播室、文化展厅、文化墙、展览馆、大

---

① 叶继红：《农村集中居住与移民文化适应——基于江苏农民集中居住区的调查》，社会科学文献出版社 2013 年版，第 50 页。

② 王铁梅：《企业主导下的村庄再造》，博士学位论文，山西大学，2017 年，第 156 页。

讲堂、乡村特色文化长廊、宣传文化一条街等宣传平台，比如在村内主要道路两侧和房子外墙等显著位置进行一些文明新风尚等公益广告的固化宣传展示，通过这些场所和平台，用农民乐于接受的通俗易懂的形式和话语，多层次立体化地呈现生态文化，引领农民感悟生态文明、理解生态文明、建设生态文明，推动生态价值观念走进农民心里、“飞入寻常百姓家”，在潜移默化中助推农民生态价值观养成。第三，加强农村广播电视、通信网络等大众传媒设施建设，建立村庄微信群和 QQ 群等，一方面为农民生态价值观培育提供条件和途径，另一方面通过大众传媒传播生态文化思想，倡导健康、文明、科学的绿色生产生活方式，直接影响农民的思想观念。公共生态文化空间的构建需要村民的参与，村民日常生活中的生态观念和行为习惯都折射出了农村生态文化的样态，公共生态文化空间的构建也需要与村民的日常生活结合起来，比如打造适合村民日常休闲娱乐活动的开放型文化空间。通过以上基础设施建设，力争为农民创造一个文化生活丰富多彩、人与自然及人与人和谐相处的良好环境和融洽关系。

（二）传承发展民风习俗，倡导文明和谐村风

农民生态价值观培育，不仅需要强制性外生制度的规范，同时需要内生制度的不断演化，内在制度一般可分为四种类型：习惯、内化规则、习俗和礼貌、正式化的内在规则。[①] 乡村惯习的印记主要体现在乡村文化、社会习俗等方面。[②] 农村生活习俗、乡规民约、风俗习惯等都包含着一定的生态思想，并且会随着社会的发展而发展，为此必须加强村庄民风习俗的传承与发展，通过民风习俗来影响农民的思想观念，规范农民的行为。首先，要保护并传承优秀的民风习俗。自古以来，很多村落经过长期的历史发展，基于祖祖辈辈的实践，逐步形成了蕴含着丰富生态思想的风俗习惯，比如敬畏自然、敬畏生命的一些民俗仪式，这些民俗仪式历经多年已经深深地印在农民心里并外

① 刘铮：《生态文明意识培养》，上海交通大学出版社 2012 年版，第 15 页。

② 杨发祥：《乡村场域、惯习与农民消费结构的转型——以河北定州为例》，《甘肃社会科学》2007 年第 3 期。

化为行动，因此要保护并传承好这些民风习俗，让这些民风习俗在村庄世世代代流传并影响农民的思想和行为。其次，要加强村规民约的制定和实施，推动优秀的习俗制度化。作为一种内在的意识和观念，习俗有其不同于国家制度的特点，对于农民生态价值观养成具有独特的价值和作用。为了更好地传承和发展这些习俗并更加有效地发挥其作用，有必要将其置入村规民约中，使其制度化、规范化。村规民约是一个村庄的制度化规定，往往通过村民的共同商定后实施，对于该村的村民具有约束力。在将习俗置入村规民约的过程中，对于不合理、不利于生态环保的方面要加以改进，比如对于一些地方的红白喜事大操大办的习俗要改变，倡导“喜事新办、丧事简办、厚养薄葬”的新风尚和“简约适度、绿色低碳、文明健康”的生活方式，打造既有乡土气息又有现代色彩的新时代乡村文明新风。

（三）组织各类生态活动，提升农民生态素养

在具备生态文化所依托的基础设施后，要通过形式各样的生态活动提升农民的生态素养，具体可分为教育活动、评先树优活动和文体娱乐活动等方面。相对于其他群体如市民、学生等，农民这个群体的受教育程度要低一些，因此各类活动的举行要注意贴近农村实际、贴近农民生活，结合村民的意愿和时间，做到内容、形式的灵活创新，尽可能地吸引更多的村民参与，让村民在这种活动中激发自己的生态意识提升行为自律，从而产生良好的活动效果。

第一，组织各类教育活动。首先，文化水平是制约农民对生态的认知、理解和认同的一个重要方面，因此要不断提高农民的受教育程度和文化水平。其次，可以通过各种宣传栏、标语、微信群、QQ群、生态文明教育基地等载体，以农民喜闻乐见的方式，深入浅出地进行国家生态文明政策和生态环境知识宣传普及，将改善农村人居环境纳入各级农民教育培训内容，[①] 传播生态文明理念如：“绿水青山就是

---

① 中国经济网：《农村人居环境整治提升五年行动方案（2021—2025年）》（2021年12月5日），https：//baijiahao. baidu. com/s? id = 1718304384229203066&wfr = spider&for = pc，2021年12月7日。

金山银山”“环境就是民生、青山就是美丽、蓝天也是幸福”“保护生态环境就是保护生产力，改善生态环境就是发展生产力”“要给子孙后代留下天蓝、地绿、水净的美好家园”“山水林田湖草是一个生命共同体”“建设人与自然和谐共生的现代化”“共同建设人与自然和谐共生的美丽家园”“呵护好我们的地球家园，守护好祖国的绿水青山”“尊重自然、顺应自然、保护自然”“要像保护眼睛一样保护自然和生态环境”等，通过各类教育活动，鼓励农民讲卫生、树新风、除陋习，摒弃乱扔、乱吐、乱贴等不文明行为，营造农民关心支持环境保护的良好氛围，提高农民的文明卫生意识，营造和谐、文明的社会新风尚，使优美的生活环境、文明的生活方式成为农民内在自觉要求。[①]

第二，开展各类评先创优活动。评先创优活动可以很好地激励农民，可以举办比如“五好文明家庭”“十佳文明户”“文明信用户”“星级文明户”“文明家庭”“美丽庭院”“平安家庭”“美在农家”示范户、“优秀共产党员”“模范村民”“健康庭院”“好媳妇”“好婆婆”“好妯娌”“身边的榜样”“美在家庭”“向上向善好青年”“致富女状元”“星级农家乐”等评选活动。通过开展美丽庭院评选、环境卫生红黑榜、积分兑换等活动，增强农民环境保护的荣誉感，提高村民维护村庄环境卫生的主人翁意识。[②] 如 H 村的美在家庭活动，结合美家超市，激发农民环保的兴趣、热情和动力，如网格管理，通过排名公示激发农民的集体荣誉感和责任感。深入挖掘乡村熟人社会蕴含的道德规范，结合时代要求进行创新，强化道德教化作用，引导农民向上向善、孝老爱亲、重义守信、勤俭持家。[③] 建立道德激励约束机制，引导农民自我管理、自我教育、

---

① 《中共中央　国务院关于实施乡村振兴战略的意见》（2018 年 1 月 2 日），《中华人民共和国国务院公报》2018 年 2 月 20 日。

② 《中共中央　国务院关于实施乡村振兴战略的意见》（2018 年 1 月 2 日），《中华人民共和国国务院公报》2018 年 2 月 20 日。

③ 宋才发：《乡贤文化在乡村振兴中的功能释放及法治路径》，《社会科学家》2021 年第 12 期。

自我服务、自我提高，实现家庭和睦、邻里和谐、干群融洽。[①] 通过以上活动，可以促使农民积极向上，营造浓厚的文明之风，可以形成更好的家庭邻里关系，并形成邻里和睦、人人文明、拼干劲比奉献的和谐氛围。

第三，举办各种文体娱乐活动。首先，结合农民的特点，开展各类文体竞赛或文艺演出等特色文化娱乐活动，如朗诵歌舞晚会、重大节日庆祝活动等，借助于各种丰富多彩的文艺活动，将生态价值观融入农民的生活中，做到寓教于乐、润物无声。其次，重视农村的节日文化，通过举办采摘节、艺术节、篝火节、啤酒节等活动，增强节日文化氛围，让农民在参加节日的过程中感受生态文化，丰富农民的生态知识和精神生活。再次，开展艺术活动，通过聘请艺术家为农民开设美学讲堂讲座，让村民不出门即可享受“文化大餐”，不仅可以提升农民思想文化素养，丰富农民的文化生活，而且还可以增加农民的交流，增进和加深农民间的感情，提高农民的幸福指数。最后，开展生态文明志愿服务活动，如 X 村每周六组织的志愿者义务清理卫生活动，充分利用了大家的闲暇时间，很好地调动了农民的积极性，增强了活动举办的意义，而且鼓励青少年和儿童参加，使他们从小养成保护环境的意识和行为。

农村文化承载并反映了农民的观念意识、思维习惯、生活方式、行为规范等诸多方面。农村文化建设是满足农民精神需求、提高农民精神文化生活质量的重要途径。生态文化直接影响农民的思想意识，是农民生态价值观养成的思想来源。为此，要结合村庄历史文化和现实特点、农民生产生活实际，充分考虑农民的思维方式、文化水平和认知特点，积极打造生态文化空间，传承发展优秀的民风习俗，采用通俗易懂、喜闻乐见的形式，用农民能够理解、乐于接受的方式开展各类活动，大力弘扬生态文化，营造生态环保的氛围，让农民在潜移

---

① 《中共中央 国务院关于实施乡村振兴战略的意见》（2018 年 1 月 2 日），《中华人民共和国国务院公报》2018 年 2 月 20 日。

默化中感受生态文明，提升生态文明素养，形成健康、文明、和谐的生活新风尚，实现农村生态文化场域的构建，为农民生态价值观养成赋予文化空间和资源。

四　构建宜居宜业和美生态场域

农村生态场域与农民的生产生活直接相关，对于农民生态价值观的养成起着最为直接的作用，国家倡导建设生态宜居和美丽乡村，就是要为农民提供一个具有良好生态环境体验与感受的农村环境。目前农村人居环境状况很不平衡，脏乱差问题在一些地区还比较突出，与全面建成小康社会要求和农民群众期盼还有较大差距。[①] 为此，国家出台了《农村人居环境整治三年行动方案》(2018—2020 年) 和《农村人居环境整治提升五年行动方案(2021—2025 年)》，目的就是通过农村人居环境整治活动，改善农村人居环境，提升农村人居环境水平，更好地满足农民对美好生活的需要。改善农村人居环境，是以习近平同志为核心的党中央从战略和全局高度作出的重大决策部署，是实施乡村振兴战略的重点任务，事关广大农民根本福祉，事关农民群众健康，事关美丽中国建设。[②]《农村人居环境整治三年行动方案》提出，要统筹城乡发展，统筹生产生活生态，以建设美丽宜居村庄为导向，以农村垃圾、污水治理和村容村貌提升为主攻方向，动员各方力量，整合各种资源，强化各项举措，加快补齐农村人居环境突出短板。[③] 2018 年农村人居环境整治三年行动实施以来，逐步解决

① 中华人民共和国中央人民政府网：《农村人居环境整治三年行动方案》(2018 年 2 月 5 日)，http://www.gov.cn/gongbao/content/2018/content_5266237.htm，2021 年 4 月 11 日。

② 中国经济网：《农村人居环境整治提升五年行动方案 (2021—2025 年)》(2021 年 12 月 5 日)，https://baijiahao.baidu.com/s?id=1718304384229203066&wfr=spider&for=pc，2021 年 12 月 7 日。

③ 中华人民共和国中央人民政府网：《农村人居环境整治三年行动方案》(2018 年 2 月 5 日)，http://www.gov.cn/gongbao/content/2018/content_5266237.htm，2021 年 4 月 11 日。

了脏乱差问题，农村环境基本达到干净整洁有序，农民的环境卫生观念逐步形成。但是，我国农村人居环境总体质量水平不高，还存在区域发展不平衡、基本生活设施不完善、管护机制不健全等问题，与农业农村现代化要求和农民群众对美好生活的向往还有差距。[①] 为此，需要根据各个农村地域特点、风俗习惯、经济水平和农民期盼，以农村厕所革命、生活污水垃圾治理、村容村貌提升为重点，坚持农业农村联动、生产生活生态融合，进行有针对性、有实效、可持续的人居环境改善，促进人与自然和谐共生、村庄形态与自然环境相得益彰，[②] 全面提升农村人居环境质量。良好的生态环境是农村最大的优势和宝贵财富[③]，农村生态场域的构建必须立足农村实际，突出乡村特色，遵循农村发展规律，在留住田园乡愁的同时，实现生活好生态美的统一，打造人与自然和谐共生的宜居宜业和美乡村。

（一）推动农村卫生基础设施提档升级

推进城乡融合，把基础设施建设重点放在农村，加快农村公路、供水、供气、环保、电网、物流、信息、广播电视等基础设施建设，完善村庄公共照明设施，推进节水供水重大水利工程，实施农村饮水安全巩固提升工程，加快新一轮农村电网改造升级，制定农村通动力电规划，推进农村可再生能源开发利用。[④] 加快推进通村组道路、入户道路建设，基本解决村内道路泥泞、村民出行不便等问题，充分利用本地资源，因地制宜选择路面材料，整治公共空间和庭院环境，消

---

① 中国经济网：《农村人居环境整治提升五年行动方案（2021—2025 年）》（2021 年 12 月 5 日），https：//baijiahao. baidu. com/s？id = 1718304384229203066&wfr = spider&for = pc，2021 年 12 月 7 日。

② 中华人民共和国中央人民政府网：《农村人居环境整治三年行动方案》（2018 年 2 月 5 日），http：//www. gov. cn/gongbao/content/2018/content_ 5266237. htm，2021 年 4 月 11 日。

③ 《中共中央　国务院关于实施乡村振兴战略的意见》（2018 年 1 月 2 日），《中华人民共和国国务院公报》2018 年 2 月 20 日。

④ 《中共中央　国务院关于实施乡村振兴战略的意见》（2018 年 1 月 2 日），《中华人民共和国国务院公报》2018 年 2 月 20 日。

除私搭乱建、乱堆乱放，[1] 为农民日常生活提供一个干净整洁的空间。

（二）推进农村环境卫生清洁

农村环境卫生清洁是一个复杂的工程，需要从多个方面进行，具体包括：第一，根据当地农村实际，统筹县乡村三级设施建设和服务，完善农村生活垃圾收集、转运、处置设施和模式，[2] 因地制宜采用小型化、分散化的无害化方式处理农村生活垃圾。第二，对于农村生活污水，根据农村不同区位条件、村庄人口聚集程度、污水产生规模，因地制宜采用污染治理与资源利用相结合、工程措施与生态措施相结合、集中与分散相结合的建设模式和处理工艺，积极推广低成本、低能耗、易维护、高效率的污水处理技术。[3] 第三，通过厕所革命提高改厕质量，逐步普及农村卫生厕所，因地制宜推进厕所粪污分散处理、集中处理与纳入污水管网统一处理，推进农村厕所粪污资源化利用，实现厕所粪污就地就农消纳、综合利用。[4] 第四，实施环境卫生清洁行动，突出清理死角盲区，由"清脏"向"治乱"拓展，由村庄面上清洁向屋内庭院、村庄周边拓展，引导农民逐步养成良好的卫生习惯。[5] 通过农村环境卫生清洁，降低疾病传播风险，为农民提供良好的生活环境，增强其幸福感。

---

① 中国经济网：《农村人居环境整治提升五年行动方案（2021—2025 年）》（2021 年 12 月 5 日），https：//baijiahao. baidu. com/s？ id = 1718304384229203066&wfr = spider&for = pc，2021 年 12 月 7 日。

② 中国经济网：《农村人居环境整治提升五年行动方案（2021—2025 年）》（2021 年 12 月 5 日），https：//baijiahao. baidu. com/s？ id = 1718304384229203066&wfr = spider&for = pc，2021 年 12 月 7 日。

③ 中华人民共和国中央人民政府网：《农村人居环境整治三年行动方案》（2018 年 2 月 5 日），http：//www. gov. cn/gongbao/content/2018/content_ 5266237. htm，2021 年 4 月 11 日。

④ 中国经济网：《农村人居环境整治提升五年行动方案（2021—2025 年）》（2021 年 12 月 5 日），https：//baijiahao. baidu. com/s？ id = 1718304384229203066&wfr = spider&for = pc，2021 年 12 月 7 日。

⑤ 中国经济网：《农村人居环境整治提升五年行动方案（2021—2025 年）》（2021 年 12 月 5 日），https：//baijiahao. baidu. com/s？ id = 1718304384229203066&wfr = spider&for = pc，2021 年 12 月 7 日。

（三）加强村庄绿化美化，提升村容村貌

深入实施乡村绿化美化行动，突出保护乡村山体田园、河湖湿地、原生植被、古树名木等，因地制宜开展荒山荒地荒滩绿化，加强农田（牧场）防护林建设和修复。充分利用闲置土地组织开展植树造林、湿地恢复等活动，建设绿色生态村庄，引导鼓励村民通过栽植果蔬、花木等开展庭院绿化，通过农村“四旁”（水旁、路旁、村旁、宅旁）植树推进村庄绿化。[①] 在进行村容村貌提升的过程中，注意传统历史村落的保护，不搞一刀切，依据当地村情进行建设，突出乡土特色和地域民族特点，综合提升田水路林村风貌，提升田园风光品质，推进村庄整治和庭院整治，优化村庄生产生活生态空间，促进村庄形态与自然环境、传统文化相得益彰，[②] 打造人与自然和谐共生的村落共同体。

农村场域内的各个子场域紧密联系、相互交融，政治、经济、文化、生态各场域各有自己的特色，同时互促互进，政治子场域可以为其他子场域提供政策支持和制度保障，经济子场域可以为其他子场域提供物质基础和保障，文化子场域可以为其他子场域提供思想引领和动力支持，生态子场域可以为其他子场域提供良好的环境和空间，这些子场域共同构成了农村场域，为农民生态价值观的养成提供了实践空间。

第二节　激发农民主体性　实现农民生态价值观的个体性建构

作为“社会化了的主观性”[③]，惯习是外在客观环境内化形成的

---

① 中国经济网：《农村人居环境整治提升五年行动方案（2021—2025 年）》（2021 年 12 月 5 日），https：//baijiahao. baidu. com/s? id = 1718304384229203066&wfr = spider&for = pc，2021 年 12 月 7 日。

② 中国经济网：《农村人居环境整治提升五年行动方案（2021—2025 年）》（2021 年 12 月 5 日），https：//baijiahao. baidu. com/s? id = 1718304384229203066&wfr = spider&for = pc，2021 年 12 月 7 日。

③ ［法］皮埃尔·布迪厄、［美］华康德：《实践与反思——反思社会学导引》，李猛、李康译，中央编译出版社 1998 年版，第 170 页。

一种性情倾向系统，是社会性和个体性的统一。惯习生成于特定的场域，但它并不只是场域建构的产物，不是农村场域中的被动的客观性存在，其自身具有建构性，它是农民受场域影响并将其内化于心形成的，是与农村场域互动的主观性存在。因此，农民生态价值观培育在构建农村新场域的同时要注重农民的主体性，激发农民的能动性、创造性和积极性，使其自觉融入农村场域，对生态价值观认知认可认同，并将其内化于心形成稳定的性情倾向，实现农民生态价值观的个体性建构。

一　提升农民文化素养，增强农民生态价值观认知认同

通过调研发现，农民的文化水平和素养与生态价值观认知认可认同程度具有高度相关性。统计数据显示，文化水平和文化素养越高，对于生态价值观的认知认可认同程度越高。因此，农民生态价值观培育需要通过各种途径加强农民文化水平和素养的提升，唤醒农民的生态意识，提高农民对生态价值观的认知和认同，提高农民的生态责任感，自觉践行绿色生活方式。绿色生活的核心领域是消费和排放，[①] 绿色消费也称可持续消费，是指一种以适度节制消费，避免或减少对环境的破坏，崇尚自然和保护生态等为特征的新型消费行为和过程，绿色消费不仅包括绿色产品，还包括物资的回收利用，能源的有效使用，对生存环境、物种环境的保护等。[②] 党的十九大报告提出，要“加快建立绿色生产和消费的法律制度和政策导向，倡导简约适度、绿色低碳的生活方式，反对奢侈浪费和不合理消费”[③]。现实中，在引导农民加强生态认知的基础上，自觉摒弃拜金主义、享乐主义、过度消费等意识和行为，践行勤俭节约、绿色低碳、适度消费、文明健

---

① 吴明红等：《中国生态文明建设发展报告 2016》，北京大学出版社 2019 年版，第 171 页。

② 戴秀丽：《生态价值观的演变与实践研究》，中央编译出版社 2019 年版，第 129 页。

③ 习近平：《决胜全面建成小康社会　夺取新时代中国特色社会主义伟大胜利——在中国共产党第十九次全国代表大会上的报告》，人民出版社 2017 年版，第 50—51 页。

康的绿色生活方式，在绿色生活中进一步增强对生态价值观的认同和践行。

二 生态价值观融入生活，增强农民生态价值观感知体验

“一种价值观要真正发挥作用，必须融入实际、融入生态，让人们在实践中感知它、领悟它、接受它，达到潜移默化、润物无声的效果。”① 相对于显性的道德说教和知识传授，农民生态价值观培育更是一种隐性的养成教育，这种教育需要融入农民的日常生产生活，与农民日常生活有机融合。首先，生态价值观要融入农民的日常生产生活，利用口语化、生活化的接地气话语，让生态价值观由抽象变得具体，实现农民生态价值观培育的日常化、具体化和生活化，让农民时时处处感受到生态价值观，在生产生活中感受、认识、认可、内化，避免空洞化宣教。其次，通过农民喜闻乐见的活动，如义务植树、美丽家庭创建、美丽乡村创建等，增强农民的荣誉感和参与的积极性，让农民在各类活动中潜移默化地形成生态认知，继而加以领悟和认同。

三 激发农民参与生态实践，推动农民生态价值观实践养成

农民生态价值观不仅仅是一种理念，它具有明确的现实指向，来源于实践又指导实践。因此，农民生态价值观培育要将生态价值观的理论话语形态转换成实践形态，推动农民生态价值观实践养成。为此，要为农民提供参与村庄生态环境治理的渠道和机制，让农民参与生态实践，一方面可以体现农民的主人翁地位和农民主体性，增强其主人翁地位和参与的积极性；另一方面可以让农民在参与村庄生态治理过程中直接体会行动的成效，深刻领悟生态价值，增强生态意识和对生态价值观的认同。同时，要深入了解农民需求，与农民的利益诉

---

① 肖永明：《深化社会主义核心价值观建设的三点建议》，《光明日报》2015 年 12 月 24 日。

求相结合，激发农民的积极性，让农民认识到生态保护的价值，自觉承担责任履行义务，正如罗尔斯顿所言，“对我们最有帮助且具有导向作用的基本词汇是价值。我们正是从价值中推导出义务来的。”[①]“价值……为任何能对一个生态系有利的事物，是任何能使生态系统更丰富、更美、更多样化、更和谐、更复杂的事物。”[②] 通过以上方面，让农民在实践中对生态价值感知、认知、认同，并将这种认同内化于心外化于行，做到知行合一。

四　农村场域变迁结合农民实际，推动农民惯习积极自我调适

通过前述典型案例来看，农民生态价值观的养成是农村场域变迁推动农民旧惯习进行调适直至重塑为新惯习的过程，在这个过程中，农民旧惯习的调适和重塑是农民发挥主观能动性的过程，农民主观能动性的发挥程度如何直接关系到旧惯习的调适程度。为此，必须激发农民的主观能动性，而这需要注意农民的实际状态，这个状态在一定程度上取决于农村场域的变迁程度。如果农村场域变迁过于迅猛，容易导致农民的极度不适，引发农民的反感和抵触，使得农民不愿进行旧惯习的调适。因此，农村场域必须结合当地农民发展的实际进行适度的变迁，尽可能地减少农民的不适感，让农民在感受到农村场域变迁的点点滴滴中自觉地进行惯习的调适直至与农村场域相契合，“一旦我们的惯习适应了我们所涉入的场域，这种内聚力就将引导我们驾轻就熟地应付这个世界。”[③] 由此，得以顺利实现农民生态价值观的养成。

改变一个人的思想观念，不仅需要外在的客观环境影响，更加需要主体自发、自觉地改变。作为行动者内心的一种性情倾向系统，惯

---

① ［美］霍尔姆斯·罗尔斯顿：《环境伦理学》，杨通进译，中国社会科学出版社2000年版，第2页。

② ［美］霍尔姆斯·罗尔斯顿：《哲学走向荒野》，刘耳、叶平译，吉林人民出版社2000年版，第231页。

③ ［法］皮埃尔·布迪厄、［美］华康德：《实践与反思——反思社会学导引》，李猛、李康译，中央编译出版社1998年版，第22页。

习强调行为者自身，使得其随着经验的变化而不断强化自己的惯习，或者调整惯习与行为的结构。因此，作为农村的主体，农民的生态价值观培育需要农民的积极参与，要尊重农民意愿，问需于民，突出农民主体地位，凸显农民的主体性，激发农民个体的主观能动性和生态价值观培育的内生动力，增强农民对生态价值观的知识认知、情感认同和实践践行，提升农民生态保护的自觉性、主动性和积极性，在生态实践中强化生态价值意识，实现农民生态价值观的养成。

农民生态价值观是农民在农村场域内的生产生活实践中所产生的既持久稳定又可变更的关于生态价值及生态价值观关系的一套性情倾向系统，它是伴随着客观历史的积淀和个体的社会化而形成的，是农民被社会化了的关于生态价值的主观性体现。农民生态价值观的养成是主客观条件共同促成的，一方面取决于农民主体的主观认同，反映农民主体的意识与倾向，另一方面取决于农村客观场域的作用影响，反映农村场域的情况和特征。因此，农民生态价值观的培育需要农村场域与农民惯习的双重变革，在农村场域的社会性建构和农民个体的主体性建构中实现农民生态价值观养成。

结　语

生态文明是当今时代顺应社会发展的文明形态，该文明的建设需要多方面的努力，其中一个最为根本和首要的方面，就是生态价值观的确立。作为长期以来的农业大国，中国农民的数量基数大，农民这个群体的生态价值观养成情况直接关乎农村乃至全国生态文明建设的广度和深度，因此，农民生态价值观的培育和确立是当前亟须重视和加以推进的问题。基于强烈的问题意识和责任驱使，本书以布迪厄的“场域—惯习”理论为研究视角，通过问卷调查了解了农民生态价值观现状，结合典型案例剖析了农民生态价值观的养成过程与逻辑机理，在此基础上探索了农民生态价值观的培育路径。本章将对整个研究进行系统总结和反思，一方面就研究的主要内容进行系统的归纳，得出主要的研究结论并进行简要的分析；另一方面对整个研究过程和内容进行回顾和反思，总结研究过程中的得与失，并结合得出的研究结论和当下的研究前沿，对今后的研究做粗略的展望。

一　主要结论

（一）农民生态价值观情况参差不齐

通过对全国3116份问卷的分析和对数百位农民和镇村干部的访谈发现，农民生态价值观情况参差不齐，呈现出很大的差异性。正如本书选取的几类典型案例，在发达的村庄，生态环境优良，农民生态意识强，究其原因，一方面在于发达村庄经济条件好，可以更好地改善村庄环境，为农民生态意识的提高提供好的场域；另一方面，农民自身经济条件好，有更高的追求，在农村各方面条件具备和农民自身意识增强的情况下，生态价值观基本养成。在调研中发现，有相当多的农民生态价值观还未养成，这类情况主要出现在村庄各方面发展水平不够高、农民收入水平比较低的农村，由于经济条件的制约，村庄的生态环境基础设施不够完善，环保活动比较少，农民的生态意识比较弱，有些有较强的环保意识但是在实践中表现出言行不一，相对于意识，行为比较滞后。

处于同一农村场域的农民生态价值观的养成具有趋同性。同时同一场域中的不同主体，其行动会因彼此拥有不同的资本和位置而表现出不同的行为取向和行动策略。在农村场域中，相对于基层政府和村干部，农民群体拥有大致相同的资本和位置，所以他们面对农村场域的变迁时通常会表现出大致相同的行为取向和行动策略。研究发现，同一村落的农民的惯习虽然会有个别的细微差异，但总体上大致相同，同样的背景使得他们形成了同样的思维和性情倾向。但是不同村落的农民惯习差别很大，比如X一村与X二村X三村，虽然他们过去曾经是一个村的，但是分村后的这几十年来，一村与二村三村的差异越来越大，农民的生产生活条件及其关系都不一样，这直接导致他们在生态问题上形成了不同的惯习。在X一村，村民谈起X二村X三村的村庄生态环境时，他们都觉得不太好，应该好好整治，但是X二村X三村的村民对此不以为然，他们觉得村里现在挺好的，比以前好多了。由此可见，基于不同场域形成的惯习差异很大，特别是场域中的文化"能使生活在这个地球某个角落的某一群人以为天经地义的事情，在另一群人眼中变得惊世骇俗；使某一群人以为不可或缺的东西，在另一群人那里变得可有可无。"[1] 不同农村场域的农民，其生态价值观情况表现出很大的差异性。

① 李银河：《生育与村落文化》，内蒙古大学出版社2009年版，第2页。

（二）农民生态价值观的养成受诸多因素影响

马克思恩格斯曾指出，“人们的观念、观点和概念，一句话，人们的意识，随着人们的生活条件、人们的社会关系、人们的社会存在的改变而改变”,① 农民生态价值观养成与否受多种因素影响。

就农民个体而言，涉及年龄、性别、身份、文化程度、经济收入等多方面因素。年龄方面，通常年轻人生态环保意识比较强，但是有些上年纪的老人虽然不懂生态价值观，可是基于长期的生产生活实践，对于生态环境保护有自己的认知。文化程度方面，从问卷统计分析结果来看，受教育水平越高生态意识越强，但是有些农村中小学生虽然年龄小受教育水平低，可是基于其学校教育影响，他们的生态环保意识也比较强。身份性质方面，党员特别是村干部要比普通群众更加重视生态环保，这或许与他们的党员学习和工作有关。经济收入方面，这是农民生态价值观养成的关键因素，物质决定意识，经济收入直接关系到农民的生产生活。按照后物质主义价值观的观点，人们只有在基本需求（如食物、安全等）得到满足之后，才有可能建构起一系列对于环境问题的价值取向和态度，才更易表现出对于环境问题的关心和亲环境行为。因此农民的经济情况与其生态价值观养成与否呈现出强烈的相关性，从调研的情况来看，经济条件好生活水平高的农民的生态意识普遍较强。利益驱动也是一个重要因素，布坎南曾经指出：“无论在其市场活动中，还是在其政治活动中，人都是追求效用最大化的人。”② 农民是非常务实的，在涉及自身利益时，农民身上常常体现出“经济人理性”,③ 比如 BQY 村的生态旅游发展得非常好，但是起初村党支部书记倡导的时候，极少有人支持，但是后来在党员带头发展且经济收益非常好的情况下，农民不约而同地自觉地发

---

① 《马克思恩格斯选集》（第 1 卷），人民出版社 2012 年版，第 419—420 页。

② ［美］詹姆斯 · M. 布坎南、戈登 · 塔洛克：《同意的计算：立宪民主的逻辑基础》，中国社会科学出版社 2000 年版，第 25 页。

③ 王铁梅：《企业主导下的村庄再造》，博士学位论文，山西大学，2017 年，第 139 页。

展生态旅游业，真正感受到了习近平总书记所说的“绿水青山就是金山银山”，由此对村庄的生态环境保护加以认同并自觉践行，在实践中逐步养成了生态价值观。

就农村场域而言，其政治子场域、经济子场域、文化子场域、生态子场域等共同作用影响农民生态价值观的养成。就政治子场域来说，国家政策、各级政府规章制度、村“两委”特别是村党支部书记品质能力、班子团结治理能力、党员示范、村庄精英等都是重要影响因素。其中制度规范很重要，调研的大部分村里都有关于环保的规章制度，比如村规民约中的环保部分；还有专门针对环保的制度规定，比如很多村为激励和规范村民整治卫生保护环境都有具体的制度，像进行定期和不定期的卫生环境检查，做得好的会有积分或现金奖励，做得不好的会有相应的惩罚等，这些举措对于村民的环保意识和行为起了非常大的推动作用，很多村民的环保意识都经历了这样一个由外在规范到内在自觉的过程。就经济子场域来说，农村经济发展水平直接关系到整个村庄的各方面建设，比如村容村貌，特别是人居环境提升、村庄公共服务能力、弱势群体的生活福利和保障、村庄的文化建设等，这一点在本研究团队长期的农村调研中得到印证：经济实力强的村庄，村庄的村容村貌都好，社会风气良好，农民的生态意识越强。就文化子场域来说，村庄的生态文化基础设施建设和生态文明宣传对于农民生态价值观的养成起着重要的作用，比如文化建设做得好的村庄，通过为农民提供丰富精神生活的各种文化场所如文化大广场、文化大院、图书馆，进行多方位的生态文化立体宣传如宣传栏、标语、广播、微信群、QQ 群等，使农民在耳濡目染下，逐步将生态文化内化于心形成生态价值观。就生态子场域来说，它是农民生态意识和生态价值观养成的直接影响因素，村庄人居环境的整治与提升可以为农民提供直观的生态宜居体验，让农民认识到好的生态环境的价值和重要性，继而认可认同生态环境价值和人与自然和谐共生关系的重要性，促进生态价值观的养成。

（三）农民生态价值观养成逻辑：农村场域与农民惯习相互形塑

布迪厄的“场域—惯习”理论为农民生态价值观研究提供了一个关系性的视角和工具。该理论认为，场域与惯习是双向建构的，一方面，场域形塑惯习，当场域发生变化后，惯习会相应地做出调适，形成新的惯习与新的场域契合；另一方面，具有能动性、创造性的惯习也会通过行动将其性情倾向外化，不断对场域产生影响，从而形成新的场域结构，使得场域成为一个有活力有意义的社会空间。因此，场域与惯习在主客观互动中实现了双向建构。

从“场域—惯习”的视角出发，本书将农民生态价值观视为农民关于生态价值及其价值关系认知的一种惯习。作为寄居在农民内心的一种性情倾向系统即惯习，农民生态价值观是在农村场域中生成的，是外在客观场域的内化，同时又外化为行动在场域中进行，使得场域充满活力和意义。农民生态价值观的养成过程是农民性情倾向和农村场域相调适的形塑过程。现实中，场域与惯习具有一定的稳定性，但从长时段来看，场域与惯习的变动是主流，因此应该从变化的角度来认识和分析农民生态价值观养成的过程。通常情况下，相比较于场域的变化，惯习的变化具有一定的滞后性，所以二者会出现不合拍不一致的情况。当然，惯习也会发生变化，但这种改变从来都不是激进的、根本性的，因为惯习的运行是建立在以前状态的前提上的。[①] 当惯习与场域不契合时，或者说，当惯习遭遇到迥异于其生成惯习的场域时，惯习作为实践及表象的生成原则和结构化原则便会受到挑战，甚至完全失效。[②] 从调研的典型案例来看，农民生态价值观的养成都经历了农村场域与农民生态性情倾向之间由不契合到契合的转变。不契合的状态通常发生在以下情况：农村场域发生迅速变迁时，基于变

① Pierre Bourdieu, *Pascalian Meditations*, Translated by Richard Nice, Stanford California: Stanford University Press, 2000, pp. 160 – 161.

② ［法］皮埃尔·布迪厄、［美］华康德：《实践与反思——反思社会学导引》，李猛、李康译，中央编译出版社2004年版，第174页。

迁的速度太快，那些还保留着被以往场域所形塑的心智结构来不及进行调适，就会出现农民惯习的改变滞后于农村场域的变迁，由此使农民的行为显得不合时宜，与变迁了的农村场域不合拍或脱节。这时已经变迁了的作为客观性存在的农村场域再改变的可能性比较小，通常做出改变的便是农民惯习，即惯习为了适应场域进行调适甚至重塑，但这个调适或重塑过程因场域的变化程度和个体的差异性而或长或短。部分农民适应能力强，惯习转换得快，场域与惯习容易实现同步与契合，村庄治理和村民生活很和谐。部分农民适应能力弱，长期形成的惯习难以很快转换，惯习的惯性和滞后性导致其难以与场域的重构同步，更难以契合，导致场域和惯习出现矛盾甚至冲突。基于社会实践经验和对场域的感知评判能力的差异性，农民依据自己所拥有的资本情况进行策略调整，通常的结果是调适自己的性情倾向最终契合农村场域，继而促使旧惯习发生更迭和生态价值观养成。

（四）农民生态价值观培育路径：农村场域的社会性建构与农民主体的个体性建构

相对于其他群体，农民及其生产生活呈现出其独有的特性，因此农民生态价值观培育必须结合农村农民的实际情况进行。当前，农民生态价值观没有直接的专门的培育，从调研的情况来看，农民生态价值观的养成都是农民在日常生产生活中潜移默化地实现的，是通过外在客观环境引导农民进行生态行为实践，在潜移默化中农民形成了关于生态及其价值的认知、情感、行为，经过一定时间的累积内化于心，逐步形成稳定的性情倾向，农民生态价值观养成是外在社会性建构与内在个体性建构的结果。因此农民生态价值观培育需要进行农村场域的社会性建构和农民主体的个体性建构。

1. 农村场域的社会性建构

从农民生态价值观的养成逻辑来看，要改变农民旧惯习形塑新惯习，首先需要改变农村场域，当农村场域发生改变后，农民惯习就会出现不适，为了缓解甚至破除这种不适农民会采取相应的策略，通常情况下就会对自己的惯习进行调适，调适的结果就是生成新的惯习，至此农民生态价值观得以养成。由此可见，农民生态价值观培育首要的方面就是构建新的农村场域。如前所述，农村场域是一个大场域，涵盖多个子场域，如政治子场域、经济子场域、文化子场域、生态子场域等，每个子场域都有自己的特点，对于农民生态价值观的养成都有其特定的作用，各子场域的建构共同推动了农村这个大场域的建构。政治子场域通过加强国家顶层设计和制度建设、加强农村领头雁选育、加强基层党组织建设、提升农村基层治理能力、健全村民自治机制激发农民主体性等方面，为农民生态价值观养成提供政治保障。经济子场域通过发展生态农业、发展特色生态产业推进一、二、三产业融合、创建合作平台打造经济发展共同体等方面为农民生态价值观养成提供物质基础和经济保障。文化子场域通过加强基础设施建设、打造生态文化空间，通过传承发展民风习俗倡导文明和谐村风，通过组织各类生态活动提升农民生态素养，为农民生态价值观养成提供文化支撑。生态子场域通过推动农村卫生基础设施提档升级，推进农村环境卫生清洁，加强村庄绿化美化提升村容村貌，为农民生态价值观养成提供直接的环境体验。农村这个大场域内的各个子场域紧密联系、相互交融、互促互进，政治子场域可以为其他子场域提供政策支持和制度保障，经济子场域可以为其他子场域提供物质基础和经济保障，文化子场域可以为其他子场域提供思想引领和动力支持，生态子场域可以为其他子场域提供良好的环境和空间，这些子场域共同打造了农村场域，促进了农民生态价值观的养成。

2. 农民主体的个体性建构

农民生态价值观养成是农民在生产生活中不断接受生态价值知识，对生态价值进行认知、感知、认同，在潜移默化中将其内化于心的过程。农村场域能够促进农民生态价值观的养成，但要真正实现内化于心外化于行，需要农民自身对于生态价值观感受、认知、认可与认同，将生态价值观的价值理念融入自己的思维品性和情感世界，对于生态价值观达到情感上的认同继而促发行动上的实践，为此农民生态价值观培育还需要激发农民的内生动力，促进其实践养成，实现农民生态价值观培育的个体性建构。具体而言，要从以下四个方面进行：第一，提升农民文化素养，增强农民生态价值观认知，自觉践行绿色生活方式；第二，将生态价值观融入农民日常生活，增强农民生态价值观感知体验，促进农民生态价值观养成的积极性；第三，激发农民参与生态实践活动，推动农民生态价值观实践养成；第四，农村场域变迁结合农民实际，推动农民惯习积极自我调适。总之，农民生态价值观培育需要农民的积极参与，要尊重农民意愿，问需于民，突出农民主体地位，凸显农民的主体性，激发农民个体的主观能动性和生态价值观培育的内生动力，增强农民对生态价值观的知识认知、情感认同和实践践行，提升农民生态保护的自觉性、主动性和积极性，在生态实践中强化生态价值意识，实现农民生态价值观的养成。

二　几点思考

基于对本书的负责，在研究过程中笔者时常提醒自己并做到“回头看”，以此总结研究的成果和收获，同时也在不断反省存在的不足和局限。

（一）几点创新

本书历经四年多的研究最终成型于此，本书在前人研究的基础上进行了些微的创新。

其一，“场域—惯习”的研究视角。布迪厄的“场域—惯习”理论是一种社会实践理论，对于农民生态价值观培育这种实践活动具有很强的解释力，因此本书以布迪厄的“场域—惯习”理论为研究视角对农民生态价值观进行研究。

其二，关系性思维模式。布迪厄的社会实践理论的一个重要特点是关系性思维模式，本书基于“场域—惯习”视角突出关系性思维，通过农村场域与农民惯习的互动探讨，分析农民生态价值观的养成逻辑与培育路径，这突破了以往研究中的主客二分法和结构主义模式。

其三，提出新的观点。本书提出了不同于以往研究的观点，主要有以下方面：第一，农民生态价值观是农村场域与农民惯习相互形塑的结果；第二，农村场域的变迁与农民惯习的更迭并非完全同步；第三，农民生态价值观培育和确立需要农村场域与农民惯习的双重变革。

（二）不足之处

基于主观方面自身能力的有限和客观方面多方条件的限制，本书存在如下不足和局限。

其一，调研的范围不够全面。囿于人力、财力和环境（新冠疫情防控期间的出行有限）等因素，本书只在全国抽样了 10 个省份进行了 3500 份问卷调查和山东省六个地级市农村的深度调查和访谈。从应然层面来看，调研越多获取的有效资料就越全，研究的结论就越具说服力，这一点有待进一步加强。

其二，研究视角和理论基础的本土化问题。本书采用了布迪厄的社会实践理论，以“场域—惯习”为视角对农民生态价值观进行探讨。当然，布迪厄的社会实践理论对于本书具有很强的解释力，但是该理论毕竟是源于其他国家情景，被应用于中国进行实证研究时还需要进一步本土化。

其三，调查问卷尚有改进之处。农民生态价值观是一个非常抽象的复杂概念，对这一主题进行问卷调查，需要很好地把握这一概念并将这一概念具体化、可操作化，这无疑加大了问卷设计的难度。基于以上认知，在研究过程中笔者下了很大的功夫，也请教了很多专家，并且进行了多次试调和修改，问卷的结果基本满足了本书的需要。但是毕竟难度存在，调查问卷仍存在进一步改进完善的地方。

（三）未来展望

农民生态价值观培育研究是一个复杂的课题，未来的研究还需要从以下几个方面加强。

1. 加强生态价值观的基础理论研究

虽然当前学术界已经就该问题形成了一定的成果，但是还有许多基础性的理论问题需要进一步研究，比如：什么是生态价值观？生态价值观包含哪些方面的内容？这些内容之间是怎样的关系？用什么研究方法探讨生态价值观更为合适？生态价值观是如何影响人的行为的？生态价值观与生态文明建设是怎样的关系？等等。这些问题是生态价值观研究必须解决但是尚未完全解决的。

2. 深化对农民生态价值观的研究

在本书中，笔者初步探讨了农民生态价值观及其培育的情况，但是基于笔者能力和时限，很多方面有待进一步深入探讨，比如：农民生态价值观的更迭是怎样的？如何看待不同地域不同农民群体的生态价值观及其更迭？未来的研究应该深入分析农民生态价值观是怎样的、其影响因素有哪些，如此才能更加细致地丰富农民生态价值观培育的路径。

3. 进一步拓展生态价值观的研究视角

本书以布迪厄的“场域—惯习”理论为研究视角，从农村场域和农民惯习的互动中分析农民生态价值观的养成逻辑和培育路径。“场域—惯习”这一视角的重要特点在于其关系性思维模式，突破了以往主观主义和客观主义、结构与行动的二元对立，更好地诠释了农民生态价值观的养成逻辑。但是，从研究的多元性来看，关于生态价值观的研究可以进一步拓宽视野，从不同的视角来分析或许会形成更多的成果，更加有利于推动该问题的研究。

附　录

农民生态价值观调查问卷

亲爱的村民朋友：

您好！

我们是曲阜师范大学新农村建设研究中心的调查员，为全面地了解中国广大农民朋友关于生态价值观的情况，我们组织了这次面向全国多个农村的调查活动，希望能够得到您的支持与帮助。对于本次调查问卷，您不用填写姓名，所有回答没有对错好坏之分，只用于统计分析，您只需根据您的实际情况和真实想法填写即可。我们会对您提供的信息加以保密，请您放心填写。

衷心感谢您的支持和配合！

曲阜师范大学新农村建设研究中心

2018 年 10 月

填表说明：除非特别说明，所有问题均为单选，请在您认为合适的答案上画“✓”，或者在______上填写。

A 部分：基本信息

A1. 您的性别：1. 男　2. 女　　A1 ____

A2. 您的年龄：1. 18 以下　2. 18—35　3. 36—50　4. 51—65　5. 65 以上　　A2 ____

A3. 您的民族：1. 汉族　2. 蒙古族　3. 满族　4. 回族　5. 藏族　6. 壮族　7. 维吾尔族　8. 其他（请写明______）　A3 ____

A4. 您的文化程度：1. 小学及以下　2. 初中　3. 高中及中专　4. 大专　5. 本科及以上　A4 ____

A5. 您的政治面貌：1. 中共党员　2. 民主党派（请写明______）　3. 共青团员　4. 无党派人士　5. 群众　A5 ____

A6. 您的婚姻状况：1. 未婚　2. 已婚　3. 离异　4. 丧偶　5. 其他（请填写______）　A6 ____

A7. 当前您的工作情况：1. 只务农　2. 以务农为主，同时从事非农工作　3. 以非农工作为主，同时也务农　4. 只从事非农工作　5. 其他（请填写______）　A7 ____

A8. 您个人年收入：1. 1 万元以下　2. 1—3 万元　3. 3—6 万元　4. 6 万元以上　A8 ____

A9. 您现在的常住地是：1. 本村　2. 镇上　3. 城区　A9 ____

A10. 您所在的农村隶属于某个：1. 街道　2. 乡镇　A10 ____

A11. 您所在的省份是：1. 山东　2. 福建　3. 吉林　4. 安徽　5. 湖南　6. 广西　7. 内蒙古　8. 四川　9. 云南　10. 贵州　A11 ____

A12. 您的宗教信仰是：1. 不信教　2. 基督教　3. 佛教　4. 道教　5. 伊斯兰教　6. 其他（请填写______）　A12 ____

B 部分：主体问卷

B1. 如果条件允许，您最喜欢的出行方式是：　B1 ____

1. 步行或骑自行车（电瓶车）　2. 乘公共汽车　3. 打车　4. 开车　5. 其他

B2. 您购买家电时最看重的是：　B2 ____

1. 价格　2. 品牌　3. 节能　4. 功能　5. 其他（请填写______）

B3. 在外吃饭时有一次性筷子和可重复用筷子，您会选用：

B3 ____

1. 一次性筷子　2. 可重复用筷子　3. 都可以

B4. 在公共洗手间有水龙头一直开着，您的做法是：　B4 ____

1. 随手关上　2. 不是我开的不管　3. 不当回事

B5. 您家里不用的东西（比如旧衣服等）一般是：　B5 ____

1. 送人　2. 当垃圾扔掉　3. 废物利用　4. 卖废品　5. 其他（请填写______）

B6. 您家里还种地吗？　B6 ____

1. 种　2. 不种（跳答 B11）

B7. 您种地使用农药化肥的情况是：　B7 ____

1. 原来用，现在不用了　2. 使用得很少　3. 用量一直很大

B8. 您在购买农药时最先考虑的因素是：　B8 ____

1. 价格　2. 防治效果　3. 购买便利程度　4. 农药对环境影响　5. 其他（请填写______）

B9. 您用完的化肥袋子一般是：　B9 ____

1. 随手扔了　2. 拿回家装东西用　3. 扔垃圾桶　4. 卖废品

B10. 您用完的农药瓶子通常是：　B10 ____

1. 随手扔了　2. 拿回家装东西用　3. 扔垃圾桶　4. 卖废品

B11. 如果有一种农药对病虫害有效但具有高毒，您会：

B11 ____

1. 不会用　2. 会用　3. 看情况

B12. 如果村里举行环保活动，您愿意参加吗？　B12 ____

1. 非常愿意　2. 愿意，但要视情况而定　3. 不愿意

B13. 如果村里进行环境整治需要村民交费，您会交费吗？

B13 ____

1. 公家的事，不愿意　2. 少了可以，多了不行　3. 会交，环境是大家的

B14. 当您看到有人乱砍滥伐破坏环境时，您的做法是：

B14 ____

1. 上前制止　2. 假装没看见　3. 不当回事　4. 为这种不文明行

为感到可耻，但不会采取行动

B15. 如果村里建一个经济效益很好但损害您及家人健康的污染项目，您会反对吗？ B15 ____

1. 会 2. 不会 3. 无所谓

B16. 您是否响应国家环保政策的号召积极保护环境？ B16 ____

1. 如果强制要求就会去，否则视情况而定 2. 如果不损害自身利益，会参与 3. 会去，还会鼓励周围的人保护环境

B17. 您是否支持政府加强对于环境污染情况的管控与处罚？ B17 ____

1. 支持 2. 不支持 3. 看情况 4. 无所谓

B18. 您觉得使用化肥农药对土壤会产生不良影响吗？ B18 ____

1. 会 2. 不会 3. 不知道

B19. 您认为生活污水直接就近排放会对水质造成污染吗？ B19 ____

1. 会 2. 不会 3. 不清楚

B20. 您觉得村里这几年环境变化大吗？ B20 ____

1. 很大 2. 比较大 3. 不大 4. 没变化

B21. 您对村里的环境满意吗？ B21 ____

1. 满意 2. 基本满意 3. 不满意 4. 不关心

B22. 您认为自然环境与您的生活： B22 ____

1. 有关系 2. 没关系 3. 不知道

B23. 您认为人与自然的关系应该是： B23

1. 和谐的 2. 对立的 3. 不清楚

B24. 您认为人能够战胜自然吗？ B24

1. 能 2. 不能 3. 不清楚

B25. 您是否担心后代人的生活环境会越来越差？ B25 ____

1. 非常担心，并且想为环保做力所能及的事情 2. 担心，但没有办法 3. 不担心 4. 无所谓

B26. 关于发展经济和保护环境两个方面，您的看法是： B26 ____

1. 先经济再环保　2. 先环保再经济　3. 同时进行　4. 没什么关系

B27. 关于生态文明，您的了解情况是：　B27 ____

1. 很了解　2. 了解一些　3. 了解一点　4. 不了解

B28. 您知道咱们国家有《环境保护法》吗？　B28 ____

1. 知道　2. 不知道

B29. 世界环境日是：　B29 ____

1. 5 月 5 日　2. 5 月 28 日　3. 6 月 5 日　4. 6 月 28 日　5. 不知道

B30. 您是否观看环境保护方面的电视节目或网络信息？　B30 ____

1. 经常看　2. 有时看　3. 偶尔看　4. 基本不看　5. 从来不看

B31. 您接触环境知识和信息的途径有：（多选）　B31 ____

1. 宣传栏和标语　2. 电视广播　3. 报纸杂志　4. 网络媒体　5. 亲朋好友　6. 其他（请填写______）

B32. 您是否愿意接受生态环境知识的宣传？　B32 ____

1. 十分愿意　2. 一般　3. 无所谓　4. 不愿意

B33. 您村里垃圾处理的方式是：　B33 ____

1. 各家随意堆放倾倒　2. 有固定垃圾箱处理

B34. 村里组织环保活动的情况是：　B34 ____

1. 经常　2. 偶尔　3. 没有

B35. 村里有关于环境卫生方面的宣传吗？　B35 ____

1. 有　2. 没有（跳答第 38 题）　3. 不知道（跳答第 38 题）

B36. 村里关于环境卫生的宣传方式有（多选）：　B36 ____

1. 宣传栏　2. 标语　3. 广播　4. 微信群 QQ 群　5. 没注意　6. 其他（请填写______）

B37. 村里关于环境保护方面的宣传对您的影响：　B37 ____

1. 非常大　2. 比较大　3. 一般　4. 比较小　5. 没什么影响

B38. 村里有村规民约吗？　B38 ____

1. 有　2. 没有（跳答第 38 题）　3. 不知道（跳答第 38 题）

B39. 村规民约里有关于环境卫生方面的内容吗？ B39 ____

1. 有 2. 没有 3. 不知道

B40—50. 下面这些说法您怎么看？请在与您观点一致的选项内打“✓”。

说法	非常赞同	比较赞同	说不清	不太赞同	不赞同	
B40. 垃圾不能随便扔						B40 ____
B41. 买东西最好自己带购物袋						B41 ____
B42. 要节约用水用电						B42 ____
B43. 红白喜事不能为了面子铺张浪费						B43 ____
B44. 谁也斗不过老天爷						B44 ____
B45. 人类应该尊重自然保护自然						B45 ____
B46. 动植物和人一样具有生存的价值和权利，和人是平等的						B46 ____
B47. 不能为了赚钱肆意破坏污染环境						B47 ____
B48. 山清水秀才能人杰地灵						B48 ____
B49. 破坏环境会出现不好的后果						B49 ____
B50. 保护环境 人人有责						B50 ____

再次感谢您的支持！

调 查 员：________

调查时间：________

调查地点：________

参考文献

一　中文文献

（一）经典文献

《马克思恩格斯选集》（第1卷），人民出版社2012年版。

《马克思恩格斯选集》（第3卷），人民出版社2012年版。

《党的十九大文件汇编》，党建读物出版社2017年版。

习近平：《决胜全面建成小康社会　夺取新时代中国特色社会主义伟大胜利——在中国共产党第十九次全国代表大会上的报告》，人民出版社2017年版。

《习近平谈治国理政》（第2卷），外文出版社2017年版。

《习近平谈治国理政》（第3卷），外文出版社2020年版。

《习近平总书记系列重要讲话读本》，学习出版社2016年版。

《习近平总书记重要讲话文章选编》，中央文献出版社、党建读物出版社2016年版。

中共中央文献研究室：《十七大以来重要文献选编》（上），中央文献出版社2009年版。

中共中央文献研究室：《习近平关于全面建成小康社会论述摘编》，中央文献出版社2016年版。

中共中央文献研究室：《习近平关于全面深化改革论述摘编》，中央文献出版社2014年版。

中共中央文献研究室编：《习近平关于社会主义生态文明建设论述摘

编》，中央文献出版社 2017 年版。

（二）专著

包亚明：《现代性与空间的生产》，上海教育出版社 2003 年版。
毕天云：《社会福利场域的惯习——福利文化民族性的实证研究》，中国社会科学出版社 2004 年版。
陈少强：《中国农业产业化研究》，经济科学出版社 2009 年版。
程恩富：《西方产权理论评析：兼论中国企业改革》，当代中国出版社 1997 年版。
戴秀丽：《生态价值观的演变与实践研究》，中央编译出版社 2019 年版。
费孝通：《乡土中国》，上海三联书店 1985 年版。
费孝通：《学术自述与反思》，生活·读书·新知三联书店 1996 年版。
费孝通：《江村经济》，商务印书馆 2001 年版。
冯健：《乡村重构：模式与创新》，商务印书馆 2012 年版。
高宣扬：《布迪厄的社会理论》，同济大学出版社 2004 年版。
宫留记：《资本：社会实践工具——布尔迪厄的资本理论》，河南大学出版社 2010 年版。
韩承鹏：《标语口号文化透视》，学林出版社 2010 年版。
胡杰容：《从收容到救助的制度变迁过程研究——场域与惯习的视角》，法律出版社 2013 年版。
李贵成：《民工荒视域下的新生代农民工价值观研究》，科学出版社 2016 年版。
李晓翼：《农民及其现代化》，地质出版社 2008 年版。
李银河：《生育与村落文化》，内蒙古大学出版社 2009 年版。
林红梅：《生态伦理学概论》，中央编译出版社 2008 年版。
刘立军：《走出传统农业》，甘肃人民出版社 2008 年版。
刘希刚：《马克思恩格斯生态文明思想及其中国实践研究》，中国社会科学出版社 2014 年版。
刘夏蓓、张曙光：《中国公民价值观调查研究报告》，中国社会科学出版社 2014 年版。
刘湘溶：《生态伦理学》，湖南师范大学出版社 1992 年版。
刘铮：《生态文明意识培养》，上海交通大学出版社 2012 年版。
卢风等：《生态文明：文明的超越》，中国科学技术出版社 2019 年版。
罗国杰：《马克思主义价值观研究》，人民出版社 2013 年版。
莫丽霞：《村落视角的性别偏好研究——场域与理性和惯习的建构机制》，中国人口出版社 2005 年版。
《农民权益保护法律政策读本》编委会：《农村土地》，中国林业出版社 2004 年版。
秦庆武：《三农问题：危机与破解》，山东大学出版社 2012 年版。
谭光鼎、王丽云：《教育社会学：人物与思想》，华东师范大学出版社 2009 年版。
谭鑫：《云南休闲农业发展研究》，民族出版社 2012 年版。
王学俭、宫长瑞：《生态文明与公民意识》，人民出版社 2011 年版。
王志强：《中国的标语口号》，中央文献出版社 2010 年版。
温铁军：《中国新农村建设报告》，福建人民出版社 2010 年版。
温铁军、杨帅：《“三农”与“三治”》，中国人民大学出版社 2016 年版。
吴洪富：《大学场域变迁中的教学与科研关系——一项关于教师行动的研究》，教育科学出版社 2014 年版。
吴明红等：《中国生态文明建设发展报告 2016》，北京大学出版社 2019 年版。
项继权：《集体经济背景下的乡村治理：河南南街、山东向高、甘肃方家泉村村治实证研究》，华中师范大学出版社 2002 年版。
徐勇：《中国农村研究》（2021 年卷・上），中国社会科学出版社 2021 年版。
薛晓源、李慧斌：《生态文明前沿报告》，华东师范大学出版社 2006 年版。

晏辉：《现代性语境下的价值与价值观》，北京师范大学出版集团 2009 年版。
杨善华：《当代西方社会学理论》，北京大学出版社 2004 年版。
姚磊：《场域视野下民族传统文化传承的实践逻辑》，人民出版社 2016 年版。
叶继红：《农村集中居住与移民文化适应——基于江苏农民集中居住区的调查》，社会科学文献出版社 2013 年版。
余谋昌：《生态伦理学：从理论走向实践》，首都师范大学出版社 1999 年版。
张学鹏、卢平：《中国农业产业化组织模式研究》，中国社会科学出版社 2011 年版。
郑有贵、李成贵：《中国传统农业向现代农业转变的研究》，经济科学出版社 1997 年版。
中共 H 村支部委员会、H 村村貌委员会：《H 村志》，中国文史出版社 2018 年版。
周海燕：《记忆的政治》，中国发展出版社 2013 年版。
朱本源：《历史学理论与方法》，人民出版社 2007 年版。
左停：《新农村：村容整洁》，中国农业大学出版社 2007 年版。

（三）译著

［法］阿尔贝特·史怀泽：《敬畏生命》，陈泽环译，上海社会科学院出版社 1996 年版。
［美］埃·弗洛姆：《为自己的人》，孙依依译，生活·读书·新知三联书店 1988 年版。
［美］奥尔多·利奥波德：《沙乡年鉴》，侯文蕙译，吉林人民出版社 1997 年版。
［美］艾米·R. 波蒂特等：《共同合作：集体行为、公共资源与实践中的多元方法》，路蒙佳译，中国人民大学出版社 2012 年版。
［英］B. 沃得、［美］R. 杜博斯：《只有一个地球》，《国外公害丛

书》编委会校译，吉林人民出版社 1997 年版。
［美］大卫·雷·格里芬：《后现代科学——科学魅力的再现》，马季芳译，中央编译出版社 1995 年版。
［美］丹尼斯·米都斯等：《增长的极限——罗马俱乐部关于人类困境的报告》，李宝恒译，吉林人民出版社 1997 年版。
［美］戴维·斯沃茨：《文化与权力：布尔迪厄的社会学》，陶东风译，上海译文出版社 2006 年版。
［美］道格拉斯·C. 诺斯：《制度、制度变迁与经济绩效》，杭行译，格致出版社、上海三联书店、上海人民出版社 2008 年版。
［法］菲利普·柯尔库夫：《新社会学》，钱翰译，社会科学文献出版社 2000 年版。
［美］菲利普·克莱顿等：《有机马克思主义》，于贵凤等译，人民出版社 2015 年版。
［美］赫尔曼·E. 戴利：《珍惜地球：经济学、生态学、伦理学》，马杰译，商务印书馆 2001 年版。
［法］霍尔巴赫：《健全的思想》，王荫庭译，商务印书馆 1966 年版。
［美］霍尔姆斯·罗尔斯顿：《环境伦理学》，杨通进译，中国社会科学出版社 2000 年版。
［美］霍尔姆斯·罗尔斯顿：《哲学走向荒野》，刘耳、叶平译，吉林人民出版社 2000 年版。
［美］哈罗德·D. 拉斯韦尔：《政治学：谁得到什么，如何得到?》，杨昌裕译，商务印书馆 2016 年版。
［美］哈罗德·孔茨：《管理学》，转引自辛杰：《企业社会责任研究——一个新的理论框架与实证分析》，经济科学出版社 2010 年版。
［美］杰弗里·希尔：《生态价值链在自然与市场中建构》，胡颖廉译，中信出版集团 2016 年版。
［德］康德：《实践理性批判》，邓晓芒译，商务印书馆 1999 年版。
［德］柯武刚、史漫飞：《制度经济学：社会秩序与公共政策》，韩朝

华译，商务印书馆 2000 年版。
[法] 皮埃尔·布迪厄：《文化资本与社会炼金术——布迪厄访谈录》，包亚明译，上海人民出版社 1997 年版。
[法] 皮埃尔·布迪厄、[美] 华康德：《实践与反思——反思社会学导引》，李猛、李康译，中央编译出版社 1998 年版。
[法] 皮埃尔·布迪厄、[美] 华康德：《实践与反思——反思社会学导引》，李猛、李康译，中央编译出版社 2004 年版。
[法] 皮埃尔·布尔迪厄：《科学的社会用途——写给科学场的临床社会学》，刘成富、张艳译，南京大学出版社 2005 年版。
[法] 皮埃尔·布迪厄：《实践理性》，谭立德译，生活·读书·新知三联书店 2007 年版。
[法] 皮埃尔·布迪厄：《实践感》，蒋梓骅译，译林出版社 2012 年版。
[法] 皮埃尔·布迪厄：《实践理论大纲》，高振华、李思宇译，中国人民大学出版社 2017 年版。
[美] 乔治·斯蒂纳、约翰·斯蒂纳：《企业、政府与社会》，张志强、王春香译，华夏出版社 2002 年版。
[美] 塞缪尔·P. 亨廷顿：《变化社会中的政治秩序》，王冠华等译，生活·读书·新知三联书店 1989 年版。
[美] 西奥多·舒尔茨：《改造传统农业》，梁小民译，商务印书馆 1999 年版。
[美] 唐纳德·沃斯特：《自然的经济体系：生态思想史》，侯文蕙译，商务印书馆 1999 年版。
[美] 詹姆斯·M. 布坎南、戈登·塔洛克：《同意的计算：立宪民主的逻辑基础》，陈金光译，中国社会科学出版社 2000 年版。

（四）期刊、学位论文

[美] 乔尔·科威尔、郎廷建：《资本主义与生态危机：生态社会主义的视野》，《国外理论动态》2014 年第 10 期。

陈英初：《理论创新：人类学民族学学科发展的新进路》，《广西民族研究》2013 年第 1 期。

杜三峡等：《外出务工促进了农户采纳绿色防控技术吗?》，《中国人口·资源与环境》（社会科学版）2021 年第 10 期。

高建民：《中国“农民”的概念探析》，《社会科学论坛》（学术研究卷）2008 年第 9 期。

龚继红等：《农民绿色生产行为的实现机制——基于农民绿色生产意识与行为差异的视角》，《华中农业大学学报》（社会科学版）2019 年第 1 期。

焦长权、周飞舟：《资本下乡与村庄的再造》，《中国社会科学》2016 年第 2 期。

洪玉梅：《农村生态环境视域下生态道德教育的实现路径》，《教育理论与实践》2013 年第 18 期。

胡平波：《支持合作社生态化建设的区域生态农业创新体系构建研究》，《农业经济问题》2018 年第 12 期。

黄振华：《能人带动：集体经济有效实现形式的重要条件》，《华中师范大学学报》（人文社会科学版）2015 年第 1 期。

黄宗智：《“家庭农场”是中国农业的发展出路吗?》，《开放时代》2014 年第 2 期。

纪咏梅、张红霞：《生态文明建设进程中的农民生态意识培育探究》，《中国海洋大学学报》（社会科学版）2016 年第 5 期。

李贵成：《返乡农民工绿色创业存在的问题与对策研究》，《中州学刊》2020 年第 6 期。

李娟：《农民工流动的三维解读——以生态哲学为视角》，《中国农业大学学报》（社会科学版）2011 年第 2 期。

李善同、侯永志：《中国大陆：划分 8 大社会经济区域》，《经济前沿》2003 年第 5 期。

李志萌：《构建环境经济社会和谐共生支持体系——基于生态功能保护区建设的思考》，《江西社会科学》2008 年第 6 期。

廖福霖:《建设生态文明，永葆地球青春常驻》,《生态经济》2001 年第 8 期。

刘丹:《农村社会生态理性的社会学研究》,《辽宁大学学报》(哲学社会科学版) 2010 年第 6 期。

刘小珉、刘诗谣:《乡村精英带动扶贫的实践逻辑——一个基于场域理论解释湘西 Z 村脱贫经验的尝试》,《中央民族大学学报》(哲学社会科学版) 2021 年第 2 期。

刘文玉、刘先春:《基于循环经济理念的农村价值观思考》,《青海社会科学》2010 年第 6 期。

刘亚玲、雷稼颖:《耕读文化的前世今生与现代性转化》,《图书馆》2021 年第 4 期。

刘中一:《场域、惯习与农民生育行为——布迪厄实践理论视角下农民生育行为》,《社会》2005 年第 6 期。

马和平、苏建成:《农村城镇化发展过程中的土地流转》,《中国土地》2003 第 8 期。

秦绪娜、郭长玉:《绿色发展的生态意蕴及其价值诉求》,《光明日报》2016 年 8 月 28 日第 6 版。

潘明明:《环境新闻报道促进农村居民垃圾分类了嘛? ——基于豫、鄂、皖三省调研数据的实证研究》,《干旱区资源与环境》2021 年第 1 期。

仇凤仙、杨文健:《建构与消解: 农村老年贫困场域形塑机制分析——以皖北 D 村为例》,《社会科学战线》2014 年第 4 期。

冉珑等:《中国梦视阈下农民生态价值观的构建》,《安徽农业科学》2015 年第 1 期。

石晓磊:《试论我国农民生态价值观教育机制的创新》,《南方论刊》2017 年第 5 期。

石志恒等:《基于媒介教育功能视角下农民亲环境行为研究——环境知识、价值观的中介效应分析》,《干旱区资源与环境》2018 年第 10 期。

宋才发：《乡贤文化在乡村振兴中的功能释放及法治路径》，《社会科学家》2021 年第 12 期。

孙萍：《中国社区治理的发展路径：党政主导下的多元共治》，《政治学研究》2018 年第 1 期。

王萍、杨敏：《新时代农村生态扶贫的现实困境及其应对策略》，《农村经济》2020 年第 4 期。

王文卿、潘绥铭：《男孩偏好的再考察》，《社会学研究》2005 年第 6 期。

乌东峰、霍生平：《两型农业的农民生态素质群体分布特点研究》，《求索》2011 年第 4 期。

吴钢、许和连：《湖南省公众生态环境价值观的测量及比较分析》，《湖南大学学报》（社会科学版）2014 年第 4 期。

吴江、欧书阳：《新农村建设中发挥政府主导作用应处理好的关系》，《农村经济》2006 年第 12 期。

肖永明：《深化社会主义核心价值观建设的三点建议》，《光明日报》2015 年 12 月 24 日第 2 版。

徐承军、朱守军：《保护历史文化遗产　扎实推进“乡村记忆”工程——让文物在保护与利用中“活”起来》，《人文天下》2016 年第 8 期。

杨达源等：《入世后三峡库区的可持续发展研究》，《长江流域资源与环境》2002 年第 4 期。

杨发祥：《乡村场域、惯习与农民消费结构的转型——以河北定州为例》，《甘肃社会科学》2007 年第 3 期。

余贵忠、杨继文：《民族地区乡村振兴的司法保障机制构建》，《贵州社会科学》2019 年第 6 期。

俞海、张强：《深刻把握美丽中国建设的根本遵循》，《人民日报》2022 年 6 月 1 日第 9 版。

袁堃：《新农村建设中要正确处理政府主导与农民主体的关系》，《党政干部论坛》2007 年第 S2 期。

张福德：《环境治理的社会规范路径》，《中国人口·资源与环境》2016年第11期。

张廷刚：《“生态场域”的范畴内涵与学术意义》，《烟台大学学报》（哲学社会科学版）2017年第6期。

张玉斌：《如何理解和确立生态价值观——访中共中央党校钱俊生教授》，《环境保护与循环经济》2014年第1期。

翟坤周：《新发展格局下乡村“产业—生态”协同振兴进路——基于县域治理分析框架》，《理论与改革》2021年第3期。

赵如等：《场域、惯习与“后2020”农村地区返贫及治理——以四川省H县为例》，《农村经济》2021年第1期。

宫留记：《布迪厄的社会实践理论》，博士学位论文，南京师范大学，2007年。

王铁梅：《企业主导下的村庄再造》，博士学位论文，山西大学，2017年。

吴俊：《“场域—惯习”视角下大学生学习实践研究》，博士学位论文，南开大学，2013年。

曾鑫：《奈达功能对等视角下的企业简介外宣材料英译策略》，博士学位论文，福建师范大学，2018年。

邢骏：《城乡一体化中农民生态价值观转变研究》，硕士学位论文，杭州师范大学，2016年。

（五）其他

《2020年山东省国民经济和社会发展统计公报》，《大众日报》2021年3月1日第5版。

《中共中央　国务院关于实施乡村振兴战略的意见》（2018年1月2日），《中华人民共和国国务院公报》2018年2月20日。

中国经济网：《农村人居环境整治提升五年行动方案（2021—2025年）》（2021年12月5日），https：//baijiahao. baidu. com/s？id = 1718304384229203066&wfr = spider&for = pc，2021年12月7日。

国家统计局：《中国统计年鉴——2022》，中国统计出版社2022年版。
中华人民共和国中央人民政府网：《农村人居环境整治三年行动方案》（2018年2月5日），http：//www. gov. cn/gongbao/content/2018/content_ 5266237. htm，2021年4月11日。
习近平：《弘扬人民友谊共同建设“丝绸之路经济带”》，《人民日报》2013年9月8日。
《国务院印发关于促进乡村振兴的指导意见》，《人民日报》2019年6月29日第4版。
《中共中央国务院关于坚持农业农村优先发展做好“三农”工作的若干意见》，《人民日报》2019年2月20日。

二　外文文献

P. Bourdieu, *Questions de sociologie*, Paris: Editions de Minuit, 1980.
P. Bourdieu, *Outline of a theory of practice*, Cambridge: Cambridge University Press, 1977.
Pierre Bourdieu, *Pascalian Meditations*, Translated by Richard Nice, Stanford California: Stanford University Press, 2000.
Pierre Bourdieu, *Sociology in Question*, London: SAGE Publications Ltd, 1993.
Paul W. Taylor, *Respect for Nature: A Theory of Environmental Ethics*, New Jersey : Princeton University Press, 1986.
David L. Swartz, “The sociology of habit: The perspective of Pierre Bourdieu”, *Sage Publications*, INC, Vol. 20, No. 22, 2002.

后　记

历经四年多的调研、探讨和写作，此书终于完稿交付出版。本书是国家社科基金项目——“场域—惯习”视角下农民生态价值观培育路径研究（BKA170232）的最终成果，从课题申请、开题、研究到书稿写作出版，这一路走来得到了很多人的关心、支持和帮助，笔者感激不尽。

感谢诸位专家的赐教和指点。特别感谢高力克老师、张晓琼老师和何爱霞老师自始至终的倾力指导，他们的指导使得我在困惑时能够茅塞顿开、迷茫时能够找到方向。感谢开题和中期检查时专家组高志敏老师、胡钦晓老师、张立兴老师、王维先老师、唐爱民老师、李方安老师、徐瑞老师等诸多老师给的宝贵意见和建议。

感谢学校学院领导同事同学的帮助。特别感谢段文阁老师、刘伟老师、李增元老师、尹雷老师、张蕊老师、赵春雷老师、朱艳老师在课题研究过程中给予的大力支持，感谢朱胜男、厉姝婴、王晓彤、杜颖、周众望、魏玉欣、孙涵越、刘倩如、郝奕翔、陈丽萍、祖峰涛、李艺华、陈思羽、段玉华和黄宗乾等同学在课题调研和书稿校对中的认真付出。

在课题调研过程中得到了很多基层政府工作人员、村干部、村民和企业工作人员的帮助和配合，由此获得了丰富的一手资料，为本书写作提供了客观翔实的资料支撑，本书在写作过程中参考、引用了大量国内外学者的研究成果，这些成果给予了我非常宝贵的启发和借鉴，本书的出版得到了中国社会科学出版社赵丽编审的悉心指导和帮助，在此一并表示真诚的谢意！

由于能力和条件有限，本书有许多不足之处，敬请学界同仁不吝赐教！

秦绪娜

2022 年 6 月于曲园